教育部高职高专规划教材

过程控制技术

第二版

刘玉梅　张丽文　主编

化学工业出版社

·北京·

内容简介

本书主要对工艺类专业所涉及的过程控制系统、过程控制的实施工具、过程控制系统的操作等内容以及一些相关知识进行了较全面的介绍。本书在前一版教材的基础上对内容进行了适当的增删,删除了目前使用较小的"DDZ-Ⅲ型力矩平衡式压力变送器",增加了"智能差压变送器"及"HART375智能终端"的内容。用应用较为广泛的 C3000 数字过程控制器代替了 PMK 可编程序调节器。并将 DCS、PLC 部分内容进行了更新,符合企业应用实际。

本书为了符合人们学习知识的一般规律,以一张控制流程图为切入点,首先介绍了识图方法,之后阐述了自动检测、自动控制、自动联锁报警等过程控制系统,然后分三章介绍了变量检测及仪表、过程控制仪表及计算机控制系统等过程控制工具,最后是控制系统的应用——典型过程单元的控制方案及控制系统的操作。本书将实验与实训内容单独列为一章,在这一章不仅安排了与各章节内容相关的实验内容,而且还设置了认识实践、结业实践以及仿真实训和综合实验等内容,突出强调了实践对本门课程的重要性。

本书的每一章都设有学习目标、本章小结和习题与思考题,有利于学生对知识的把握。

本书不仅可作为高职高专石油、化工、轻工、林业、冶金、造纸等相关专业的教材,也可供相关专业其他层次的职业技术院校以及企业的工程技术人员使用。

图书在版编目(CIP)数据

过程控制技术/刘玉梅,张丽文主编. —2版. —北京:化学工业出版社,2009.5 (2024.11重印)
教育部高职高专规划教材
ISBN 978-7-122-04805-9

Ⅰ.过… Ⅱ.①刘…②张… Ⅲ.过程控制-高等学校:技术学校-教材 Ⅳ.TP273

中国版本图书馆 CIP 数据核字 (2009) 第 019499 号

责任编辑:廉 静 王丽娜　　　　　　　　　　装帧设计:张 辉
责任校对:凌亚男

出版发行:化学工业出版社(北京市东城区青年湖南街13号　邮政编码100011)
印　　装:河北延风印务有限公司
787mm×1092mm　1/16　印张14　字数339千字　2024年11月北京第2版第14次印刷

购书咨询:010-64518888　　　　　　　　　售后服务:010-64518899
网　　址:http://www.cip.com.cn
凡购买本书,如有缺损质量问题,本社销售中心负责调换。

定　价:38.00元　　　　　　　　　　　　　　　　　　　　　　版权所有　违者必究

出版说明

高职高专教材建设工作是整个高职高专教学工作中的重要组成部分。改革开放以来,在各级教育行政部门、有关学校和出版社的共同努力下,各地先后出版了一些高职高专教育教材。但从整体上看,具有高职高专教育特色的教材极其匮乏,不少院校尚在借用本科或中专教材,教材建设落后于高职高专教育的发展需要。为此,1999年教育部组织制定了《高职高专教育专门课课程基本要求》(以下简称《基本要求》)和《高职高专教育专业人才培养目标及规格》(以下简称《培养规格》),通过推荐、招标及遴选,组织了一批学术水平高、教学经验丰富、实践能力强的教师,成立了"教育部高职高专规划教材"编写队伍,并在有关出版社的积极配合下,推出一批"教育部高职高专规划教材"。

"教育部高职高专规划教材"计划出版500种,用5年左右时间完成。这500种教材中,专门课(专业基础课、专业理论与专业能力课)教材将占很高的比例。专门课教材建设在很大程度上影响着高职高专教学质量。专门课教材是按照《培养规格》的要求,在对有关专业的人才培养模式和教学内容体系改革进行充分调查研究和论证的基础上,充分吸取高职、高专和成人高等学校在探索培养技术应用性专门人才方面取得的成功经验和教学成果编写而成的。这套教材充分体现了高等职业教育的应用特色和能力本位,调整了新世纪人才必须具备的文化基础和技术基础,突出了人才的创新素质和创新能力的培养。在有关课程开发委员会组织下,专门课教材建设得到了举办高职高专教育的广大院校的积极支持。我们计划先用2~3年的时间,在继承原有高职高专和成人高等学校教材建设成果的基础上,充分汲取近几年来各类学校在探索培养技术应用性专门人才方面取得的成功经验,解决新形势下高职高专教育教材的有无问题;然后再用2~3年的时间,在《新世纪高职高专教育人才培养模式和教学内容体系改革与建设项目计划》立项研究的基础上,通过研究、改革和建设,推出一大批教育部高职高专规划教材,从而形成优化配套的高职高专教育教材体系。

本套教材适用于各级各类举办高职高专教育的院校使用。希望各用书学校积极选用这批经过系统论证、严格审查、正式出版的规划教材,并组织本校教师以对事业的责任感对教材教学开展研究工作,不断推动规划教材建设工作的发展与提高。

教育部高等教育司

前　言

本书是在 2002 年出版的教育部高职高专规划教材《过程控制技术》基础上，结合化工过程自动化的发展现状，以及企业的应用情况而进行修订的。

本书旨在配合高职高专工艺类专业完成专业学生的培养目标。因此在教材编写中，力求把握三个原则，即：以人为本的原则；为专业服务的原则；"实践、实用、实际"的三实原则。

本书对前一版教材进行了适当的增删，如删除了目前使用较少的"DDZ-Ⅲ型力矩平衡式压力变送器"，增加了"智能差压变送器"及"HART375 智能终端"的内容。为弘扬民族工业，用应用较为广泛的浙江中控公司生产的"C3000 数字过程控制器"代替了"PMK 可编程序调节器"，并将 DCS、PLC 部分内容均进行了更新，力求符合企业应用的实际情况。

本书在体例上仍然分为理论和实践两大部分。实践部分不仅安排了较多的实验内容，而且还设置了综合实验、计算机仿真的控制实训和工厂实践等教学环节。在内容编排上仍然按企业工艺人员学习一套新装置的习惯进行。因此，本书以控制流程图为切入点，将理论部分按过程控制系统、过程控制的实施工具、过程控制系统的操作这三大块依序介绍。

本书适合于各个层次的职业技术院校作为教材使用，也可用于工矿企业工程技术人员自学。

本书的修订工作由辽宁石化职业技术学院刘玉梅、张丽文负责并担任主编。参加本次修订的人员有刘玉梅（第四章、第五章第二节），张丽文（第二章、第三章），李忠明（第五章第一节、第八章）。在修订过程中浙江中控技术有限公司朱胜利经理提供了部分资料，辽宁石化职业技术学院刘巨良、李玉杰、于辉等老师也提出了建设性意见。同时，本书在编写过程中参考了许多单位和个人编写的书籍，从中借鉴了很多前人的经验。同时，得到了化学工业出版社的大力支持，使得教材修订顺利完成，在此一并表示衷心的感谢。

本书第二版已制作成电子课件，可免费提供给选用本书的教师使用，如有需要，可登录化学工业出版社教学资源网 www.cipedu.com.cn。

由于编者水平有限，且编写时间紧迫，书中难免存在疏漏和不足，敬请各位读者批评指正。

编者
2009 年 1 月

第一版前言

本书是以高职高专教材编审委员吉林会议通过的"高职化工生产技术专业教学计划"和"课程基本要求"为依据进行编写的，旨在配合高职高专工艺类专业完成专业学生的培养目标。因此本教材力求把握三个原则，即以人为本的原则，为专业服务的原则，"实践、实用、实际"的三实原则。

本书具有以下特色。

(1) 为强调实践教学，将教材分为理论和实践两大部分。实践部分不仅安排了较多的实验内容，而且还设置了综合实验、计算机仿真的控制实训和工厂实践等教学环节。

(2) 在工厂学习一套装置，习惯上按下列步骤进行：先是对照装置研究各种图纸，特别是带控制点的工艺流程图，以了解工艺状况，了解有哪些控制系统、检测系统、信号报警及联锁保护系统以及这些系统要达到的目的；然后了解这些系统的实施工具及其使用方法；最后学习整个装置的操作（开、停车等）。为了符合人们的这种学习习惯，本书以控制流程图为切入点，将理论部分按过程控制系统、过程控制的实施工具、过程控制系统的操作这三大块依次介绍。

(3) 教材内容力求剔旧立新，工厂少用或不用的过程控制工具全部剔除，并尽量引入新知识。

(4) 力求打破学科教学体系，从实际出发，以满足工艺专业的需求和工作需要为目的。

本书在各章前有学习目标，后有内容小结及习题与思考题，可供读者参考。

本书适合于多种类别各个层次的职业技术院校在教学中使用，也可供工矿企业人员参考。

本书由刘玉梅主编，并编写其中的绪论、第一章、第二章、第四章、第六章及第八章的第一节、第三节、第五节以及第二节中的实验一、实验二、实验八、实验九、实验十等内容；史继斌编写第三章及第八章第二节的实验三、实验四、实验五、实验六和实验七；陆建国编写第五章、第七章及第八章第二节的实验十一、十二及第四节的内容。本书由王爱广主审，张德泉、朱光衡及刘巨良参加审定工作。

本书在编写过程中参考了许多书籍，从中借鉴了很多经验。同时，得到了各编审单位领导的大力支持，主、参编通力合作，主、参审认真把关审定，使得教材编写顺利完成，在此一并表示衷心的感谢。

由于编者水平有限，书中难免存在错误和不足之处，敬请各位读者批评指正。

编者

2002 年 3 月

目 录

绪论 ··· 1
    一、过程控制的基本概念 ··· 1
    二、过程控制系统的内容及过程控制仪表的分类 ····················· 1
    三、过程控制系统及仪表的发展 ··· 2
    四、课程的性质、任务 ·· 3
    五、学习方法 ·· 4

第一章 控制流程图的认识 ··· 5
  第一节 识图基础 ·· 5
    一、图形符号 ·· 5
    二、字母代号 ·· 5
    三、仪表位号及编号 ··· 8
    四、仪表符号实例 ··· 9
  第二节 识图练习 ·· 10
    一、了解工艺流程 ··· 10
    二、了解自动控制系统 ·· 11
    三、了解自动检测系统 ·· 12
    四、了解自动信号报警系统 ·· 12
  第三节 计算机控制流程图的识图练习 ······································· 12
    本章小结 ·· 13
    习题与思考题 ··· 14

第二章 过程控制系统 ··· 15
  第一节 自动检测系统 ··· 15
    一、自动检测系统的组成 ··· 15
    二、自动检测系统的种类 ··· 15
  第二节 自动控制系统概述 ·· 16
    一、自动控制系统的组成 ··· 16
    二、自动控制系统的种类 ··· 18
    三、自动控制系统的过渡过程和品质指标 ······························ 18
    四、控制对象的特性 ··· 20
    五、基本控制规律及其对过渡过程的影响 ······························ 21
  第三节 自动控制系统 ··· 27
    一、简单控制系统 ··· 27

二、复杂控制系统 29
第四节 自动信号报警与联锁保护系统 35
一、信号报警系统 35
二、联锁保护电路 36
本章小结 37
习题与思考题 39

第三章 工业生产过程的变量检测及仪表 41
第一节 概述 41
一、测量的基本知识 41
二、检测仪表的基础知识 42
第二节 压力检测及仪表 45
一、压力检测仪表的分类 45
二、单圈弹簧管压力表 46
三、压力（差压）变送器 47
四、压力检测仪表的选择及安装 58
第三节 物位检测及仪表 59
一、物位检测的基本概念 59
二、差压式液位计 60
三、浮力式液位计 62
四、其他物位检测仪表 62
第四节 流量检测及仪表 63
一、流量检测的基本概念 63
二、差压式流量计 64
三、转子流量计 67
四、其他流量计 68
五、流量检测仪表的选用 71
第五节 温度检测及仪表 72
一、温度检测的基本概念 72
二、热电偶温度计 73
三、热电阻温度计 77
四、温度变送器 78
五、常用的温度显示仪表 78
六、测温仪表的选择与安装 82
第六节 成分自动检测及仪表 83
一、分析仪表的基本知识 83
二、热导式气体分析器 84
三、氧化锆氧分析仪 86
四、红外线气体分析器 87
五、工业气相色谱仪 88
本章小结 90
习题与思考题 91

第四章　过程控制仪表 …… 94
第一节　电动模拟控制器 …… 94
一、概述 …… 94
二、DDZ-Ⅲ型基型控制器的结构原理 …… 95
三、DDZ-Ⅲ型控制器的外部结构 …… 95
四、DDZ-Ⅲ型控制器的使用 …… 97
第二节　数字式控制器 …… 98
一、概述 …… 98
二、C3000 数字过程控制器 …… 99
第三节　执行器及辅助仪表 …… 113
一、气动薄膜控制阀 …… 113
二、电/气转换器与电/气阀门定位器 …… 119
三、变频调速器 …… 120
本章小结 …… 120
习题与思考题 …… 120

第五章　计算机控制系统 …… 122
第一节　概述 …… 122
一、计算机控制简介 …… 122
二、计算机控制系统的发展方向 …… 124
第二节　集散控制系统 …… 124
一、集散控制系统的基本概念 …… 124
二、JX300XP 集散型控制系统 …… 125
第三节　可编程序控制器 …… 139
一、S7-200 PLC 的硬件配置 …… 140
二、S7-200 PLC 的编程 …… 144
本章小结 …… 149
习题与思考题 …… 150

第六章　典型过程单元的控制方案 …… 151
第一节　流体输送设备的控制方案 …… 151
一、泵的控制 …… 151
二、压缩机的控制 …… 153
第二节　传热设备的控制 …… 154
一、无相变换热器的温度控制 …… 154
二、利用载热体冷凝进行加热的加热器的温度控制 …… 155
三、用冷却剂汽化来传热的冷却器的温度控制 …… 156
四、管式加热炉的控制 …… 157
第三节　锅炉的液位控制 …… 158
一、单冲量液位控制系统 …… 158

二、双冲量液位控制系统……………………………………………………………… 159
三、三冲量液位控制系统……………………………………………………………… 159
第四节　精馏塔的控制………………………………………………………………… 160
一、控制要求…………………………………………………………………………… 160
二、主要扰动…………………………………………………………………………… 160
三、常用的控制方案…………………………………………………………………… 160
第五节　反应器的控制………………………………………………………………… 162
本章小结………………………………………………………………………………… 162
习题与思考题…………………………………………………………………………… 163

第七章　过程控制系统的操作……………………………………………………… 164
第一节　装置开车的前期准备工作…………………………………………………… 164
一、准备工作…………………………………………………………………………… 164
二、确定控制器的正、反作用方向…………………………………………………… 164
三、控制器控制规律的选择…………………………………………………………… 166
第二节　控制器的参数整定…………………………………………………………… 166
一、简单控制系统的参数整定………………………………………………………… 166
二、串级控制系统的参数整定………………………………………………………… 168
三、均匀控制系统的参数整定………………………………………………………… 169
第三节　控制系统的开车与停车……………………………………………………… 169
一、简单控制系统的开车（投运）步骤……………………………………………… 169
二、串级控制系统的投运……………………………………………………………… 170
三、控制系统的停车…………………………………………………………………… 170
第四节　系统的故障分析、判断与处理……………………………………………… 170
一、过程控制系统常见的故障………………………………………………………… 170
二、故障的简单判别及处理方法……………………………………………………… 170
三、典型问题的经验判断及处理方法………………………………………………… 171
本章小结………………………………………………………………………………… 172
习题与思考题…………………………………………………………………………… 172

第八章　实验与实训………………………………………………………………… 173
第一节　认识实践……………………………………………………………………… 173
第二节　实验…………………………………………………………………………… 174
实验一　控制器参数对控制质量的影响（演示）…………………………………… 174
实验二　报警、联锁系统的认识……………………………………………………… 176
实验三　弹簧管压力表的认识及校验………………………………………………… 178
实验四　智能差压变送器的校验……………………………………………………… 180
实验五　物位检测仪表的认识及物位检测系统的构成（演示）…………………… 182
实验六　流量检测仪表的认识及流量检测系统的构成（演示）…………………… 183
实验七　温度检测仪表和显示仪表的认识及温度检测系统的构成（演示）……… 184

实验八　DDZ-Ⅲ型基型控制器的认识与使用 …………………………………… 185
　　实验九　C3000 数字过程控制器的认识与操作 …………………………………… 188
　　实验十　控制阀及转换单元的认识 …………………………………………………… 191
　　实验十一　DCS 系统的认识 …………………………………………………………… 194
　　实验十二　PLC 认识实验 ……………………………………………………………… 196
　第三节　DCS 仿真系统的控制实训 ……………………………………………………… 201
　　实训一　离心泵的仿真控制实训 ……………………………………………………… 201
　　实训二　多级液位系统的仿真控制实训 ……………………………………………… 202
　第四节　综合实践 …………………………………………………………………………… 203
　　实训一　简单控制系统的参数整定和投运 …………………………………………… 203
　　实训二　串级控制系统的参数整定和投运 …………………………………………… 204
　第五节　结业实践 …………………………………………………………………………… 205

附录 …………………………………………………………………………………………… 207
　附录一　常用压力表的规格及型号 ………………………………………………………… 207
　附录二　标准化热电偶电势-温度对照表 ………………………………………………… 208

参考文献 ……………………………………………………………………………………… 212

绪　　论

一、过程控制的基本概念

在工业生产过程中,如果采用自动化装置来显示、记录和控制过程中的主要工艺变量,使整个生产过程能自动地维持在正常状态,就称为实现了生产过程的自动控制,简称过程控制。

过程控制的工艺变量一般是指压力、物位、流量、温度和物质成分。分别用 P、L、F、T、A 来表示。

实现过程控制的自动化装置称为过程控制仪表。

过程控制技术包含过程控制系统及其实施工具——过程控制仪表这两个方面。

二、过程控制系统的内容及过程控制仪表的分类

（一）过程控制系统的内容

过程控制系统一般包括生产过程的自动检测系统、自动控制系统、自动报警联锁系统、自动操纵系统等方面的内容。

1. 自动检测系统

利用各种检测仪表对工艺变量进行自动检测、指示或记录的系统,称为自动检测系统。它包括被测对象、检测变送、信号转换处理以及显示等环节。

2. 自动控制系统

用过程控制仪表对生产过程中的某些重要变量进行自动控制,能将因受到外界干扰影响而偏离正常状态的工艺变量,自动地调回到规定的数值范围内的系统称为自动控制系统。它至少要包括被控对象、测量变送器、控制器、执行器等基本环节。

3. 自动报警与联锁保护系统

在工业生产过程中,有时由于一些偶然因素的影响,导致工艺变量越出允许的变化范围时,就有引发事故的可能。所以,对一些关键的工艺变量,要设有自动信号报警与联锁保护系统。当变量接近临界数值时,系统会发出声、光报警,提醒操作人员注意。如果变量进一步接近临界值、工况接近危险状态时,联锁系统立即采取紧急措施,自动打开安全阀或切断某些通路,必要时,紧急停车,以防止事故的发生和扩大。

4. 自动操纵系统

按预先规定的步骤自动地对生产设备进行某种周期性操作的系统。

（二）过程控制仪表的分类

过程控制仪表是实现过程控制的工具,其种类繁多,功能不同,结构各异。从不同的角度有不同的分类方法。

1. 按功能不同

可分为检测仪表、显示仪表、控制仪表和执行器。

① 检测仪表 包括各种变量的检测元件、传感器等;

② 显示仪表 有刻度、曲线和数字等显示形式;

③ 控制仪表 包括气动、电动等控制仪表及计算机控制装置;

④ 执行器 有气动、电动、液动等类型。

这些仪表之间的关系如图 0-1 所示。习惯上,将显示仪表列入检测仪表范围,将执行器列入控制仪表范围。

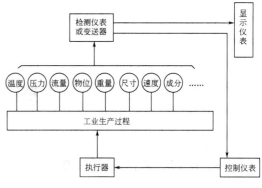

图 0-1 各类仪表间的关系图

2. 按使用的能源不同

可分为气动仪表和电动仪表。

① 气动仪表 以压缩空气为能源,性能稳定、可靠性高、防爆性能好且结构简单。但气信号传输速度慢、传送距离短且仪表精度低,不能满足现代化生产的要求,所以很少使用。但由于其天然的防爆性能,使气动控制阀得到了广泛的应用。

② 电动仪表 以电为能源,信息传递快、传送距离远,是实现远距离集中显示和控制的理想仪表。

3. 按结构形式分

可分为基地式仪表、单元组合仪表、组件组装式仪表等。

① 基地式仪表 这类仪表集检测、显示、记录和控制等功能于一体。功能集中,价格低廉,比较适合于单变量的就地控制系统。

② 单元组合仪表 是根据自动检测系统和控制系统中各组成环节的不同功能和使用要求,将整套仪表划分成能独立实现一定功能的若干单元(有变送、调节、显示、执行、给定、计算、辅助、转换等八大单元),各单元之间采用统一信号进行联系。使用时可根据需要,对各单元进行选择和组合,从而构成多种多样的、复杂程度各异的自动检测系统和自动控制系统。所以单元组合仪表被形象地称作积木式仪表。

③ 组件组装式仪表 是一种功能分离、结构组件化的成套仪表(或装置)。

4. 按信号形式分

可分为模拟仪表和数字仪表。

① 模拟仪表 模拟仪表的外部传输信号和内部处理信号均为连续变化的模拟量(如 4~20mA DC,1~5V DC,20~100kPa 等)。

② 数字仪表 数字仪表的外部传输信号有模拟信号和数字信号两种,但内部处理信号都是数字量(0,1),如可编程调节器等。

三、过程控制系统及仪表的发展

过程控制最早出现在 20 世纪 40 年代。当时仅仅是利用一些检测仪表来监视生产。操作工人根据仪表的指示凭借经验进行人工操作。其弊端很多:首先,有些行业恶劣的现场环境对人身造成威胁;其次,高温、高压、深冷、真空等超常的工作条件人工无法控制,不能保证产品的质量和产量。于是在 20 世纪 50~60 年代，出现了过程控制系统，用控制仪表构成简单的控制回路来实现过程控制，从某种程度上满足了生产的要求。但随着生产规模的不断扩大，对过程控制的要求也越来越高，因此串级、比值、均匀等复杂控制系统也得到了一定程度的应用。20 世纪 70 年代，由于控制理论和控制技术的发展，给过程控制系统的发展创造了有利条件，Smith 预估补偿、预测控制等新型控制系统相继出现，控制系统的设计与整定方法也有了新的发展。

伴随着过程控制系统的发展，实现过程控制的工具也同样在不断地更新换代。

在 20 世纪 40 年代使用的只是体积大、精度低的检测、显示仪表；随着科学技术的不断发展，在 50 年代出现了以 140kPa 的压缩空气为能源，以 20~100kPa 的气信号为统一标准信号，以气动放大器为放大元件的 QDZ-I 型（Q—气动，D—单元，Z—组合）气动单元组合仪表。在气动单元组合仪表继续向前发展（出现了 QDZ-II 型、QDZ-III 型）的同时，又出现了电动单元组合（DDZ）仪表。它历经了四代，第一代是 20 世纪 60 年代的 DDZ-I 型，它以电子管为放大元件，体积大、耗电量大、不防爆；第二代是 20 世纪 60 年代后期的 DDZ-II 型，它是随着晶体管的问世而产生的，以晶体管为基本放大元件，以 220V AC 为能源，以 0~10mA DC 为统一标准信号。其体积大大缩小、能耗降低，从而将过程控制仪表逐步推向成熟阶段，使过程控制水平不断提高。但此类仪表属隔爆型，安全程度还不够理想；第三代是 70 年代中期的 DDZ-III 型，它是继集成电路之后出现的，以集成运算放大器为主要放大元件，以 24V DC 为能源，以国际标准信号 4~20mA DC 为统一标准信号。它在体积基本不变的情形下，大大增加了仪表的功能。且工作在现场的仪表均为安全火花型防爆仪表，若配上安全栅，构成安全火花防爆系统，可使安全系数大大提高，因此得到了广泛的应用，并曾一度占主导地位。至今，一些中小企业及大企业的部分装置仍在使用；进入 80 年代后，由于微处理器的发展，又出现了 DDZ-S 型智能式单元组合仪表，它以微处理器为核心，能源、信号都同于 DDZ-III 型，而可靠性、准确性、功能等却远远优于 DDZ-III 仪表。

显然，仪表的发展史与其他电气设备一样，是伴随着电子元件的发展而发展的。

20 世纪 80 年代开始，世界进入了知识爆炸时期，由于各种高新技术的飞速发展，中国开始引进和生产以微型计算机为核心，控制功能分散、显示操作集中，集控制、管理于一体的分散型综合控制系统（DCS），从而将过程控制仪表及装置推向高级阶段。同时，可编程序控制器（PLC）也从逻辑控制领域向过程控制领域伸出触角，以其优良的技术性能和良好的性能/价格比在过程控制领域中占据了一席之地。

显然，过程控制系统及仪表的发展用"突飞猛进"和"日新月异"来形容毫不过分。而至此，它并没有止步，各种新型控制系统和新型控制工具还在不断推出，因此说，过程控制是极有挑战性的学科领域。

四、课程的性质、任务

《过程控制技术》是高等职业技术学院工业生产工艺类专业的职业群辅修板块中的一门课程，是学生在具备了数学、物理、电工电子技术、工艺学等基础知识后必修的专业基础课。

作为现代工艺人员除了要具备工艺专业的知识和能力外，还应具有识图能力；操作自控仪器、仪表的能力；装置开、停车能力；判断、分析及初步处理系统故障的能力；与自控人员合作及实施技改的能力。本教材正是围绕这些能力的培养安排了相关内容。通过本门课程的学习，要使学生掌握过程控制的基本知识；了解过程控制工具的外特性、简单工作原理和正确的使用方法；使学生初步具备参数整定、系统的投运、系统故障的判断处理等操作技能。

五、学习方法

本课程实践性很强，在学习过程中，提倡眼、脑、手并用，在条件允许的情况下，提倡多深入工厂观察、了解，建立感性认识，带着问题进入课堂，有目的地学习各部分知识。在用眼、用脑的同时还要多动手。对所学的仪表，要做到"面熟"、"手熟"。通过随堂实验、综合实验、仿真操作，实现知识的"回放"。再深入工厂，实现知识的彻底"归位"。学习中不可脱离实际。学习某一块仪表不是目的，重要的是，通过某一部分内容的学习总结出共性的知识，举一反三、触类旁通。培养在实践中发现问题的能力，培养将理论运用到实践、用理论指导实践的能力，培养动手能力，培养自学能力，才是本门课程的最终目的。

第一章 控制流程图的认识

> **学习目标**
> 认识控制流程图的图形符号，能读懂控制流程图，初步认识计算机控制流程图。

第一节 识图基础

要了解一套装置，首先应读懂带控制点的工艺流程图。所谓带控制点的工艺流程图，是指在工艺物料流程图的基础上，用过程检测和控制系统的设计符号，描述生产过程控制内容的图纸，简称控制流程图。它是过程控制水平和过程控制方案的全面体现，不仅是工程设计的依据，也是工艺人员了解装置和生产操作时的重要参考资料。

图 1-1 所示，为某石油化工厂裂解气分离装置中脱丙烷塔的控制流程图。为了能看懂类似的图纸，首先需要了解仪表及控制系统在控制流程图中的表示方法。

工程设计图纸的内容，都是以图示的形式，用图形和代号等工程设计符号来表示的。这样易于表达设计意图，便于阅读和交流技术思想。

工程设计符号通常包括字母代号、图形符号和数字编号等。将表示某种功能的字母及数字组合成的仪表位号置于图形符号之中，就表示出了一块仪表的位号、种类及功能。

本书所述的图例符号采用 GB 2625—81 国家标准，适合于化工、石油、冶金、电力、轻工、建材和其他工业的控制流程图之用。

一、图形符号

1. 连接线

通用的仪表信号线均以细实线表示。在需要区分时，电信号可用虚线表示；气信号用在实线上打双斜线表示。

2. 仪表的图形符号

仪表的图形符号是一个细实线圆圈，根据仪表的安装位置不同，其图形符号有所区别，如表 1-1 所示。

二、字母代号

1. 被测变量和仪表功能的字母代号

表示被测变量和仪表功能的字母代号见表 1-2。

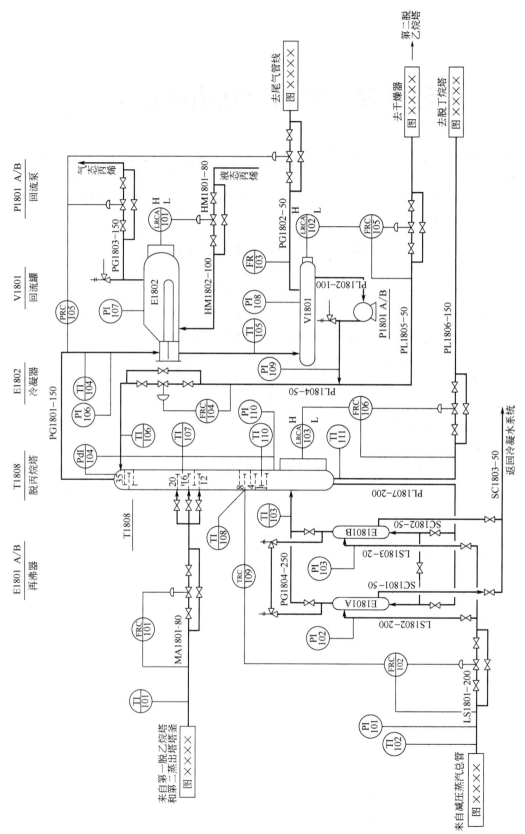

图 1-1 脱丙烷塔带控制点工艺流程图

表 1-1 仪表安装位置的图形符号

序号	安 装 位 置	图 形 符 号	序号	安 装 位 置	图 形 符 号
1	就地安装仪表	○	4	就地仪表盘面安装仪表	⊖
2	嵌在管道中的就地安装仪表	⊢○⊣	5	集中仪表盘后安装仪表	(⊖虚线)
3	集中仪表盘面安装仪表	⊖	6	就地仪表盘后安装仪表	(⊖双虚线)

表 1-2 字母代号的含义

字母	第一位字母 被测变量或初始变量	第一位字母 修饰词	后继字母 功能	字母	第一位字母 被测变量或初始变量	第一位字母 修饰词	后继字母 功能
A	分析 Analytical		报警 Alarm	N	供选用 User's choice		供选用 User's choice
B	喷嘴火焰 Burner Flame		供选用 User's choice	O	供选用 User's choice		节流孔 Orifice
C	电导率 Conductivity		控制 Control	P	压力或真空 Pressure or Vacuum		试验点(接头) Testing Point (connection)
D	密度 Density	差 Differential		Q	数量或件数 Quantity or Event	积分、积算 Integrate, Totalize	积分、积算 Integrate, Totalize
E	电压(电动势) Voltage		检测元件 Primary Element	R	放射性 Radioactivity		记录、打印 Recorder or Print
F	流量 Flow	比(分数) Ratio		S	速度、频率 Speed or Frequency	安全 Safety	开关或联锁 Switch or Interlock
G	尺度(尺寸) Gauging		玻璃 Glass	T	温度 Temperature		传送 Transmit
H	手动(人工触发) Hand (Manually Initiated)			U	多变量 Multivariable		多功能 Multivariable
I	电流 Current		指示 Indicating	V	黏度 Viscosity		阀、挡板、百叶窗 Valve, Damper, Louver
J	功率 Power		扫描 Scan	W	重量或力 Weight or Force		套管 Well
K	时间或时间程序 Time or Time Sequence		自动-手动操作器 Automatic-Manual	X	未分类 Undefined		未分类 Undefined
L	物位 Level		指示灯 Light	Y	供选用 User's Choice		继动器或计算器 Relay or Computing
M	水分或湿度 Moisture or Humidity			Z	位置 Position		驱动、执行或未分类的执行器 Drive, Actuate or Actuate of undefined

由表 1-2 可以看出：

① 同一字母在不同的位置有不同的含义或作用，处于首位时表示被测变量或初始变量；处于次位时作为首位的修饰，一般用小写字母表示；处于后继位时代表仪表的功能。因此不能脱离字母所处的位置来说某个字母的含义。

将表中的第一位字母、后继字母、修饰词（有时用）等组合到一起，就具有了特定的含义。如下例所示。

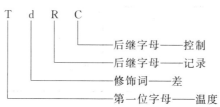

TdRC 实际上是"温差记录控制系统"的代号。

② 当"A"作为第一位字母表示"分析"变量时，一般在图形符号外标有分析的具体内容。例如：分析氧含量，应在圆圈外标注 O_2。

③ 后继字母的确切含义，根据实际需要，可以有不同的解释。例如："R"可以解释为"记录仪"、"记录"或"记录用"；"T"可以解释为"变送器"、"传送"或"传送的"等。

④ 后继字母"G"表示功能"玻璃"时，指过程检测中直接观察而无标度的仪表（如玻璃板液面计）；后继字母"L"表示单独设置的指示灯，用于显示正常的工作状态，例如，显示液位高度的指示灯用"LL"表示；后继字母"K"表示设置在控制回路内的自动-手动操作器，例如，"FK"表示流量控制回路的自动-手动操作器，它区别于第一位字母代号"H"—手动和"HC"—手动控制。

⑤ 字母"H"、"M"、"L"可表示被测变量的"高"、"中"、"低"值，一般标注在仪表圆圈外；"H"、"L"还可以表示阀门或其他通、断设备的开关位置，"H"表示阀在全开或接近全开位置；"L"表示阀在全关或接近全关位置。

⑥ 字母"U"表示"多变量"时，可代替两个以上的变量。当表示"多功能"时，则代替两个以上功能字母的组合。

⑦ 字母"X"代表未分类变量或未分类功能，使用中一般另有注明。

⑧ "供选用"的字母，是指在个别设计中反复使用，而表中未列出其含义的字母。使用时字母含义需在具体工程的设计图例中作出规定。

2. 继动器和计算器的功能符号和代号

表 1-2 中后继字母"Y"表示继动器（包括继电器）或计算器功能时，应在图形符号圆圈外标注它的具体功能。继动器和计算器的功能符号和代号见表 1-3。

三、仪表位号及编号

① 在检测、控制系统中，构成一个回路的每台仪表（或元件）都应有自己的位号。仪表位号由字母代号组合和阿拉伯数字编号组成。其中字母代号组合写在圆圈的上半部；数字编号写在圆圈的下半部，一般是由三位或四位数字组成，其中第一位表示工段号，后续数字表示仪表的序号。如图 1-1 中 PRC-105，表示 1 工段 05 号压力记录控制系统。

② 表示仪表功能的后继字母按 IRCTQSA（指示、记录、控制、传送、积算、开关或联锁、报警）的顺序标注。同时具有指示和记录功能时，只标注字母代号"R"，而不标注"I"；

第一章 控制流程图的认识

表 1-3 继电器和计算器的功能符号和代号

序号	符号或代号	功能	序号	符号或代号	功能	
1	1-0 或 ON-OFF	自动接通或断开，或转换一个或多个线路。在回路里不是作为第一位的设备	16	(举例)	按输入/输出的顺序 字母代号对应关系如下：	
2	Σ 或 ADD	加或总计(加或减)②			字母代号	信号
3	△ 或 DIFF	减②			E	电压
4	AVG	平均			H	液压
5	％ 或 1:3 或 2:1(举例)	增益或衰减(输入：输出)①			I	电流
6	±、+、─	偏置①			O	电磁或声
7	×	乘②			P	气压
8	÷	除②			R	电阻
9	√ 或 SQ,RT	开平方			F	频率
10	X^n 或 $X^{1/n}$	n 或 $1/n$ 次幂		转换		
11	$f(x)$	函数		A/D 或 D/A	按输入/输出的顺序 字母代号对应关系如下：	
12	1:1	功率放大			字母代号	信号
13	＞ 或 H.S	高选：选择代表最高(较高)的被测变量(不是信号，除非另有说明)			A	模拟
14	＜ 或 L.S	低选：选择代表最低(较低)的被测变量(不是信号，除非另有说明)			D	数字
			17	∫	积分(时间积分)	
15	REV	反向	18	D 或 d/dt	微分或速率	
16	E/P 或 P/I	转换	19	1/D	反微分	

① 用于单个输入信号的继电器或计算器。
② 用于两个或多个输入信号的继电器或计算器。

同时具有开关和报警功能时，只标注字母代号"A"，而不标注"S"；当"SA"同时出现时，表示具有联锁和报警功能。

四、仪表符号实例

1. 压力变量

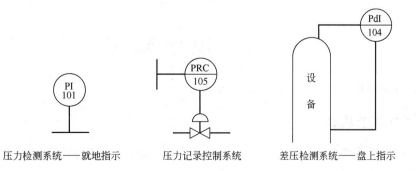

压力检测系统——就地指示　　　压力记录控制系统　　　差压检测系统——盘上指示

2. 流量变量

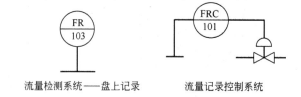

流量检测系统——盘上记录　　流量记录控制系统

3. 温度变量

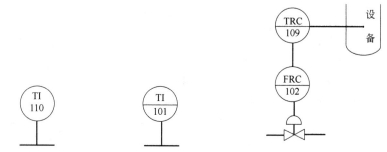

温度检测系统——就地指示　温度检测系统——盘上指示　温度-流量串级记录控制系统

4. 液位变量

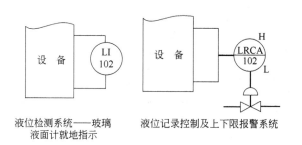

液位检测系统——玻璃　　液位记录控制及上下限报警系统
液面计就地指示

5. 成分

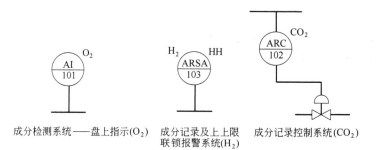

成分检测系统——盘上指示(O_2)　成分记录及上上限　成分记录控制系统(CO_2)
　　　　　　　　　　　　　　　联锁报警系统(H_2)

第二节　识图练习

了解了控制流程图中的各种符号后,再来认识图 1-1。

一、了解工艺流程

控制流程图是在工艺流程图的基础上设计出来的,所以在了解控制流程图之前,要先了解工艺流程。

脱丙烷塔的主要任务是切割 C_3 和 C_4 混合馏分，塔顶轻关键组分是丙烷，塔釜重关键组分是丁二烯。

第一脱乙烷塔塔釜来的釜液和第二蒸出塔的釜液混合后进入脱丙烷塔（T1808），进料中主要含有 C_3、C_4 等馏分，为气液混合状态。进料温度 32℃，塔顶温度 8.9℃，塔釜温度为 72℃。塔内操作压力 0.75MPa（绝压）。采用的回流比约为 1.13。冷凝器（E1802）由 0℃ 的液态丙烯蒸发制冷，再沸器（E1801A/B）加热用的 0.15MPa（绝压）减压蒸汽是由来自裂解炉的 0.6MPa（绝压）低压蒸汽与冷凝水混合制得的。

进料混合馏分经过脱丙烷塔切割分离，塔顶馏分被冷凝器冷凝后送至回流罐（V1801），回流罐中的冷凝液被泵（P1801A/B）抽出后，一部分作为塔顶回流，另一部分作为塔顶采出送至分子筛干燥器和低温加氢反应器，经过干燥和加氢后，作为第二脱乙烷塔的进料。回流罐中的少量不凝气体通过尾气管线返回裂解气压缩机或送至火炬烧掉。塔釜中釜液的一部分进入再沸器以产生上升蒸汽，另一部分作为塔底采出送至脱丁烷塔继续分离。

二、了解自动控制系统

要想了解控制系统的情况，应该借助于控制流程图和自控方案说明这两个资料。这里仅就控制流程图进行说明。

图中共有 7 套控制系统。其中：

FRC-101 为进料流量均匀控制系统，用于控制脱丙烷塔的进料流量。

LRCA-102、FRC-105 为回流罐液位与塔顶采出流量的串级均匀控制系统，用于对回流罐液位和塔顶采出流量进行均匀控制。FRC-105 为副回路，LRCA-102 为主回路，并具有液位的上下限报警功能。

LRCA-103、FRC-106 为塔釜液位与塔底采出流量的串级均匀控制系统，用于对塔釜液位和塔底采出流量进行均匀控制。

以上三套均匀控制系统，不仅能使塔釜液位和回流罐液位保持在一定范围内波动，而且也能保持塔的进料量、塔顶馏出液和塔釜馏出液流量平稳、缓慢地变化。基本满足各塔对物料平衡控制的要求。

TRC-109、FRC-102 为提馏段温度与蒸汽流量串级控制系统。FRC-102 为副回路，对加热蒸汽流量进行控制；TRC-109 为主回路，对提馏段温度进行控制。当加热蒸汽压力波动不大时，通过"主/串"切换开关可使主控制器的输出直接去控制执行器，实现主控。

PRC-105 为脱丙烷塔压力控制系统。它以塔顶气相出料管中的压力为被控变量，冷凝器出口的气态丙烯流量为操纵变量构成单回路控制系统，以维持塔压稳定。

另外，PRC-105 除了控制气态丙烯控制阀外，还可控制回流罐顶部不凝气体控制阀，这就构成了塔顶压力的分程控制系统。当塔顶馏出液中不凝气体过多，气态丙烯控制阀接近全开，塔压仍不能降下来时，控制器就使回流罐上方的不凝气体控制阀逐渐打开，将部分不凝气体排出，从而使塔压恢复正常。

LRCA-101 为冷凝器液位控制系统。它以液态丙烯流量为操纵变量，以保证冷凝器有恒定的传热面积和足够的丙烯蒸发空间。

FRC-104 为回流量控制系统。目的是保持脱丙烷塔的回流量一定，以稳定塔的操作。

三、了解自动检测系统

温度检测系统：TI-101、TI-103、TI-104、TI-105、TI-106、TI-107、TI-108 分别对进料、再沸器出口、塔顶、冷凝器出口、塔顶回流、塔中、第七段塔板等各处温度进行检测并在控制室内的仪表盘上进行指示；TI-102、TI-110、TI-111 分别对再沸器加热蒸汽、塔釜、塔底采出等处的温度进行检测并在现场指示。

压力检测系统：PI-101、PI-102、PI-103、PI-106、PI-107、PI-108、PI-109、PI-110 分别对蒸汽总管、再沸器加热蒸汽、塔顶、冷凝器、回流罐、回流泵出口、塔底等处压力进行检测及现场指示。PdI-104 对塔顶塔底压差进行检测并在控制室的仪表盘面进行指示。

流量检测系统：FR-103 对回流罐上方不凝气体排出量进行检测记录。

另外，在本装置中，由于被控的温度、压力、流量、液位等变量都十分重要，所以，在设置控制系统的同时，也设置了这些被控制变量的记录功能。

四、了解自动信号报警系统

本例中，为了生产安全，要确保塔釜液位、冷凝器液位、回流罐液位都在规定的范围内变化，故设置了三个液位的上下限报警系统。

从该控制流程图上可读到以上的内容。一个大装置的控制流程图往往很长，但读图方法是一样的。在以后的学习和实践中应多读多练，关键是要掌握读图方法（这里重点是识图，至于控制系统和仪表的知识到后面逐步去了解）。

第三节 计算机控制流程图的识图练习

在现代过程控制中，计算机控制系统的应用十分广泛。所以初步认识计算机控制流程图也是十分必要的。仍以脱丙烷塔工艺为基础，以计算机控制中的集中分散型综合控制系统（DCS 系统）为例，认识一下相关的控制流程图。

图 1-2 是采用集散型控制系统（DCS）进行控制的脱丙烷塔控制流程图的一个局部。图中

FN——安全栅；
df/dt——流量变化率报警；
XAH——控制器输出高限报警；
XAL——控制器输出低限报警；
dx/dt——控制器输出变化率报警；
FY——I/P 电气转换器；
TAH——温度高限报警；
TDA——温度设定点偏差报警；
LAH——液位高限报警；
LAL——液位低限报警；
LAHH——液位高高限报警。

图中中间带横线的圆圈外用方框框上，表示正常情况下操作员可以监控，若中间没有横线，则表示正常情况下操作员不能监控。

第一章 控制流程图的认识

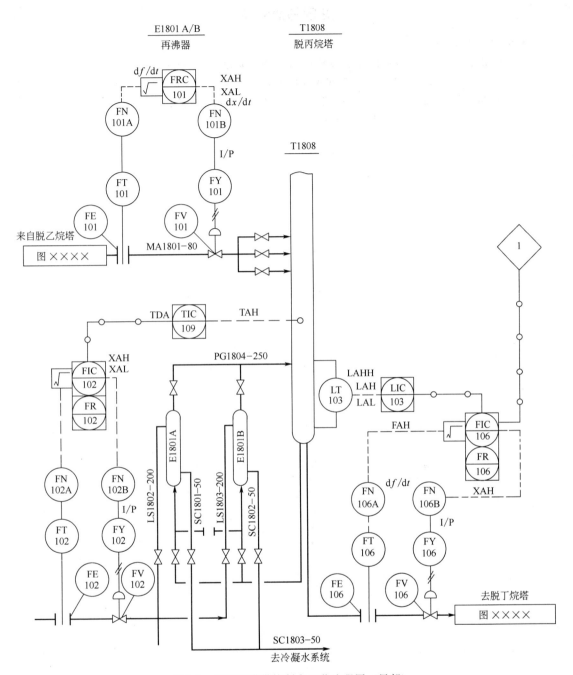

图 1-2 脱丙烷塔带控制点工艺流程图（局部）

本 章 小 结

① 控制流程图的符号，即字母代号、图形符号、仪表的位号及编号。
② 控制流程图的读图方法：了解工艺流程、控制系统、检测系统及信号报警系统。
③ 计算机控制流程图的读图方法。

习题与思考题

1-1 读图 1-1,试回答下列问题:
① 该控制流程图中有几套控制系统?各系统的位号分别是什么?控制变量各是什么?
② 图中 TI-101、FR-103、PdI-104、LRCA-101 分别是何含义?
③ 图中都有哪些检测系统?哪些在现场指示?哪些在控制室的仪表盘上指示?

1-2 从实习工厂借一张控制流程图来练习读图。

第二章 过程控制系统

> **》》》学习目标**
>
> 了解生产过程的自动检测系统的构成;能利用品质指标来评价过渡过程曲线,掌握控制规律及其对过渡过程的影响。掌握简单控制系统的构成形式,了解各种复杂控制系统的特点及应用;了解自动信号报警及联锁保护系统的基本构成及工作原理。
>
> 在绪论中提到,过程控制系统包含四个方面的内容。本章将具体学习其中的自动检测系统、自动控制系统、自动报警联锁保护系统等内容。

第一节 自动检测系统

一、自动检测系统的组成

自动检测系统是指利用各种检测仪表对相应的工艺变量进行自动检测、显示或记录的系统。

一个自动检测系统通常由以下几个部分构成:检测对象、检测环节、信号转换处理环节、显示环节。

二、自动检测系统的种类

自动检测系统有多种分类方法。

(一) 按被检测的变量不同分类

分为压力检测系统、温度检测系统、物位检测系统、流量检测系统、成分检测系统。

(二) 按显示地点不同分类

可分为就地显示和远传显示两大类。

1. 就地显示的自动检测系统

这种检测系统的检测环节与信号转换处理环节及显示环节一般是合为一体的,即构成了一块就地显示仪表,其框图如图 2-1 所示。如单圈弹簧管压力表、金属温度计、玻璃液面计、非远传的转子流量计等都是就地显示仪表的例子。由这种就地显示仪表与检测对象一起构成就地显示的自动检测系统。

图 2-1 就地显示的自动检测系统组成框图

图 1-1 中的 PI-101、PI-102、TI-102、TI-110 等使用的都是就地显示仪表,与相应的检测对象构成了就地显示的自动检测系统。

2. 远传显示的自动检测系统

这种检测系统的检测及转换处理环节组成传感器安装在现场,而显示环节则作为一块单独的显示仪表安装在控制室(通常称现场仪表为一次表,控制室仪表为二次表)。为实现自动检测,现场的传感器需要将检测结果远传到控制室送给显示仪表,故称远传显示的自动检测系统。有些传感器可以输出统一标准信号(如 4～20mA DC 等),这种传感器就称之为变送器。由此又可将远传显示的自动检测系统分为两类。

① 非统一信号的远传显示自动检测系统　该系统的检测及转换处理环节为输出非统一信号的传感器,其组成框图如图 2-2 所示。

图 2-2　非统一信号的远传显示自动检测系统组成框图

如霍尔式远传压力表,现场是霍尔压力传感器,其作用是将压力检测出来并转换成相应的电流信号传送到控制室,室内可用 XCZ-103 动圈指示仪与之配套进行显示。

② 统一信号的远传显示自动检测系统　该系统的检测及转换处理环节为输出统一信号的变送器,是单元组合仪表中的一个单元。而控制室内的显示仪表只要是以同样的统一信号为输入信号,就可与该变送器配套,而不必考虑是何生产厂家、何种系列、何种变量,所以使用更加灵活。其组成框图如图 2-3 所示。

图 2-3　统一信号的远传显示自动检测系统组成框图

如图 1-1 中的 PdI-104、TI-101、LR-101、FR-101 等都属于远传显示的自动检测系统。

第二节　自动控制系统概述

前面已经介绍了自动检测系统,然而对一些关键参数,仅检测出来是不够的,还要进行控制。下面就来讨论自动控制系统的相关知识。

一、自动控制系统的组成

为了解自动控制系统,首先来分析人工完成一个动作的过程。

图 2-4 是一个水槽控制系统,其控制的目的是使水槽液位维持在 50% 的位置。

图 2-4(a) 为人工控制。假如某时刻进水量突然增加导致水位升高,人用眼睛观察玻璃液面计发现水位变化后,通过神经系统将该信息传给大脑,经与脑中的"设定值"(50%)比较后,知道水位超高,故发出信息,命令手开大阀门,加大出水量以使液位下降。在调整过程中,眼睛、大脑、手要反复地协调工作,直到液位重新下降到 50% 为止,从而实现了

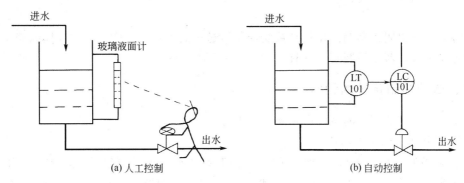

图 2-4 水槽液位控制系统示意图

液位的人工控制。

图 2-4(b) 为自动控制。现场的液位变送器代替人眼将水槽液位检测出来，并转换成统一的标准信号传送给室内的控制器，控制器代替人脑将其与预先输入的设定值（50%）进行比较得出偏差，并按预先确定的某种控制规律（比例、积分、微分或它们的某种组合）进行运算后，输出统一标准信号给控制阀，控制阀代替人手改变阀门开度，控制出水量。这样反复调整，直到水槽液位恢复到设定值附近为止，从而实现了水槽液位的自动控制。

显然，自动控制系统要代替人来工作，就要有相当于人体这些器官的相应的仪表，即

由此可知，自动控制系统的组成框图如图 2-5 所示。

图 2-5 自动控制系统的组成框图

其中 被控变量 y——是指需要控制的工艺变量，如图 2-4 中的水槽液位；

设定值 x——是被控变量的希望值，如图 2-4 中的 50% 液位高度；

偏差 e——是指设定值与被控变量的测量值之差；

操纵变量 q——是由控制器操纵，用于控制被控变量的物理量，如图 2-4 中的出水量；

扰动 f——除操纵变量外，作用于过程并引起被控变量变化的因素，如图 2-4 中进料量的波动；

对象——指需要控制其工艺变量的工业过程、设备或装置，如图 2-4 中的水槽；

检测元件和变送器——其作用是把被控变量转化为测量值，如图 2-4 中的液位变送器是将液位检测出来并转化成统一标准信号（如 4~20mA DC）；

比较机构——是将设定值与测量值比较并产生偏差；

控制器——是根据偏差的正负、大小及变化情况，按预定的控制规律实施控制作用。比较机构和控制器通常组合在一起。它可以是气动控制器、电动控制器、可编程序调节器、集中分散型综合控制系统（DCS）等，控制器有正反作用之分，其设定值有内设定和外设定

两种；

执行器——也叫控制阀，作用是接受控制器送来的信号，相应地去改变操纵变量，最常用的执行器是气动薄膜控制阀，它有气开、气关两种方式。

二、自动控制系统的种类

自动控制系统从不同的角度有不同的分类方法。

1. 按控制系统的基本结构分类

① 闭环控制系统　由图 2-5 所示的自动控制系统组成框图可以看到，控制作用会影响到输出（被控变量），而测量、变送器又将这个输出送回到控制系统的输入端。这样控制系统就形成了一个闭合的环路，称闭环控制系统。在电子学中，将输出信号引回到输入端叫做反馈。同理，闭环控制系统也是反馈控制系统，而且从图 2-5 中返回信号的符号上可以看出是负反馈，负反馈可以使控制系统稳定。多数控制系统都是闭环负反馈控制系统。

② 开环控制系统　若系统的输出信号不反馈到输入端，也就不能形成闭合回路，这样的系统就称为开环控制系统。

2. 按设定值的情况不同分类

① 定值控制系统　是指设定值恒定的控制系统。其基本任务是克服扰动对被控变量的影响，使被控变量保持在设定值。前面水槽液位控制就是定值控制系统的一个例子。工业生产中的大部分控制系统都属于这种类型。所以如果未加特别说明，以后讨论的都是闭环负反馈定值控制系统。

② 随动控制系统　也称自动跟踪系统。这类系统的特点是设定值不断地变化，而且这种变化是随机的、不可预知的。随动系统的主要任务是使被控变量能尽快地、准确地跟踪设定值的变化。例如比值控制系统、串级控制系统中的副环等都属于随动控制系统。

③ 程序控制系统　其设定值也是变化的，但它是时间的已知函数，即设定值按人规定的时间程序变化。这类系统在间歇生产过程中应用比较普遍，如多种液体自动混合加热控制就属于此类。

此外，如果按被控变量来分类，可分为压力、物位、流量、温度、成分控制系统；如果按控制器所具有的控制规律来分类，可分为比例、比例积分、比例积分微分等控制系统；如果从控制系统构成的复杂程度来分，又可分为简单控制系统和复杂控制系统。

三、自动控制系统的过渡过程和品质指标

（一）控制系统的过渡过程

在工业生产中，通常要求被控变量稳定在某一数值。然而扰动却是客观存在的，在扰动作用下，被控变量会偏离设定值。而控制系统的作用就是调整操纵变量，使被控变量重新稳定在设定值附近。通常把被控变量不随时间变化的稳定状态称为系统的静态。把被控变量随时间变化的不稳定状态称为系统的动态。把被控变量从受扰动影响开始，到控制系统将其调回到新的稳定状态为止的变化过程称为控制系统的过渡过程（即系统由一个平衡状态过渡到另一个平衡状态的中间过程）。因此，控制系统是否能有效的克服扰动的影响，完全可以用过渡过程来衡量。

系统的过渡过程能反映出控制系统的质量。而过渡过程与所受扰动的情况有关，扰动是没有固定形式的，而且是随机的。所以，为了分析和设计控制系统时方便，都采用同样形式

和大小的扰动信号。其中最常用的是阶跃扰动，如图 2-6 所示。在阶跃扰动作用下，过渡过程不外乎如图 2-7 所示的几种形式。其中图 2-7(a) 为发散振荡过程。它表明系统在受到扰动作用后，控制系统不但不能把被控变量调回到设定值，反而使系统振荡越来越剧烈，从而远离设定值；图 2-7(b) 为等幅振荡过程，它表明

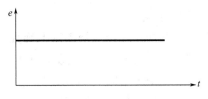

图 2-6　阶跃扰动

控制系统使被控变量在设定值附近作等幅振荡，也不会稳定在设定值；图 2-7(c) 为衰减振荡过程，它表明被控变量振荡一段时间后，最终能趋向一个稳定状态；图 2-7(d) 为非周期衰减的单调过程，被控变量经过很长时间后才能慢慢稳定到某一数值上。

其中，图 (a)、(b) 属于不稳定的过渡过程，是生产上不允许的；图 (c)、(d) 属于稳定的过渡过程，但图 (d) 过渡过程时间太长，一般不采用；图 (c) 是最理想的形式。

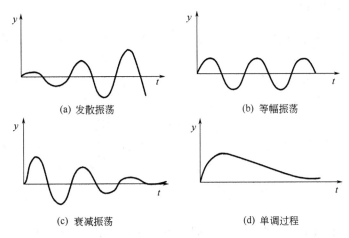

(a) 发散振荡　　(b) 等幅振荡

(c) 衰减振荡　　(d) 单调过程

图 2-7　过渡过程的几种基本形式

（二）控制系统的品质指标（针对定值系统）

一个好的控制系统应该具有稳定性好、准确性好、控制速度快等特点。

前面提到，衰减振荡是人们所希望得到的过渡过程形式。但同样是衰减振荡，质量也有区别。为了评价控制系统的质量，习惯以如下的几个参数作为品质指标，如图 2-8 所示。

1. 最大偏差 A（或超调量 B）

它是衡量过渡过程稳定性的一个动态指标。它有两种表示方法，其一是用被控变量偏离设定值的最大程度来描述，即最大偏差，用图 2-8 中的 A 表示；其二可用被控变量偏离新稳态值 C 的最大程度来描述，即超调量，用图 2-8 中的 B 表示。

2. 衰减比 n

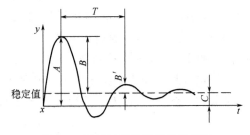

图 2-8　过渡过程质量指标示意图

它是衡量控制系统稳定性的一个动态指标。它是指过渡过程曲线同方向相邻两个峰值之比。若第一个波与同方向第二个波的波峰分别为 B、B'，则衰减比 $n=B/B'$，或习惯表示为 $n:1$。可见 n 愈小，B' 越接近 B，过渡过程愈接近等幅振荡，系统不稳定；而 n 愈大，过渡过程愈接近单调过程，过渡过程时间太长。所以一般认为，衰减比为 4∶1 至 10∶1 为宜。

3. 余差 C

它是衡量控制系统控制准确性的稳态指标。是指被控变量的设定值 x 与过渡过程终了时的新稳态值 $y(\infty)$ 之差，用 C 表示。$C=x-y(\infty)$。

4. 振荡周期 T（或振荡频率 f）

它是衡量控制系统控制速度的品质指标。将过渡过程曲线相邻两波峰之间的时间称作振荡周期，用 T 表示。其倒数称为工作频率，用 f 表示。

此外，还有其他一些指标，就不一一介绍了。

作为好的控制系统，一般希望最大偏差或超调量小一些（系统稳定性好），余差小一些（控制精度高），振荡周期短一些（控制速度快），衰减比适宜。但这些指标之间既互相矛盾，又互相关联，不能同时满足。因此，应根据具体情况分出主次，优先保证主要指标。

四、控制对象的特性

过程控制系统的质量取决于组成系统的各个环节，其中被控对象是否易于控制，即对象特性的好坏，对整个控制系统的运行状况影响很大。

所谓对象特性是指对象在输入信号作用下，其输出变量（即被控变量）随时间变化的特性。通常，对象可以看作有两种输入，即操纵变量的输入信号和外界扰动信号。操纵变量对被控变量的作用途径，称为控制通道，而扰动信号对被控变量的作用途径称为扰动通道。如图 2-4(b) 中的出水量为操纵变量，由出水阀到液面之间的部分就是控制通道；如果进水量的波动较大，成为扰动信号的话，则进水管到液面之间就是扰动通道。

下面简单介绍描述控制对象的三个参数。

1. 放大系数 K

放大系数是指输出信号（被控变量）的变化量与引起该变化的阶跃输入信号（操纵变量的变化量或扰动信号的变化量）的比值。其中与前者的比值称为控制通道的放大系数，用 K_o 表示；而与后者的比值称为扰动通道的放大系数，用 K_f 表示。

K_o 大，说明控制系统的控制作用强；而 K_f 大，说明干扰对被控变量的影响大。所以，在进行控制系统设计时，在有多种控制手段的情况下，应选择 K_o 大的，并以有效的介质作为操纵变量；若系统中存在多种扰动时，则应注重克服作用次数频繁而 K_f 又大的扰动。

2. 时间常数 T

时间常数是反映对象在输入变量作用下，被控变量变化快慢的一个参数。时间常数越大，在阶跃输入作用下，被控变量变化得越慢，达到新的稳态值所需的时间就越长。

3. 滞后时间 τ

滞后是指对象的输出变化落后于输入变化的现象。滞后时间就是描述对象滞后现象的动态参数。它分为纯滞后时间 τ_0（纯滞后是由距离与速度引起的滞后）和容量滞后时间 τ_c（容量滞后是多容对象的固有属性，对象的容量个数越多，其容量滞后就越大）两种。对控制通道来说滞后时间越小越好，而对扰动通道来说滞后时间越大反而对控制越有利。

在常见的工业对象中，一般压力对象的 τ 不大，T 也不大；液位对象 τ 较小，T 稍大；流量对象的 τ 和 T 都较小，约几秒至几十秒；温度对象的 τ 和 T 都较大，约数分至数十分钟；成分对象的 τ 较大。

总之，为了保证控制系统的质量，对不同的控制对象就要采取不同的控制措施。

五、基本控制规律及其对过渡过程的影响

被控对象的特性决定了对象是否好控制，当生产工艺确定后，对象特性也就随之确定了。而针对该对象所施加的控制方案的合理性，检测变送器、控制器、执行器等控制工具的精度，则决定了能否控制好。而这在设计、安装工作完成后，也就都确定了。但这并不是说控制质量就固定了。控制器控制规律的选择，控制参数的设置同样可以改变控制的质量，而且更具灵活性。

下面先来了解基本控制规律。

（一）基本控制规律

所谓控制规律，就是指控制器输出的变化量 $\Delta p(t)$ 随输入偏差 $e(t)$ 变化的规律。控制规律的描述通常有表达式和阶跃响应曲线两种方式。其中阶跃响应曲线反映的是在阶跃偏差作用下，控制器的输出变化量随时间的变化规律。特别注意阶跃响应曲线与前面提到的过渡过程曲线之间的关系（过渡过程曲线是指在阶跃偏差作用下，被控变量随时间变化的情况）。控制器的控制规律与控制器的原理、结构无关，因此可以抛开控制器而单独来研究控制规律。

基本控制规律有双位控制、比例控制（P）、积分控制（I）和微分控制（D）等。在实际应用中，更多应用的是 P、I、D 的某种组合，如 PI 控制、PID 控制等。

双位控制，顾名思义，是指控制器只有两个输出值——最大和最小，对应的控制阀只有两个工作位置——全开和全关，因此双位控制又称为开关控制。双位控制简单易懂，这里就不过多介绍了。下面具体介绍 P、I、D 控制规律。

1. 比例控制（P）

① 比例控制规律　是指控制器输出的变化量与被控变量的偏差成比例的控制规律。其输入/输出关系可表示为：

$$\Delta p(t) = K_p e(t) \tag{2-1}$$

式中　K_p——控制器的比例放大倍数。

图 2-9 为阶跃偏差作用下比例控制的响应曲线。

显然，在偏差 $e(t)$ 一定时，比例放大倍数 K_p 越大，控制器输出值的变化量 $\Delta p(t)$ 就越大，说明比例作用就越强。即 K_p 是衡量比例控制作用强弱的参数。

② 比例度 δ　在工业仪表中，习惯用比例度 δ 来描述比例控制作用的强弱。

比例度的定义为

$$\delta = \frac{\dfrac{e}{z_{\max} - z_{\min}}}{\dfrac{\Delta p}{p_{\max} - p_{\min}}} \times 100\% \tag{2-2}$$

式中　$(z_{\max} - z_{\min})$——控制器输入信号的变化范围，即量程；
$(p_{\max} - p_{\min})$——控制器输出信号的变化范围。

显然，当输出 Δp 变化满量程时，$\Delta p = p_{\max} - p_{\min}$

此时

$$\delta = \frac{e}{z_{\max} - z_{\min}} \times 100\%$$

因此，比例度可以理解为：要使输出信号作全范围的变化，输入信号必须改变全量程的百分之几。图 2-10 更为直观地显示了比例度与输入、输出的关系。

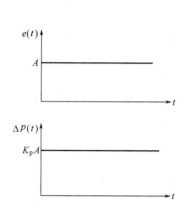

图 2-9 比例控制阶跃响应曲线

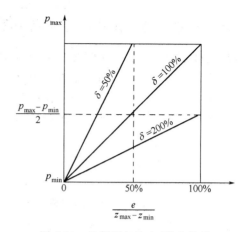

图 2-10 比例度与输入/输出关系

因为单元组合仪表中,控制器的输入和输出是一样的标准信号,即:$z_{max} - z_{min} = p_{max} - p_{min}$,所以

$$\delta = \frac{e}{\Delta p} \times 100\% = \frac{1}{K_p} \times 100\% \tag{2-3}$$

可见,在单元组合仪表中,比例度 δ 与比例放大倍数 K_p 互为倒数。因此,控制器的比例度越小,比例放大倍数就越大,比例控制作用就越强,反之亦然。

在控制器上有专门的比例度旋钮,以实现比例度的设置。

③ 比例控制规律的特点　由式(2-1)和图 2-9 可知,在偏差 e 产生的瞬间,控制器立即产生 $K_p e$ 的输出,这说明比例控制作用及时。

同时,为了克服扰动的影响,控制器必须要有控制作用,即其输出要有变化量,而对于比例控制来讲,只有在偏差不为零时,控制器的输出变化量才不为零,这说明比例控制会永远存在余差。所以说,比例控制的精度不高。

2. 比例积分控制(PI)

① 积分控制规律　是指控制器输出的变化量与被控变量偏差的积分成比例的控制规律。积分作用的输入/输出关系可表示为

$$\Delta p(t) = K_i \int e(t) dt \tag{2-4}$$

式中　K_i——积分速度。

当输入为阶跃信号时,如 $e = A$,则有 $\Delta p(t) = K_i A t$,其阶跃响应曲线如图 2-11 所示。

显然,这是一条斜率不变的直线,其斜率就是积分速度 K_i,K_i 越大,积分作用就越强。而在实际的控制器中,常用积分时间 T_i 来表示积分作用的强弱,在数值上,$T_i = 1/K_i$。显然,T_i 越小,K_i 就越大,积分作用就越强,反之亦然。

在控制器上,有专门的积分时间旋钮,用来设置积分时间。

② 积分控制规律的特点　由式(2-4)和图 2-11 可见,偏差产生的瞬间,积分输出的变化量为零,随后逐渐累积。显然,积分作用总是滞后于偏差的出现,说明积分控制不及时。

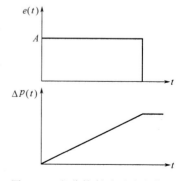

图 2-11 积分控制阶跃响应曲线

而且，积分控制输出的变化量不仅与输入偏差的大小有关，还与偏差存在的时间长短有关。只要偏差存在，控制器的输出就不断变化，而且偏差存在的时间越长，输出信号的变化量也越大，直到控制器的输出达到极限（积分饱和）为止。即只有在偏差信号等于零时，控制器的输出才能稳定。因此积分控制能消除余差。

显然，积分控制的特点与比例控制正好相反。由于积分控制不及时，所以积分作用不能单独使用，在实际应用中，总是将比例、积分结合起来，使二者互补。

③ 比例积分控制规律　比例积分的输入/输出关系表达式为

$$\Delta p(t) = K_p e(t) + \frac{K_p}{T_i} \int_0^t e(t) \mathrm{d}t \tag{2-5}$$

当 $e(t) = A$（阶跃信号）时

$$\Delta p(t) = K_p A \left(1 + \frac{t}{T_i}\right) \tag{2-6}$$

PI 的阶跃响应曲线如图 2-12 所示。

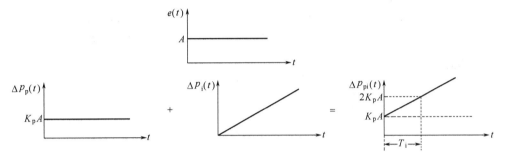

图 2-12　比例积分控制阶跃响应曲线

由式(2-6)可知，当 $t = T_i$ 时，$\Delta p(T_i) = 2K_p A$
即从产生阶跃偏差开始，到 PI 控制器的输出达到比例输出的 2 倍时所经历的时间就是积分时间 T_i。实际工作中，通常用这一方法测定 T_i 的大小。

3. 比例积分微分控制（PID）

① 微分控制规律　是指控制器输出的变化量与偏差变化的速度成正比的控制规律。微分控制的输入/输出关系可表示为

$$\Delta p(t) = T_d \frac{\mathrm{d}e(t)}{\mathrm{d}t} \tag{2-7}$$

式中　T_d——微分时间；

$\dfrac{\mathrm{d}e(t)}{\mathrm{d}t}$——偏差的变化速度。

显然，当偏差产生阶跃的瞬间，控制器的输出为无穷大，而其他时间均为零，响应曲线如图 2-13 所示。但由于任何元件都存在惯性，所以这种突变的规律在仪表上是不能实现的，所以称之为理想微分规律。

由式(2-7)可知，T_d 越大，控制器的输出也越大，微分作用就越强，反之亦然。因此说 T_d 可以表示微分作用的强弱。

在控制器上，有专门的微分时间旋钮，可以实现微分时

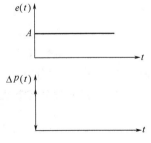

图 2-13　理想微分阶跃响应曲线

间的设置。

② 微分规律的特点 由式(2-7)和图 2-13 可知,当偏差发生变化的瞬间,微分控制输出的变化量会很大,实施强有力的控制,从而遏制偏差的变化,所以说,微分规律具有超前控制作用。

同时,还可以看出,当偏差不变化时,不管偏差有多大,微分作用的输出变化都为零。所以微分作用不能消除余差。

微分规律的特点,决定了微分规律不能单独使用,它通常与比例、积分规律配合。同时,因为理想微分在仪表上不能实现,所以多使用实际的比例微分与比例积分微分规律。

③ 实际的比例微分控制规律 当输入偏差为阶跃信号时,实际的比例微分规律的输入/输出关系为

$$\Delta p(t) = K_p A + K_p A (K_d - 1) e^{(-K_d/T_d)t} \tag{2-8}$$

式中 e——自然对数底;

K_d——微分增益(微分放大倍数),为常数,如 DDZ-Ⅲ型控制器的 $K_d = 10$。

可见,当 $t=0$ 时,$\Delta p(0) = K_p K_d A$;当 t 增加时,$\Delta p(t)$ 按指数规律下降;当 $t=\infty$ 时,$\Delta p(\infty) = K_p A$。

因此,比例微分的阶跃响应曲线如图 2-14 所示。

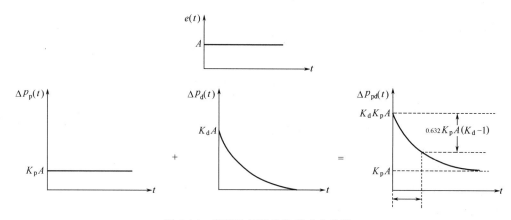

图 2-14 实际比例微分阶跃响应曲线

可见,在偏差产生的瞬间,微分作用最强,此后越来越弱,稳态时,微分作用消失,只剩比例作用。

图中,当 $t = T_d/K_d = \tau$ 时,$\Delta p(\tau) = K_p A + 0.368 K_p A (K_d - 1)$
$$= K_p K_d A - 0.632 K_p A (K_d - 1)$$

式中 τ——微分时间常数。

所谓微分时间常数,是指在阶跃偏差 A 作用下,比例微分作用的输出立即上跳到 $K_p K_d A$,然后按指数规律慢慢下降,当下降了微分部分的 63.2% 时,所经历的时间就是微分时间常数 τ。而微分时间 $T_d = \tau K_d$。实际工作中,通常用这一方法测定 T_d 的大小。

④ 比例积分微分控制规律 PID 三作用的输入/输出关系为

$$\Delta p(t) = K_p \left[e(t) + \frac{1}{T_i} \int e(t) dt + T_d \frac{de(t)}{dt} \right] \tag{2-9}$$

可见,PID 控制规律是 P、I、D 三种作用的综合结果,其阶跃响应曲线如图 2-15 所示。

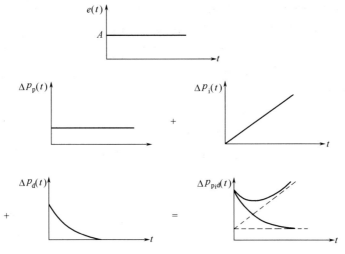

图 2-15 PID 控制阶跃响应曲线

由图可见，当阶跃输入开始时，微分作用的变化最大，它叠加在比例作用上，使总输出大幅度变化，产生一个强烈的控制作用。然后微分作用逐渐消失，积分作用逐渐占主导地位，直到余差完全消失，积分才不再变化，而比例作用贯穿始终，是基本的控制作用。

不同的控制规律适用于不同的生产过程，若控制规律选择不当，不但起不到控制作用，反而会造成控制过程剧烈振荡而导致事故发生。所以了解、运用好控制规律是十分重要的。

4. 数字 PID 控制

前面介绍的是常规 PID 控制规律，它是模拟的、连续的控制。而在计算机控制系统中使用的都是数字 PID 控制，是离散的控制，在一个采样周期内控制作用只能动作一次。它既有常规 PID 控制的特点，又适应了数字控制系统的要求。

图 2-16 所示为数字和模拟 P、I、D 三作用的比较。

由图可见，模拟控制的变化是连续的，而数字控制仅当采样时才有变化。同时可以看出，在 $0 \sim T$（采样周期）之间有明显的滞后作用。通常，采样周期是足够短的，否则将引起计算误差。另外，针对不同的情况，数字 PID 还有一定的改进，但依然具有 δ、T_i、T_d 三个参数。

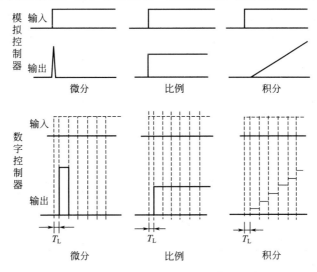

图 2-16 数字和模拟 P、I、D 作用比较

（二）控制器参数对过渡过程的影响

由前面的分析知道，δ、T_i、T_d 三个参数分别反映了比例、积分、微分作用的强弱。而控制作用的强弱直接影响着系统的过渡过程，即影响了控制的质量。

1. δ 对过渡过程的影响

图 2-17 为 δ 对过渡过程的影响情况。

由图可见：δ 越小，比例作用越强。效果是：最大偏差（超调量）减小，振荡周期减小，余差减小，衰减比减小。

δ 等于某一数值时，系统会出现等幅振荡，此时的 δ 值称为临界值。当 δ 小于临界值时，系统会产生发散振荡，而 δ 太大时，又会出现单调衰减过程。

好的控制系统希望最大偏差小、余差小，所以要求 δ 小一些；同时希望过渡过程平稳，所以要求 δ 大一些。那么 δ 值究竟多大最好？这并没有一个严格的界限，要根据对象特性等综合考虑。一般来说，如果对象较稳定，即滞后较小、时间常数较大且放大倍数较小时，控制的重点应是提高灵敏度，此时，δ 可选得小一些；反之，控制重点应是在增加系统的稳定性上，此时 δ 应选得大一些。

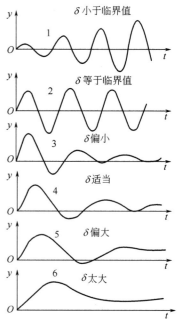

图 2-17　δ 对过渡过程的影响

针对不同的对象，δ 的大致范围是：压力对象 30%～70%；流量对象 40%～100%；液位对象 20%～80%；温度对象 20%～60%。

纯比例控制只适用于扰动较小、滞后较小而时间常数又不太小且允许余差存在的场合。

2. T_i 对过渡过程的影响

δ 不变时，T_i 对过渡过程的影响情况如图 2-18 所示。

因 T_i 越大，积分作用越弱，所以 T_i 过大，则失去积分作用，变成纯比例控制，不能消

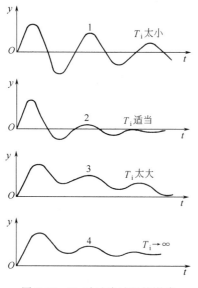

图 2-18　T_i 对过渡过程的影响

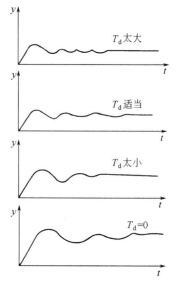

图 2-19　T_d 对过渡过程的影响

除余差；T_i 减小，积分作用加强，过程的振荡会加剧，但能克服余差；T_i 太小，积分作用过强，过程振荡剧烈，甚至出现发散振荡。

因为积分作用会加剧振荡，这种振荡对于滞后大的对象更为明显。所以，控制器的积分时间应根据对象的特性来选择，对于管道压力、流量等滞后不大的对象，T_i 可选得小一些，而温度对象的滞后较大，T_i 可选取大一些。

3. T_d 对过渡过程的影响

微分时间对过渡过程的影响如图 2-19 所示。

由图可见：T_d 越大，微分作用越强。效果是动态偏差减小，余差减小，但使系统的稳定性变差。

T_d 太大，则易引起系统振荡；T_d 太小，则微分作用弱，动态偏差大，波动周期长，余差大，但稳定性好。

在 PID 控制中，适当选择 δ、T_i、T_d 这三个参数，可以获得良好的控制质量。

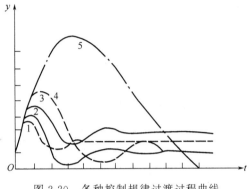

图 2-20　各种控制规律过渡过程曲线

4. 各种控制规律的过渡过程比较

图 2-20 为在同一阶跃偏差作用下，P、I、D 及其各种组合形式的过渡过程曲线。

图中，曲线 1 为 PD 作用，曲线 2 为 PID 作用，曲线 3 为 P 作用，曲线 4 为 PI 作用，曲线 5 为 I 作用。

可见，PID 三作用的动态偏差小，余差基本为零，控制周期短，所以控制效果最好；PI 控制余差为零，相对 PID 来说动态偏差大一些、周期也长一些，但与其他几种相比好一些；PD 控制动态偏差小，稳定性好，但余差大；P 控制动态偏差比 PI 小些，但余差太大；I 作用的效果最差，故不能单独使用。

第三节　自动控制系统

前已述及，控制系统从构成的复杂程度上分，可分为简单控制系统和复杂控制系统。下面分别介绍它们的构成及基本原理。

一、简单控制系统

(一) 简单控制系统的组成

所谓简单控制系统，是指由一个测量变送器、一个控制器、一个控制阀、一个被控对象和一个被控变量所构成的闭环控制系统，也称单回路控制系统。

本章第二节讨论的"自动控制系统的组成"，实际上就是简单控制系统的组成，所以图 2-5 所示的组成框图也就是简单控制系统的组成框图。且图 2-4(b) 所示的水槽自动控制也是简单控制系统的一个实例。

简单控制系统构成简单，所需仪表的数量少，投资小，操作维护也比较方便，而且在一般情况下，都能满足控制质量的要求。因此，这种控制系统在工业生产过程中应用十分广泛，约占控制系统的 80% 以上。

如图 1-1 中，FRC-101、FRC-104、LRCA-101 代表的都是简单控制系统。而且在每个系统中也都包含有一个测量变送器、一个控制器和一个控制阀，只是在控制流程图中没有表现出来。

（二）简单控制系统方案的确定

协助自控人员确定设计方案，是工艺人员的职责。而确定控制方案最首要的是确定被控变量和操纵变量。然后在被控制变量所在的设备上确定检测点，在操纵变量所在的管线上放上执行器，在二者之间联上控制器，就构成了简单的控制系统。

下面就被控变量和操纵变量的选择原则作以简单介绍。

1. 被控变量的选择

被控变量的选择涉及到控制系统能否真正起到好的控制作用，关系到能否实现稳定操作和安全生产，所以选择时要慎重。在工业生产中，影响工艺过程的变量很多，但并非所有的变量都要进行控制，也不是所有的变量都能进行控制。因此，必须深入了解工艺机理，找出对产品质量、产量、安全、节能等方面具有决定性作用，而人工又难以操作，或者人工操作非常紧张频繁的变量来作为被控变量。一般来说，要注意以下几个方面。

① 被控变量一定是反映工艺操作指标或状态的重要参数。

② 如果工艺变量本身（如 T、P、F、H 等）就是要求控制的指标（称直接指标），则应尽量选用直接控制指标为被控变量。

③ 如果直接指标无法获得或很难获得（如物质成分），则应选用与直接指标有单值对应关系且反应又快的间接指标为被控变量。如在精馏塔的控制中，为了使塔顶产品质量合格，在保持塔压稳定的前提下，可采用温度变量作为间接控制指标来控制塔顶产品的纯度。

④ 被控变量应该是为保持生产稳定，需要经常控制的变量。

⑤ 被控变量一般应该是独立可控的，不致因调整它而引起其他变量的明显变化、发生关联作用而影响系统稳定。

⑥ 被控变量应是易于测量、灵敏度足够大的变量。

了解被控变量选择的要求，除了可以配合自控人员正确选择被控变量外，也有利于控制系统的正常操作。

2. 操纵变量的选择

在生产过程中，扰动是客观存在的，它是影响控制系统平稳操作的一种消极因素，而操纵变量则是专门用来克服扰动的影响，使控制系统重新恢复稳定的积极因素，因此正确选择操纵变量，是十分重要的。当工艺上有多个操纵变量可供选择时，要根据控制通道和扰动通道特性对控制质量的影响来合理选择。操纵变量的选择应考虑以下原则：

① 所选的操纵变量应对被控变量的影响大、反应灵敏，且使控制通道的放大系数大、时间常数小、滞后小，保证控制作用有力、及时。

② 所选的操纵变量应使扰动通道的时间常数尽量大，放大系数尽量小。执行器尽量靠近扰动输入点，以减小扰动的影响。

③ 操纵变量的选择，要考虑工艺上的合理性，一般避免用主物料流量作为操纵变量。换言之要选择工艺上合理且允许调整又可控制的变量。

总之，正确选择被控变量和操纵变量是设计一个好的自动控制系统的重要前提。

在图 1-1 中，工艺要求冷凝器 E1802 的液位要控制在 50% 左右。经分析发现，该冷凝器的液位是能反映冷凝器工作状态的重要变量，而且它就是工艺要求的直接指标，也是需要经常控制、独立可调且易于检测的变量，因此以该液位为被控变量是非常合适的。

而能影响冷凝器液位的因素较多，如进入冷凝器的液态丙烯的流量的大小、气态丙烯排出量的多少、冷凝器内的温度、压力，甚至需要冷凝的塔顶产品的温度、流量等，都可以导致液位发生变化。但经分析发现，液态丙烯的流量对液位影响最大、最直接，而且还不是主物料流量，因此可以作为操纵变量。

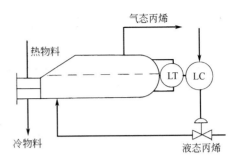

图 2-21　冷凝器液位控制系统

确定了被控变量和操纵变量，也就设计出了图 2-21 所示的简单控制系统。

如果考虑该变量的重要性，需要对其进行记录，并对其上下限进行报警，就有了图 1-1 中 LRCA-101 的液位记录、控制及上下限报警系统。

二、复杂控制系统

简单控制系统是最基本、应用最广泛的一种控制形式。然而随着工业的发展、生产工艺的更新、生产规模的大型化和生产过程的复杂化，必然导致各变量间的相互关系更加复杂、对操作的要求更加严格；同时，现代化生产对产品质量的要求越来越高，对控制手段的要求也越来越高。为了适应更高层次的要求，在简单控制系统基础上，出现了串级、均匀、比值、分程、前馈、选择等复杂控制系统以及一些更新型的控制系统，现分别介绍如下。

（一）串级控制系统

在复杂控制系统中，串级控制的应用是最广泛的。

1. 串级控制的目的

以精馏塔为例，保证精馏塔塔底产品的分离纯度是精馏塔的一项核心工作。而直接检测纯度是很难的，所以只能以与纯度有单值对应关系的塔底温度这个间接变量为被控变量，以对塔底温度影响最大的加热蒸汽为操纵变量组成单回路控制系统，如图 2-22(a) 所示。

但是，如果蒸汽流量频繁波动，塔釜温度也会随之变化。尽管图 2-22(a) 的温度简单控制系统能克服这种扰动，但这种克服是在温度变化之后进行的，这已经对产品质量产生了一定的影响。所以这种方案不十分理想。因此，使蒸汽流量平稳就成了一个非解决不可的问题。希望谁平稳就以谁为被控变量是很常用的控制方法，图 2-22(b) 就是保持蒸汽流量稳定的控制方案。这是一种预防扰动方案，就克服蒸汽流量影响这一点，应该说是很好的。但是对精馏塔而言，影响塔底温度的不只是蒸汽流量，此外，进料流量、温度、成分的变化，同样会使塔底温度发生改变，而图 2-22(b) 方案对此无能为力。

所以，最好的办法是将二者结合起来。即将最主要、最强的扰动以图 2-22(b) 的方式预先处理（粗调），而其他扰动的影响最终用图 2-22(a) 的方式彻底解决（细调）。但若将图 2-22(a)、(b) 机械地组合在一起，在一条管线上就会出现两个控制阀，会相互影响（即关联），所以将二者处理成图 2-22(c)，即将温度控制器的输出串接在流量控制器的外设定上，由于出现了信号相串联的形式，故称这种系统为串级控制系统。

2. 串级控制系统的组成

由前面的分析可知，串级控制系统中有两个测量、变送器，两个控制器，两个对象，一个控制阀。为了便于区分，用"主、副"来对其进行描述，故有如下的常用术语。

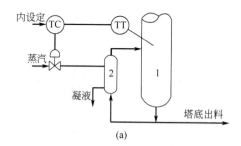

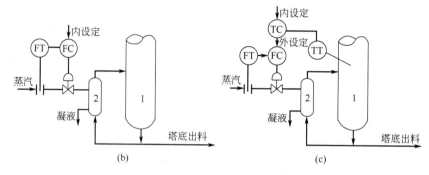

图 2-22 精馏塔塔底温度控制
1—精馏塔塔釜；2—再沸器

主变量——工艺最终要求控制的被控变量，如图 2-22 中精馏塔塔釜的温度；

副变量——为稳定主变量而引入的辅助变量，如图 2-22 中的蒸汽流量；

主对象——表征主变量的生产设备，如图 2-22 中包括再沸器在内的精馏塔塔釜至温度检测点之间的工艺设备；

副对象——表征副变量的生产设备，如图 2-22 中的蒸汽管道；

主控制器——按主变量与工艺设定值的偏差工作，其输出作为副控制器的外设定值，在系统中起主导作用，如图 2-22 中的 TC；

副控制器——按副变量与主控制器来的外设定值的偏差工作，其输出直接操纵控制阀，如图 2-22 中的 FC；

主测量变送器——对主变量进行测量及信号转换的变送器，如图 2-22 中的 TT；

副测量变送器——对副变量进行测量及信号转换的变送器，如图 2-22 中的 FT；

主回路——是指由主测量变送器，主、副控制器，执行器和主、副对象构成的外回路，又叫主环或外环；

副回路——是指由副测量变送器、副控制器、执行器和副对象构成的内回路，又称副环或内环。

串级系统的组成方块图如图 2-23 所示。

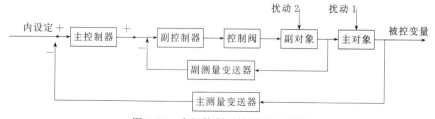

图 2-23 串级控制系统组成方块图

3. 控制过程分析

正常情况下，进料温度、压力、组分稳定，蒸汽压力、流量也稳定，则塔底温度也就稳定在设定值。

一旦扰动出现，上述平衡就会被破坏。下面以图 2-22(c) 为例，就扰动出现的位置不同来进行分析。

① 扰动进入副回路　如蒸汽流量（或压力）变化。该扰动首先影响副回路，使副回路的测量值偏离外设定值，流量控制系统依据这个偏差进行工作，改变执行器的开度，从而使流量稳定。如果扰动幅度较小，流量控制系统可以使主变量（塔釜温度）基本不受影响。若扰动幅度较大，由于副环的控制作用，即使对主变量有些影响，也是很小的。也可以由主环进一步消除。

② 扰动进入主回路　如进料温度变化。该扰动直接进入主回路，使塔釜温度受到影响，偏离设定值，它与设定值间的偏差使主控制器的输出发生变化，从而使副控制器的设定值改变。该设定值与副变量（蒸汽流量）之间也出现偏差，该偏差可能很大，于是副控制器采取强有力的控制作用，使蒸汽流量大幅度变化，从而使塔釜温度很快回到设定值。因此对于进入主回路的扰动，串级控制系统也要比简单控制系统的控制作用更快更有力。

③ 扰动同时进入主、副回路　如果上述的两种扰动同时存在，主控制器按定值控制工作，而副控制器既要克服副回路的扰动，又要跟随主控制器工作，使副控制器产生较大的偏差，于是会产生比简单控制系统大几倍甚至几十倍的控制作用，该控制作用使主变量的控制质量得到大大的改善。

综上所述，串级控制系统有很强的克服扰动的能力，特别是对进入副环的扰动，控制力度更大。

4. 串级控制的特点

① 主回路为定值控制系统，而副回路是随动控制系统。

② 结构上是主、副控制器串联，主控制器的输出作为副控制器的外设定，形成主、副两个回路，系统通过副控制器操纵执行器。

③ 抗扰动能力强，对进入副回路的扰动的抑制力更强，控制精度高，控制滞后小。因此，它特别适用于温度对象等滞后大的场合。

5. 回路和变量的选择

① 副回路应包括尽可能多的扰动，尤其是主要扰动。

② 副回路的时间常数要小，反应要快。一般要求副环要比主环至少快 3 倍。

③ 所选择的副变量一定是影响主变量的直接因素。

（二）均匀控制系统

1. 均匀控制的目的

工业生产设备都是前后紧密联系的。前一设备的出料往往是后一设备的进料。如图 1-1 中，脱丙烷塔（简称 B 塔）的进料来自第一脱乙烷塔（简称 A 塔）的塔釜。对 A 塔来说，需要保证塔釜液位稳定，故有图 2-24 中的液位定值控制系统。而对 B 塔来说，希望进料量稳定，故有图 2-24 中的流

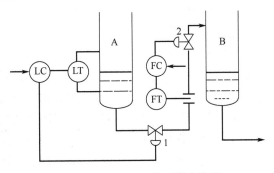

图 2-24　前后精馏塔的供求关系

量定值控制系统。假设扰动使 A 塔塔釜液位升高,则液位控制系统会使控制阀 1 开度加大,以使 A 塔液位达到要求。但这一动作的结果,却使 B 塔进料量高于设定值,则流量定值控制系统又会关小控制阀 2,以保持流量稳定,这样两塔的供需就出现了矛盾。

为了解决这种前后工序的供求矛盾,使两个变量之间能够互相兼顾和协调操作,就是均匀控制的目的。均匀控制是按系统所要完成的功能命名的。

2. 均匀控制的特点

多数均匀控制系统都是要求兼顾液位和流量两个变量,也有兼顾压力和流量的。其特点是:不是使被控变量保持不变(不是定值控制),而是使两个互相联系的变量都在允许的范围内缓慢变化。

3. 均匀控制方案

(1) 简单均匀控制系统

简单均匀控制系统如图 2-25 所示,在结构上与一般的单回路定值控制系统是完全一样的,只是在控制器的参数设置上有区别。图 1-1 中 FRC-101 就是简单均匀控制系统。

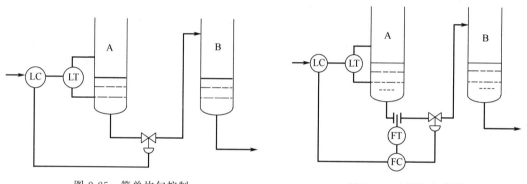

图 2-25　简单均匀控制　　　　　　图 2-26　串级均匀控制

(2) 串级均匀控制系统

简单均匀控制系统结构非常简单,操作方便。但当前面例子中塔压发生变化时,即使控制阀开度不变,流量也会随阀前后压差而改变,等到流量的改变使液位发生变化后,液位控制器才会进行控制,显然,存在着控制滞后。所以,最好的办法就是构成串级均匀控制系统,如图 2-26 所示。

串级均匀控制系统在结构上与一般串级控制系统完全一样,差别也是在控制器的参数设置上,有关控制器的参数设置问题,第七章将会介绍。图 1-1 中的 LRCA-102、FRC-105 以及 LRCA-103、FRC-106 就是两套串级均匀控制系统。

(三) 其他控制系统

1. 比值控制系统

比值控制是工业生产中经常遇到的问题。如合成氨反应中,氢氮比要求严格控制在 3:1,否则,就会使氨的产量下降;加热炉的燃料量与鼓风机的进氧量也要求符合一定的比值关系,否则,会影响燃烧效果。比值控制的目的就是实现两种或两种以上物料的比例关系。

比值控制方案有开环比值控制、单闭环比值控制、双闭环比值控制和变比值控制。其中单闭环比值控制构成较简单,仪表使用较少,实施较方便,因此应用十分广泛,尤其适用于主物料在工艺上不允许控制的场合。其控制方案如图 2-27 所示。其中 F_1 为处主导地位的主物料,称主动量,一般是不可控的。F_2 为随主物料按比例变化的从动量。二者之间的比值

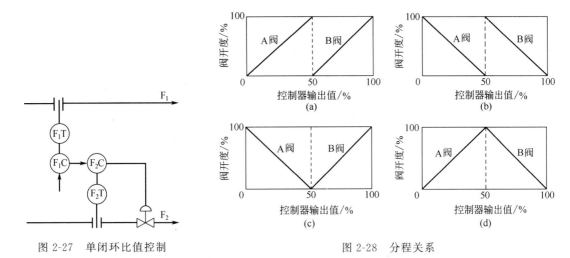

图 2-27 单闭环比值控制　　　　　图 2-28 分程关系

就是要求控制的数值。

2. 分程控制系统

分程控制是由一个控制器的输出，带动两个及两个以上工作范围不同的控制阀进行工作。

控制阀多为气动薄膜控制阀，分气开和气关两种形式（第四章具体介绍）。它的工作信号是 20~100kPa 的气信号，对于气开阀，阀的开度随外来信号的增加而增加，气关阀则相反。根据阀气开、气关的形式不同，可将分程控制系统分为四种，如图 2-28 所示。其中图 (a) 的两阀均为气开阀；图 (b) 的两阀均为气关阀；图 (c) 的 A 为气关阀，B 为气开阀；图 (d) 的 A 为气开阀，B 为气关阀。

分程控制的应用很多，图 1-1 中 PRC-105 就是用来实现安全防护的分程控制系统。PRC-105 是塔压力控制系统。正常的操纵变量是 E1802 冷凝器顶部排出的气态丙烯。当塔顶馏出液中不凝气体过多，气态丙烯控制阀接近全开，塔压仍不能降下时，就使 V1801 回流罐顶部不凝汽控制阀逐渐打开，将部分不凝汽排出，从而使塔压恢复正常，确保生产安全。

此外，分程控制还可以用来对一个被控变量采用两种或两种以上的介质或手段来控制以及用于扩大控制阀的可调范围，改善控制品质等等，在此就不一一介绍了。

3. 前馈控制系统

前馈控制是一种按扰动变化的大小实施控制的系统。控制作用产生在扰动发生的同时，而不是等到扰动引起被控制变量发生波动之后。

图 2-29 所示为换热器出口温度的单回路控制系统，它可以将换热器出口温度控制在某一数值，但它总是在扰动对出口温度产生影响之后才起作用的，存在着控制滞后。而图 2-30 所示的前馈控制方案，在进料流量变化（如增加）的同时，就使蒸汽阀门开大，靠加大蒸汽量来抵制变化的冷物料的影响，将扰动克服在对出口温度产生影响之前。

但是，一种前馈只能克服一种扰动，而且控制的效果得不到检验。所以，常常将前馈与反馈结合起来构成前馈-反馈控制系统，如图 2-31 所示。它可以用前馈来克服主要扰动，而用反馈来克服其他扰动，并检验控制效果。

4. 选择性控制系统

一般的过程控制系统只能在生产工艺处于正常状态下工作。如果出现特殊情况，通常有

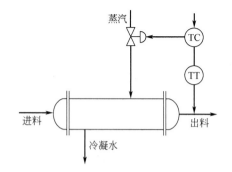

图 2-29 换热器的反馈控制

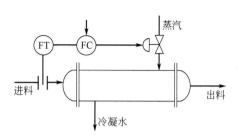

图 2-30 换热器的前馈控制

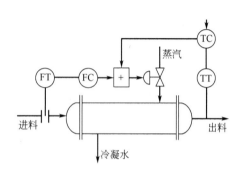

图 2-31 换热器的前馈-反馈控制

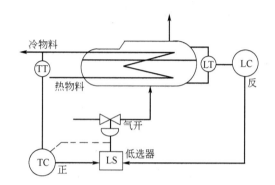

图 2-32 氨冷器的选择控制

两种处理方法：一是利用联锁保护系统自动报警后停车；二是转为人工操作，使生产逐步恢复正常。但这两种方法都存在着不足，因为紧急停车虽安全，但经济损失很大，时间也长。人工紧急处理虽经济，但操作紧张，易出错，操作的可靠性差。而选择性控制系统能克服二者的不足。

所谓选择性控制系统，就是有两套控制系统可供选择。正常工况时，选择一套，而生产短期内处于不正常状态时，则选择另一套。这样既不停车又达到了自动保护的目的。所以，选择性控制又叫取代控制和超驰控制。

图 2-32 所示为氨冷器选择性控制系统，氨冷器是用液氨蒸发吸热来冷却物料的。控制器 TC 与控制阀等构成的温度控制系统可用来实现物料出口温度的控制。当物料出口温度偏高时，该控制系统可使控制阀开大，以增加液氨进入量，以便有更多的液氨蒸发使物料出口温度降低。但如果氨冷器中的液位太高，使蒸发空间减小，影响氨蒸发，温度反倒降不下来。甚至使得气氨带液，引起后面的氨压缩机发生事故。所以要求氨冷器中的液位不能超过某一限度。为此，还要增加一个液位控制器 LC，必要时与控制阀构成液位控制系统。何时让哪一个控制系统工作，则由一台低值选择器 LS 在两个控制器之间按工况进行选择。

以上介绍的是较常见的几种控制系统。然而由于许多过程具有内在机理复杂、变量间关联严重、纯滞后严重、存在非线性等问题，使得前面所学的这些控制系统不能满足控制要求。因此，针对某些特殊的生产过程又出现了一些新型的过程控制系统。如有专门用于克服纯滞后的纯滞后补偿控制系统；有利用预测模型来预估未来输出状况与设定值之间的偏差，并对偏差采用"滚动式"的最优化策略计算当前的控制作用的预测控制系统；还有建立在系统数学模型参数未知的基础上,而且随着系统行为的变化相应地改变控制器参数的自适应控制系统等,在此不做详细介绍。

第四节　自动信号报警与联锁保护系统

信号报警与联锁保护系统是保证工业安全生产的重要措施之一。当生产过程中某些工艺变量越限或运行状态发生异常时,信号报警系统动作,发出声光报警信号,提醒操作人员注意并及时处理。当某些关键变量越限幅度太大,接近危险值时,联锁系统动作,按照预先设计好的逻辑关系启动备用设备或自动停车,以实现安全保护。

一、信号报警系统

1. 信号报警系统的组成

一个信号报警系统一般由故障检测元件、信号报警器、信号灯、音响(蜂鸣器)及按钮等组成。

故障检测元件——是一种工艺触点(开关),一般由控制器、记录仪、指示仪等二次仪表提供。当某变量越限时,它的接点就会闭合或断开,使信号报警系统动作。

信号报警器——可以是有触点的继电器箱、无触点的盘装闪光报警器和晶体管插卡式逻辑监控系统,一般安装在仪表盘后。

信号灯——装在仪表盘的上部。报警点少时,可用几个单体的指示灯;报警点较多时,可用报警灯屏集中显示。信号灯的颜色具有特定的含义,一般绿色灯亮表示状态正常;黄色灯亮表示要提醒注意,或非第一原因事故;红色灯亮则表示危险,是越限信号,需要处理;乳白色灯是电源指示灯。

音响器(蜂鸣器)——用于进行声音报警,以提醒操作人员查找事故原因,并及时处理。它一般安装在仪表盘后或后架上,多个报警系统可共用一个音响器。

按钮——通常安装在仪表盘下面。黑色为确认按钮,白色为试验按钮。

2. 信号报警系统的功能

信号报警系统分为一般报警、能区别第一原因的报警和能区别瞬时原因的报警三大类。而每一类又都有闪光报警和不闪光报警两种。下面以一般报警为例作简要说明。

表 2-1 列出了具有闪光报警功能的信号报警系统的工作情况。当变量越限时,故障检测元件动作,使信号报警系统工作,发出声音信号和闪光信号。操作人员得到报警信息后,按确认按钮消除声音,同时信号灯由闪光转为平光,直到将事故消除,工况恢复正常时,灯光自动熄灭,信号报警系统也恢复正常。一般不闪光报警系统与闪光报警系统的区别仅是信号报警系统动作后灯光不是闪光而是平光,其功能如表 2-2 所示。

表 2-1　一般闪光报警系统的工作情况

状态	报警灯	音响器
正常	灭	不响
异常	闪光	响
确认(消音)	平光	不响
恢复正常	灭	不响
试验	全亮	响

表 2-2　一般不闪光报警系统的工作情况

状态	报警灯	音响器
正常	灭	不响
异常	亮	响
确认(消音)	亮	不响
恢复正常	灭	不响
试验	全亮	响

3. 信号报警电路

图 1-1 中设置了精馏塔塔釜液位的高、低报警，其报警电路如图 2-33 所示。

图中：

X_1——为 LRCA-103 系统中控制器的上限报警的常开触点，当塔釜液位达到高限时，X_1 接通。1BD 为上限指示灯（红色）。

X_2——为 LRCA-103 系统中控制器的下限报警的常闭触点，当塔釜液位达到低限时，X_2 断开。2BD 为下限指示灯（绿色）。

1XA——确认按钮。

2XA——试验按钮。

LB——电喇叭

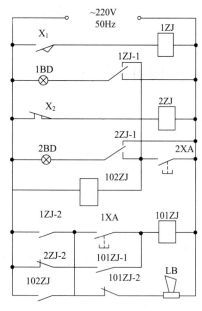

图 2-33 一般事故信号报警电路

正常时：X_1 断，1ZJ 失电，1ZJ-1 的常开触点断，1BD 灭；X_2 通，2ZJ 得电，2ZJ-1 的常闭触点断，2BD 灭；因 1ZJ-2 常开触点断开，且 2ZJ-2 常闭触点也断，所以 LB 不响，且 101ZJ 失电。

塔釜液位过高时：X_1 闭合，1ZJ 得电，1ZJ-1 的常开触点闭合，1BD 亮；1ZJ-2 常开触点闭合，因正常时，101ZJ 失电，101ZJ-2 常闭触点闭合，所以 LB 响。

当按下确认按钮 1XA 时，101ZJ 得电，101ZJ-2 常闭触点断开，LB 消音。

当故障排除后，变量恢复正常，X_1 断开，电路也恢复常态。

当塔釜液位过低时，X_2 断开，对应 2BD 亮，LB 响。按 1XA 后，也可消音。

正常状态下，因 1ZJ-1 的常闭触点闭合，2ZJ-1 的常开触点闭合，所以，按下试验按钮 2XA 时，1BD、2BD 均亮，同时，102ZJ 线圈得电，102ZJ 常开触点闭合，LB 响。以此来检验信号报警系统的好坏。

其他功能的报警电路可举一反三。

二、联锁保护电路

1. 联锁保护的功能

工艺变量轻度越限时，进行信号报警即可。但当某些关键变量越限幅度较大，不及时采取措施将会发生更为严重的事故时，可使用保护系统。保护有软保护和硬保护之分，"软保护"（选择性控制系统）已经介绍过了，在这里主要介绍"硬保护"——联锁保护系统。

联锁保护实质上是一种自动操纵保护系统。一般包括四个方面的内容。

① 工艺联锁　由某工艺变量越限而引起的联锁，称为工艺联锁。如乙烯装置中精馏塔的塔压越限时，可以使进入再沸器的蒸汽停止供热，来保护装置，实现工艺联锁。

② 机组联锁　是指运转设备本身或机组之间的联锁。例如合成氨装置中合成气压缩机停车系统，有冰机停、压缩机轴位移等 22 个因素与压缩机联锁，只要其中任何一个因素不正常，都会使压缩机停止工作。

③ 程序联锁　以确保按预定程序或时间次序对工艺设备进行自动操纵。如加热炉点火系统必须按如下顺序：燃料气阀门关→炉膛内气压检查→空气吹除→打开燃料气阀门→点火

进行操作，否则，由于联锁的作用，就不可能实现点火，从而确保安全点火。

④ 各种泵类的开停　单机受联锁触点控制。

2. 联锁保护电路

图 2-34 是乙烯装置中精馏塔的带控制点的工艺流程图。根据工艺要求，塔中进料为脱甲烷后的石油裂解气，塔顶采出的是 C_2 馏分，而塔底采出的是 C_3 以上的馏分，塔底再沸器用蒸气进行加热。

为了保证塔底产品质量，就要使塔底温度恒定，故有 TRC-118 温度控制系统。但由于塔压对安全生产起着重要作用，所以一定要确保塔压正常。否则，塔压越限将引起液泛事故。为此采用了图 2-35 的塔压联锁保护电路。图中

　　X——压力指示仪提供的常闭触点；

　YFJ——延时继电器；

　　QA——启动按钮；

　DCF——电磁阀。线圈 S 得电时，A、C 通，B、C 断；S 失电时，B、C 通，A、C 断；

　　LK——摘挂联锁的开关。

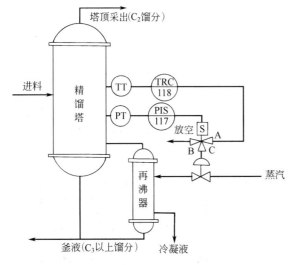
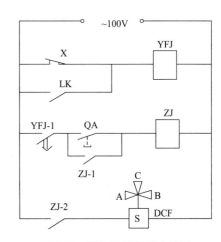

图 2-34　乙烯装置中精馏塔的控制流程图　　图 2-35　塔压联锁保护电路图

正常时：X 闭合，使 YFJ 得电，YFJ-1 常开触点闭合。当按下启动按钮 QA 后，ZJ 得电，一方面 ZJ-1 常开触点闭合形成自锁，另一方面 ZJ-2 常开触点闭合，使电磁阀 DCF 的线圈 S 得电，导致 A、C 通，B、C 断。从图 2-34 上可以看出，A、C 通也就是使 TRC/118 控制器的输出进入控制阀的气室（控制阀的结构、原理第四章中介绍），实现正常的温度控制。

塔压越限时：X 断，YFJ 失电，ZJ 失电，S 失电，使 B、C 通，A、C 断。效果是控制阀气室中的气压经 B 放空，以致气开阀立即关闭，蒸汽停止加热，使塔压下降，直到安全后，系统又恢复到正常状态。

采用延时继电器的目的是为了防止由于偶然因素引起的瞬时越限产生误动作。

本 章 小 结

本章主要讨论的是生产过程的自动检测系统、自动控制系统、自动信号报警与联锁保护

系统。具体内容如下。

① 自动检测系统由检测环节、信号转换处理环节、显示环节和检测对象组成，按显示地点不同可分为就地显示和远传显示两种类型，按被测变量不同可分为压力、物位、流量、温度、成分等检测系统。

② 自动控制系统按基本结构不同可分为闭环、开环两种控制系统；按设定值的情况不同可分为定值、随动、程序控制系统；按被控变量来分可分为压力、物位、流量、温度、成分控制系统；如果按控制器所具有的控制规律来分类，可分为比例、比例积分、比例微分、比例积分微分等控制系统；如果从控制系统构成的复杂程度来分，又可分为简单控制系统和复杂控制系统。

③ 系统的过渡过程有发散、等幅、衰减振荡及单调过程等四种形式，其中衰减振荡是人们所希望的。同是衰减振荡也有好坏之分，其质量可用最大动态偏差（或超调量）、余差、衰减比及振荡周期（或频率）等指标来衡量。

④ 基本控制规律及对其过渡过程的影响可总结如表 2-3。

表 2-3 P、I、D 控制规律一览表

名 称	比 例	积 分	微 分
关系式	$\Delta p = K_p e$	$\Delta p = \dfrac{1}{T_i}\int e \, dt$	$\Delta p = T_d \dfrac{de}{dt}$
控制依据	偏差的大小	偏差存在与否	偏差变化的速度
特性	①δ反映比例作用的强弱。δ越小，比例作用越强 ②比例控制及时 ③比例控制有余差	①T_i反映积分作用的强弱，T_i越小，积分作用越强 ②积分作用能消除余差 ③积分控制滞后 ④积分控制缓慢，稳定性差	①T_d反应微分作用的强弱，T_d越大，微分作用越强 ②微分控制超前 ③微分控制速度快 ④微分作用可减小动态偏差，减小余差，但不能消除余差
参数对过渡过程的影响	δ越大，稳定性越好，余差越大； δ越小，过程越振荡，余差小	T_i越大，消除余差越慢，稳定性好； T_i越小，振荡加剧，不稳定	T_d越大，稳定性越好，减小余差，控制速度快； T_d越小，稳定性越好，余差大，时间长，控制速度慢
适用场合	适用于扰动小、滞后小、对象时间常数大、放大倍数小、控制精度低、允许余差存在的场合	适用于不允许有余差、控制精度高、滞后小的场合	适用于滞后大的场合

⑤ 简单控制系统由对象、检测变送器、控制器及控制阀等四个环节组成。

⑥ 串级、均匀、比值、分程、选择、前馈等复杂控制系统的控制目的、特点、组成及应用。

⑦ 信号报警系统由故障检测元件、信号报警器、信号灯、音响和按钮等环节组成，信号报警系统分为一般报警、能区别第一原因的报警和能区别瞬时原因的报警三大类。而每一类又都有闪光报警和不闪光报警两种。

⑧ 联锁保护系统分为工艺联锁、机组联锁、程序联锁、各种泵类的开停等几种情况。

习题与思考题

2-1 自动检测系统由哪几个部分构成？
2-2 自动检测系统如何进行分类？
2-3 自动控制系统如何进行分类？
2-4 自动控制系统主要由哪些环节组成？各部分的作用是什么？
2-5 什么是自动控制系统的过渡过程？在阶跃扰动作用下，其过渡过程的基本形式有哪些？在正常控制过程中希望出现哪种形式？
2-6 评价自动控制系统的品质指标有哪些？各自的含义是什么？
2-7 图 1-1 中，FRC-101 是一个什么系统？其控制对象、被控变量、操纵变量各是什么？
2-8 图 2-36 所示，是某温度控制系统的记录仪上画出的曲线图，试写出最大偏差、衰减比、余差、振荡周期，如果工艺上要求控制温度为（40±2）℃，那么该控制系统能否满足工艺要求？

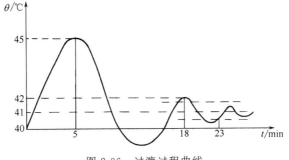

图 2-36 过渡过程曲线

2-9 控制器有哪些基本控制规律？
2-10 什么是双位控制？有何特点？
2-11 比例控制、积分控制、微分控制规律的输入/输出关系表达式是什么？各自的阶跃响应曲线如何？各有何特点？
2-12 比例度、积分时间、微分时间对系统的过渡过程都有何影响？
2-13 图 2-37 所示为两条不同比例度的过渡过程曲线，试比较两条曲线所对应的比例度的大小。

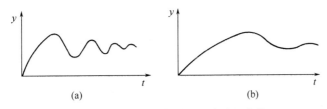

图 2-37 不同比例度时的过渡过程曲线

2-14 图 2-38 为两条不同积分时间的过渡过程曲线，试比较两条曲线所对应的积分时间的大小。

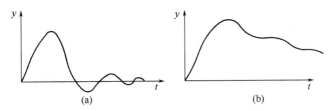

图 2-38 不同积分时间时的过渡过程曲线

2-15 什么是简单控制系统？试画出其组成框图。图 1-1 中有哪些简单控制系统？

2-16 图 2-39 为某炼油厂加氢精制装置的加热炉,工艺要求严格控制加热炉出口温度 θ,如果以燃料油为操纵变量,试画出其简单的温度控制流程图。

2-17 什么是串级控制系统?试画出串级控制系统的组成框图。图 1-1 中有哪些串级控制系统?

2-18 串级控制的目的是什么?常用于何种场合?它有哪些特点?

2-19 均匀控制的目的是什么?有什么特点?适用于何种场合?图 1-1 中有哪些均匀控制系统?

2-20 什么是比值控制、分程控制、前馈控制、选择性控制?

2-21 信号报警系统由哪些环节组成?各环节的安装地点在哪里?其作用各是什么?

2-22 联锁保护系统有哪些种类?

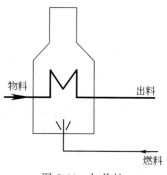

图 2-39 加热炉

第三章 工业生产过程的变量检测及仪表

> **学习目标**
>
> 能用性能指标评价仪表的质量;掌握仪表校验数据的处理方法;掌握工业生产过程中变量的测量方法和相应检测仪表的测量原理;掌握检测仪表的外特性及使用方法。
>
> 了解了各种过程控制系统之后,从第三章开始将讨论实现过程控制的工具。本章将具体讨论一些检测工具——工业生产过程的自动检测仪表。

第一节 概 述

一、测量的基本知识

(一) 测量过程

测量,就是利用专用工具将被测量与基准单位进行比较的过程。其实质就是将被测量经一次或多次信号能量形式的变换和传递,最终获得便于和基准单位比较的信号能量形式,再通过指针位移或数字符号等将比较结果显示出来。如果被测量是工艺变量,那么实现这种比较的工具就是工业检测仪表。例如炉温的测量,常常是利用热电偶的热电效应,把被测温度(热能)转换成热电势(电能),再经毫伏检测仪表把热电势转换成仪表指针的位移,然后与温度标尺相比较而显示出被测温度的数值。

(二) 测量误差

测量的目的是要获得被测变量的真实值。但是无论怎样努力(包括从测量原理、测量方法和仪表精度等方面),都只能是尽量接近但却无法测得真实值。即测量值与真实值之间始终存在着一定的差值。这个差值就是测量误差。

测量误差有多种分类方法。

1. 按误差的表示方式分

可分为绝对误差和引用误差。

① 绝对误差 为仪表的测量值 X 与被测量真实值 X_t 之间的差值。但由于真值无法获得,故常用精度较高的标准表的指示值 X_0 代替。它是以被测量单位表示的误差,表示为

$$\Delta = X - X_t \approx X - X_0 \tag{3-1}$$

绝对误差越小,说明测量结果越准确,越接近真实值。但绝对误差只能说明同一块仪表在不同时刻或不同检测点测量结果的准确性,而不能用来评价该仪表的质量。为了能客观地评价仪表的可信度,还要使用"引用误差"这种表示方法。

② 引用误差 也叫相对百分误差,用仪表指示值的绝对误差与仪表量程之比的百分数

来表示。即

$$\delta_{引} = \frac{\Delta}{M} \times 100\% \tag{3-2}$$

式中 Δ——仪表的绝对误差；

$\delta_{引}$——仪表的引用误差；

M——仪表的量程，$M = X_{\max} - X_{\min}$。

其中，$X_{\max}$ 与 $X_{\min}$ 是仪表量程的上限值与下限值。例如，一温度计的测量范围为 $-50 \sim 250℃$，则其量程为 $300℃$。对于测量下限为零的仪表，其量程就是测量范围的上限值。

2. 按误差出现的规律来分

可分为系统误差、过失误差和随机误差三类。

① 系统误差（又叫规律误差） 即大小和方向均不改变的误差。它主要由仪表本身的缺陷、观测者的习惯或偏向、单因素环境条件的变化等造成的，容易消除和修正。

② 过失误差（又叫疏忽误差） 是由于测量者在测量过程中疏忽大意造成的。比较容易被发现，可以避免。

③ 随机误差（又叫偶然误差） 是指在同样条件下反复测量多次，每次结果均不重复的误差，是由偶然因素引起的，不易被发觉和修正。

3. 按误差的测试条件分

可分为基本误差和附加误差。

① 基本误差 是仪表在规定的正常条件（如温度、湿度、振动、电源电压、频率等）下工作时，仪表本身所具有的误差。

② 附加误差 是仪表在偏离规定的正常工作条件下使用时附加产生的误差。此时仪表的实际误差等于基本误差与附加误差之和。为避免产生附加误差，应尽量使仪表在规定的条件下工作。

二、检测仪表的基础知识

（一）检测仪表的分类

检测仪表是实现变量检测的工具，它有多种分类方法。

（1）根据敏感元件与被测介质是否接触

可分为接触式检测仪表和非接触式检测仪表。

（2）按精度等级及使用场合的不同

可分为标准仪表、范型仪表及实用仪表，分别用于标定室、实验室和现场。

（3）按被测变量分类

可分为压力、物位、流量、温度检测仪表及成分分析仪表等。

（二）检测仪表的品质指标

仪表的品质指标是评价仪表质量优劣的标准，也是正确选择和使用仪表的重要依据。

1. 精确度（准确度）

仪表的精确度简称精度，是描述仪表测量结果准确程度的指标。

仪表的精度，是仪表最大引用误差去掉正负号和百分号后的数值。

工业仪表的精确度常用仪表的精度等级来表示，是按照仪表的精确度高低划分的一系列标称值。国家规定的仪表精度等级有：

Ⅰ级标准表——0.005、0.02、0.05；

Ⅱ级标准表——0.1、0.2、0.35、0.5；

一般工业用仪表——1.0、1.5、2.5、4.0。

所以，利用仪表最大引用误差求取的精度还需系列化。

仪表精度等级值越小，精确度越高，就意味着仪表既精密又准确，即随机误差和系统误差都小。精度等级确定后，仪表的允许误差也就随之确定了。仪表的允许误差在数值上等于"±精度％"。

例如精度为 1.5 级的仪表，其最大允许误差的引用误差形式为 $\delta_{表允} = \pm 1.5\%$，如果该仪表的量程为 4MPa，则根据式（3-2），仪表允许误差的绝对形式为

$$\Delta_{表允} = \delta_{表允} \times M = \pm 1.5\% \times 4 = \pm 0.06 (\text{MPa})$$

一般来说，一台合格仪表至少要满足

$$|\delta_{引|max}| \leqslant |\delta_{表允}|（表允许误差）\leqslant |\delta_{工允}|（工业允许误差） \quad (3-3)$$

或

$$|\Delta_{max}| \leqslant |\Delta_{表允}|（表允许误差）\leqslant |\Delta_{工允}|（工业允许误差） \quad (3-4)$$

下面通过例题来说明确定仪表精度和选择仪表精度的方法。

【例 3-1】 某台温度检测仪表的测温范围为 100~600℃，校验该表时得到的最大绝对误差为 3℃，试确定该仪表的精度等级。

解 由式(3-2)可知，该测温仪表的最大引用误差为

$$\delta_{引|max} = \frac{\Delta_{max}}{M} \times 100\% = \frac{3}{600-100} \times 100\% = 0.6\%$$

去掉％后，该表的精度值为 0.6，介于国家规定的精度等级中 0.5 和 1.0 之间，而 0.5 级表和 1.0 级表的允许误差 $\delta_{表允}$ 分别为 ±0.5％ 和 ±1.0％。按式(3-3)，这台测温仪表的精度等级只能定为 1.0 级。

【例 3-2】 现需选择一台测温范围为 0~500℃ 的测温仪表。根据工艺要求，温度指示值的误差不允许超过 ±4℃，试问精度等级应选哪一级？

解 工艺允许误差为

$$\delta_{工允} = \frac{\Delta_{工允}}{M} \times 100\% = \frac{\pm 4}{500-0} \times 100\% = \pm 0.8\%$$

去掉 ± 和 ％ 后，该表的精度值为 0.8，也是介于 0.5~1.0 之间，而 0.5 级表和 1.0 级表的允许误差 $\delta_{表允}$ 分别为 ±0.5％ 和 ±1.0％。按式(3-3)，应选择 0.5 级的仪表才能满足工艺上的要求。

从以上两个例子可以看出，根据仪表校验数据来确定仪表精度等级时，仪表的精度等级应向低靠；根据工艺要求来选择仪表精度等级时，仪表精度等级应向高靠。

仪表的精度等级在仪表面板上的表示符号通常为 ⑮ ⚠ 等。

2. 变差

也叫回差，用来表示测量仪表的恒定度。变差说明了仪表的正向（上升）特性与反向（下降）特性的不一致程度。

当工作条件不变时，使用同一块仪表对某一被测变量进行由小到大（即正行程或上行程）测量和由大到小（反行程或下行程）测量时，对同一个被测量值来说，正反行程中仪表的指示值之差，就是仪表的变差，如图 3-1 所示，它的绝对表示法为

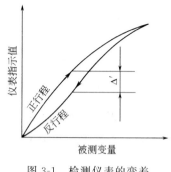

图 3-1 检测仪表的变差

$$\Delta' = X_上 - X_下 \tag{3-5}$$

变差也可以用引用误差的形式表示,则有

$$\delta'_引 = \frac{\Delta'}{M} \times 100\% \tag{3-6}$$

和最大绝对误差一样,仪表的最大变差也不能大于仪表的允许误差。即

$$|\Delta'_{max}| \leqslant |\Delta_{表允}| \tag{3-7}$$

或

$$|\delta'_{引max}| \leqslant |\delta_{表允}| \tag{3-8}$$

造成变差的原因很多,如传动机构间存在的间隙和摩擦力、弹性元件的弹性滞后等。

【例 3-3】 表 3-1 是一块 0~4MPa,1.5 级的普通弹簧管压力表的校验单(不含括号中的内容),试判断该表是否合格?

解 为判断仪表是否合格,首先计算出各点的绝对误差、变差,并找出最大绝对误差和最大绝对变差,均填于表中(括号部分)。

因为 1.5 级表的允许误差 $\delta_{表允} = \pm 1.5\%$

所以 $\Delta_{表允} = \delta_{表允} \times M = \pm 1.5\% \times (4-0) = \pm 0.06 (MPa)$

显然:

$$|\Delta_{max}| < |\Delta_{表允}| (合格)$$

$$|\Delta'_{max}| > |\Delta_{表允}| (不合格)$$

所以,该表不合格。

表 3-1 校 验 单

被校表显示值/MPa		0	1	2	3	4
标准表显示值/MPa	上行	0	0.96	1.98	3.01	4.02
	下行	0.02	1.03	2.01	3.02	4.02
绝对误差/MPa	$\Delta_上$	0	0.04	0.02	−0.01	−0.02
	$\Delta_下$	−0.02	−0.03	−0.01	−0.02	−0.02
绝对变差/MPa	Δ'	−0.02	−0.07	−0.03	−0.01	0
最大绝对误差/MPa	Δ_{max}	0.04				
最大绝对变差/MPa	Δ'_{max}	−0.07				

3. 灵敏度与灵敏限

灵敏度是表征仪表对被测变量变化的灵敏程度的指标。用稳定状态下,仪表指针的线位移或角位移与引起该位移的被测变量的变化量的比值来表示。

对同一类仪表,标尺刻度确定后,仪表的测量范围越小,灵敏度越高。但并不意味着仪表的精度高。所以一般规定仪表标尺的分度值不小于仪表最大允许绝对误差。

表示仪表灵敏性能的指标,还有灵敏限。灵敏限是指能引起仪表指示值发生变化的被测量的最小改变量。一般来说,灵敏限的数值不应大于仪表最大允许绝对误差的一半。

检测仪表的性能指标还有一些,在此就不一一介绍了。

第二节 压力检测及仪表

工程上称垂直作用在物体单位面积上的力为压力（即物理学中的压强）。

一、压力检测仪表的分类

压力检测仪表按照其转换原理不同，可分为液柱式、弹性式、活塞式和电气式这四大类，现将其工作原理、主要特点和应用场合列于表 3-2。

表 3-2 压力检测仪表分类比较

压力检测仪表的种类		检测原理	主要特点	用途
液柱式压力计	U型管压力计	液体静力平衡原理（被测压力与一定高度的工作液体产生的重力相平衡）	结构简单、价格低廉、精度较高、使用方便。但测量范围较窄，玻璃易碎	适于低微静压测量，高精确度者可用作基准器，不适于工厂使用
	单管压力计			
	倾斜管压力计			
	补偿微压计			
	自动液柱式压力计			
弹性式压力表	弹簧管压力表	弹性元件弹性变形原理	结构简单、牢固,使用方便,价格低廉	用于高、中、低压的测量,应用十分广泛
	波纹管压力表		具有弹簧管压力表的特点,有的因波纹管位移较大,可制成自动记录型	用于测量 400kPa 以下的压力
	膜片压力表		除具有弹簧管压力表的特点外,还能测量黏度较大的液体压力	用于测量低压
	膜盒压力表		用于低压或微压测量,其他特点同弹簧管压力表	用于测量低压或微压
活塞式压力计	单活塞式压力计	液体静力平衡原理	比较复杂和贵重	用于做基准仪器,校验压力表或实现精密测量
	双活塞式压力计			
电气式压力表	压力传感器 应变式压力传感器	导体或半导体的应变效应原理	能将压力转换成电量,并进行远距离传送	用于控制室集中显示、控制
	压力传感器 霍尔式压力传感器	导体或半导体的霍尔效应原理		
	压力（差压）变送器（分常规式和智能式） 力矩平衡式变送器	力矩平衡原理	能将压力转换成统一标准电信号,并进行远距离传送	
	压力（差压）变送器 电容式变送器	将压力转换成电容器电容的变化		
	压力（差压）变送器 电感式变送器	将压力转换成电感的变化		
	压力（差压）变送器 扩散硅式变送器	将压力转换成硅杯的阻值的变化		
	压力（差压）变送器 振弦式变送器	将压力转换成振弦振荡频率的变化		

下面以应用广泛的单圈弹簧管压力表（现场指示）和能实现远传的几种压力、差压变送器为例加以介绍。

二、单圈弹簧管压力表

单圈弹簧管压力表是弹性式压力表中的一种。因其测压范围宽,测量精度较高、仪表刻度均匀、坚固耐用,所以应用非常广泛。它主要用于现场的压力指示,图3-2为其外形图。

单圈弹簧管压力表由单圈弹簧管、传动放大机构、指示机构和表壳这四部分组成,其结构原理图如图3-3所示。

图 3-2 弹簧管压力表外形

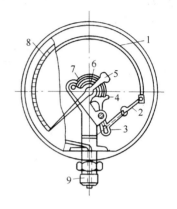

图 3-3 单圈弹簧管压力表结构原理
1—弹簧管;2—拉杆;3—调整螺钉;4—扇形齿轮;
5—指针;6—中心齿轮;7—游丝;8—面板;9—接头

其中,单圈弹簧管1是弯成圆弧形的金属管子,截面为扁圆或椭圆形,自由端封闭。当通入被测压力后,截面有变圆的趋势,迫使自由端产生位移。

传动放大机构有拉杆2、扇形齿轮4、中心齿轮6、调整螺钉3及游丝7。其作用是将弹簧管自由端的位移放大,并将其变为指针的转动。在传动放大机构中,拉杆与扇形齿轮形成一级杠杆放大,扇形齿轮与中心齿轮形成第二级齿轮放大,改变螺钉3的位置,就改变了机械传动的放大倍数,可用于调整表的量程。游丝7可以用来克服由中心齿轮6和扇形齿轮4的间隙所产生的变差。

指示机构有指针5、刻度盘8等,其作用是指示被测压力值。

表壳包括壳座、盖圈、表玻璃等。其作用是固定和保护表内部件。

当被测压力 p 由引压接头9通入弹簧管内时,使弹簧管的自由端向右上方移动,通过连杆2带动扇形齿轮4逆时针转动,从而带动中心齿轮6做顺时针转动。与中心齿轮同轴的指针5也做顺时针转动,在刻度盘8上指示出被测压力值。

由于自由端的位移与被测压力呈线性关系,所以弹簧管压力表的刻度标尺为均匀分度。

应用中要注意弹簧管的材料应随被测介质的性质、被测压力的高低而不同。一般当 $p<20\mathrm{MPa}$ 时,采用磷青铜;$p\geqslant 20\mathrm{MPa}$ 时,则采用不锈钢或合金钢。而测量氨气压力时,必须用不锈钢弹簧管的氨用表,不能用铜质材料;测量氧气压力时,则严禁沾有油脂,以防爆炸。测乙炔压力时,不能用铜质弹簧管。

为了表明压力表具体适用于何种特殊介质的压力测量,一般在表的外壳上用表3-3所列的色标来标注。

表 3-3　弹簧管压力表上色标的含义

被测介质	氧气	氢气	氨气	氯气	乙炔	可燃气体	惰性气体或液体
色标颜色	天蓝	深绿	黄色	褐色	白色	红色	黑色

三、压力（差压）变送器

（一）变送器概述

能直接感受被测变量并将其转换成标准信号输出的传感转换装置，称为变送器。变送器是单元组合仪表八大单元之一，其作用是将被测工艺变量转换为统一标准信号，送给指示仪、记录仪、控制器或计算机控制系统，从而实现对被测变量的自动检测和控制。

差压变送器可将液体、气体或蒸气的差压、压力、液位、流量等被测变量转换成统一的标准信号。差压变送器类型很多，有矢量机构式、微位移式以及利用通信器组态来进行仪表调校及参数设定的智能式差压变送器。

矢量机构式差压变送器是依据力矩平衡原理工作的，变送器的体积大、重量大，受环境温度影响大，因有机械杠杆和电磁反馈环节，所以易损坏，机-电一体化结构给调校、维修带来困难。

随着过程控制水平的提高，可编程序调节器、可编程序控制器、DCS 等高精度、现代化的控制仪表及装置广泛应用于工业过程控制。这对测量变送环节提出了更高的要求。于是没有机械传动装置、最大位移量不超过 0.1mm 的微位移式压力（差压）变送器便应运而生。根据所用的测量元件不同，常见的微位移式压力（差压）变送器有：电容式、电感式、扩散硅式和振弦式等。

智能式变送器（Intelligent Transmitter）是由传感器和微处理器（微机）结合而成的。它充分利用了微处理器的运算和存储能力，可对传感器的数据进行处理，包括对测量信号的处理（如滤波、放大、A/D 转换等）、数据显示、自动校正和自动补偿等。

（二）电容式差压变送器

电容式差压变送器是依据变电容原理工作的。它利用弹性元件受压变形来改变可变电容器的电容量，从而实现压力-电容的转换。电容式差压变送器具有结构简单、体积小、动态性能好、电容相对变化大、灵敏度高等优点，应用十分广泛，常见的有 1151 系列、1751 系列。

电容式差压变送器的原理框图如图 3-4 所示。

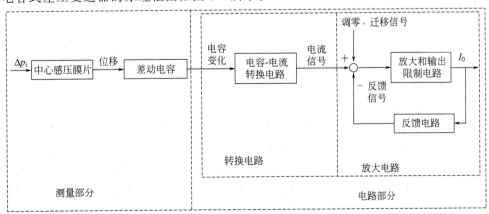

图 3-4　电容式差压变送器的原理框图

图 3-5　电容式差压变送器外形

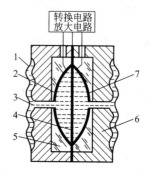

图 3-6　电容式差压变送器测量部件
1—隔离膜片；2，7—固定弧形电极；
3—硅油；4—测量膜片；5—玻璃层；6—底座

它由测量和电路两大部分构成，实物外形如图 3-5 所示，下半部分为测量部分，上半部分为电路部分。

在测量部分有高、低两个测量压室，分别标注 H、L，用来输入被测的高、低压力信号；测量部分的核心是由两个固定的弧形电极与测量膜片（中心感压膜片）这个可动电极构成的两个电容器，如图 3-6 所示。

在无压力信号或两侧通入压力信号相等时，测量膜片处于中间位置，两侧电容器的电容量相等。当被测介质的高、低两个压力信号分别通入高、低两个压室时，压力作用在 δ 元件（即敏感元件）的两侧隔离膜片上，通过隔离膜片和元件内的填充液传送到预张紧的测量膜片两侧，压力差会使测量膜片发生微小的位移（正常的压力使膜片偏移约 0.025mm 左右，最大位移量不超过 0.1mm），使之与固定电极间的距离发生微小的变化，导致两个电容值也发生微小的变化。从而实现了被测工艺变量到电量的转换。

该变化的电容值由电容-电流转换电路转换成电流的变化，与反馈信号、调零及迁移信号一起经放大和输出限制电路转换成 4~20mA 的统一标准信号，作为变送器的输出。这个电流与被测差压成一一对应的线性关系，从而实现了差压的测量。

电容式差压变送器的零点和量程调整螺钉位于变送器铭牌后面，上方为调零螺钉，标记为 Z，下方为调量程螺钉，标记为 R。顺时针转动调整螺钉，变送器输出信号增大，逆时针转动调整螺钉，变送器输出减小。如果需要进行零点迁移，在变送器电路板上设有跳线，改变跳线的连接方式，可进行"无迁移"、"正迁移"和"负迁移"设置（有关零点迁移的知识将在第三节中介绍）；变送器有两根输出导线，在输出反映被测压力大小的 4~20mA DC 电流信号的同时，也为变送器传递所需的 24V DC 电源，即变送器与控制室仪表之间只有两根导线，故称两线制连接；电容式差压变送器为安全火花型（即在任何状态下产生的火花都是不能点燃爆炸性混合物的安全火花）防爆仪表。

电容式差压变送器的精度较高，其引用误差不超过量程的 0.25%。它的结构特点决定了它能经受振动和冲击，其可靠性和稳定性较高。且体积小、重量轻，零点、量程调整方便。

压力变送器的工作原理和差压变送器相同，所不同的是低压室压力是大气压。所以，在量程合适的前提下,如果将差压变送器的负压室通大气,正压室接被测压力,也可代替压力变送器实现压力测量。

(三) 3051系列智能差压变送器

3051系列智能型差压变送器的实物图如图3-7所示。它以微处理器为核心,在传统电容式变送器的基础上增加了通信等功能。

图3-7 3051变送器及275手持终端实物图

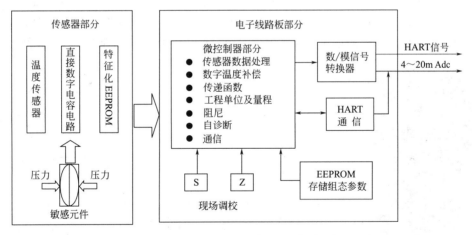

图3-8 3051系列差压变送器原理框图

3051系列智能变送器的原理框图如图3-8所示。由传感器和电子线路板两部分组成。

传感器部分由敏感元件、直接数字电容电路、温度传感器和特征化EEPROM等组成。

传感器部分的测量原理与传统的电容式差压变送器相同。当有被测差压信号到来时,测量膜片发生微小的位移,该位移量由直接数字电容电路检测出来,并转换成与被测压差成比例的频率信号,供CPU采样使用。

在工厂的特性化过程中,所有的传感器都经受了整个工作范围内的压力与温度循环测试,根据由此得来的数据产生修正系数,然后将其存储于传感器的特征化EEPROM内存中,从而保证在变送器运行过程中能精确地进行信号修正。

其中的温度传感器可检测出压力传感器的工作介质温度,并将其转化为数字信号,供微处理器进行数字温度补偿。

电子线路板部分由微处理器、数/模信号转换器、数字通信和存储器 EEPROM 等组成。

电子板采用专用集成电路（ASIC）与表面封装技术。该板接收来自传感器的过程变量的数字输入信号及其修正系数，然后对信号进行精确地修正、线性化及与工程单位转换。电子板模块的输出部分将数字信号转化为 4～20mA 的模拟输出（低功耗变送器为电压输出 1～5V 或 0.8～3.2V），并与 HART 手操器进行通信。

组态数据存储于变送器电子模块的永久性 EEPROM 存储器中。可选液晶表头插在电子板上，一般以压力、液位、流量的工程单位显示数字输出。

3051 系列的特点是变送器配有单片微机，因此功能强、灵活性高、性能优越、可靠性高。测量范围从 0～1.24kPa 到 0～41.37MPa，量程比达 100∶1。可用于差压、压力（表压）、绝对压力和液位的测量，最大负迁移为 600%，最大正迁移 500%。0.1% 以上的精确度长期稳定可达 5 年以上。一体化的零位和量程按钮。具有自诊断能力。压力数字信号叠加在输出 4～20mA 信号上，适合于控制系统通信。

3051 系列智能变送器在设计上，可以利用 Rosemount 集散系统和 HART 手操通信器对其进行远程测试和组态。

（四）DPharp EJA 系列智能差压变送器

DPharp EJA 系列智能差压变送器是日本横河电机公司 20 世纪 90 年代的产品，它率先采用了真正的数字化传感器-单晶硅谐振式传感器，开创了变送器的新时代。实现了在传感器部分消除机械电气干扰及环境温度变化、静压与过压影响，同时，转换部分的 CPU 经软件处理与数据补偿，保证了 EJA 系列变送器的高精度与长期稳定性。其实物图如图 3-9 所示。它是由膜盒组件和智能电气转换部件两大部分组成。其结构原理如图 3-10 所示。

图 3-9　EJA 变送器实物图

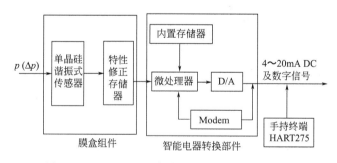

图 3-10　DPharp EJA 智能变送器的结构原理框图

膜盒组件包括单晶硅谐振式传感器和特性修正存储器。单晶硅谐振式传感器，采用微电子机械加工技术（MEMS），在一个单晶硅芯片表面的中心和边缘制作两个形状、尺寸、材质完全一致的 H 形状谐振梁，如图 3-11 所示。

在激励电流作用下，谐振梁在自激振荡回路中作高频振荡。变送器的被测差压施加在硅片两侧，当被测压差为零，单晶硅不受压时，两个谐振梁的谐振频率相等。当变送器接收到被测压差信号时，单晶硅片的上下表面受到的压力不等时，单晶硅片将产生微小的形变，导

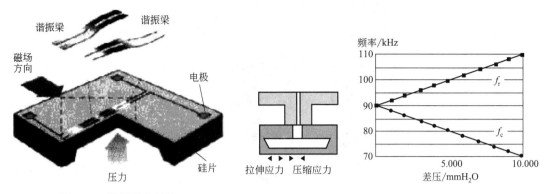

图 3-11 谐振梁的结构　　　　　图 3-12 谐振式传感器频率输出

致中心谐振梁因受压缩力而使频率 f_c 减小，边缘谐振梁因受拉伸力而使频率 f_r 增加，由差压变化而形成的两个谐振梁频率变化的特性如图 3-12 所示。两频率之差信号直接送到 CPU 进行数据处理，然后经 D/A 转换成与输入信号对应的 4~20mA 输出信号，并在模拟信号上叠加一个 BRAIN/HART 数字信号进行通信。或者直接输出符合现场总线（Fieldbus Foundation TM）标准的数字信号。

膜盒组件中内置的特性修正存储器，存储传感器的环境温度、静压及输入/输出特性修正数据，经 CPU 运算，可获得优良的温度特性和静压特性及输入/输出特性。

通过 I/O 口与外部设备（如手持智能终端 BT200 或 275、375 以及 DCS 中的带通信功能的 I/O 卡）以数字通信方式传递数据。即高频 24kHz（BRAIN 协议）或 12kHz（HART 协议）数字信号叠加在 4~20mA 的信号线上。进行通信时，频率信号对 4~20mA 的信号不产生任何扰动影响。

（五）HART 375 智能终端

HART 智能终端（也称手操器、现场通信器）采用 HART（Highway Addressable Remote Transducer 总线可寻址远程转换通信协议）通信规约，是带有小型键盘和显示器的便携式装置，不需敷设专用导线，借助原有的两线制直流电源兼信号线，用叠加脉冲法传递指令和数据。使变送器的零点及量程、线性或开方都能自由调整或选定，各参数分别以常用物理单位显示在现场通信器上。调整或设定完毕，可将现场通信器的插头拔下，变送器即按新的运行参数工作。

HART 手操器为便携式，既可在控制室接在某个变送器的信号导线上远方设定或检查，也可接在现场变送器信号线端子上就地设定或检查。只要连接点与电源间有不小于 250Ω 电阻就能进行通信，而变送器来的信号线必须要接 250Ω 电阻，以便将 4~20mA 变为 1~5V 的联络信号。

375 HART 手操器是支持 HART 协议设备的手持通信器，主要用于工业现场对 HART 智能仪表进行组态、管理、维护、调整以及对运行过程中的仪表进行过程变量的监测，是与具有 HART 协议的仪表进行通信的设备之一。它可与 3051、EJA 等使用 HART 协议的仪表进行通信。外观简单大方，性能稳定，接口采用全汉化中文菜单提示，操作更方便。HART375 智能终端的外形，如图 3-13 所示，它主要由触摸显示屏幕和键盘组成。

(1) 触摸显示屏幕

利用触摸屏可以选择和输入文本。选择菜单项或激活控制时，可按窗口一次。要进入菜单项，可快速按两次。不能使用尖锐的物体接触触摸屏，最好使用厂家提供的触笔。使用后

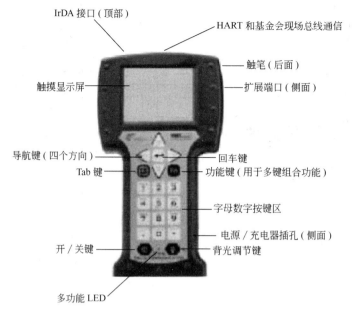

图 3-13　HART375 智能终端外形图

退键（⬅）返回前一个菜单。利用触摸屏右上方的终止按钮（✖）可以结束应用。

HART375 智能终端采用图形式 LCD 液晶显示屏可显示四行，每行八个汉字，英文可显示 8*16 个字符。可实现人机对话，界面友好，操作方便。光线暗时背光灯自动打开；显示屏对比度可调。

将 HART375 智能终端与变送器相连后，打开 HART375 开关。"Online"菜单被自动开启，屏幕显示如图 3-14 所示。

（2）键盘

① 开/关键：主要用于 HART375 手操器上电和断电。若同时按住背光调节键和功能键，直至显示关闭，也可以关断 375 型现场通信器的电源，但不提倡使用。

② 箭头导航键：主要用于在应用菜单栏中移动。按右箭头的导航键，可以进入某一菜单的具体选项。

③ 回车键：确认执行的选定项或完成的编辑动作，不提供菜单结构的导航。

④ Tab 键：用于在选定的控制项间切换。

⑤ 字母数字按键区：可用于选择字母、数字和其他符号。处于字母数字模式时，要输入文本，可多次快速按下键区按钮，在选项间切换，从而选定相应的字母或数字。例如，要输入字母 Z，可四次快速按下键"9"。

⑥ 背光调节键：可用于调节显示的强度。有四种设置。背光会影响 375 型现场通信器的电池使用时间。强度较高时，电池使用时间较短。

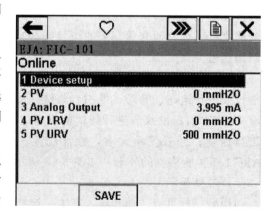

图 3-14　"Online"菜单显示

第三章 工业生产过程的变量检测及仪表

⑦ 功能键 f6：允许使能选定键上的不同功能。键上的灰色字符表明为切换功能。使能时，黄色多功能灯点亮并且可以在软输入面板（SIP）上发现指示按钮。如果功能键使能，再次按该键将禁止其功能。

（3）多功能 LED：用于识别 HART375 手操器的不同状态，见表 3-4。

表 3-4 多功能 LED 过程显示

多功能 LED	过程显示
绿色	375 型现场通信器电源接通
绿色闪烁	375 型现场通信器处于节电模式，显示关闭
绿黄色	功能键使能
绿黄闪烁	开/关键按下的时间足以接通电源

（4）参数设置

HART375 智能终端的功能很强，归结起来主要完成三个方面的功能：
① 参数和自诊断信息显示；
② 参数的设置和修改；
③ 调整测试和存储记录。

其中参数设置是 HART375 完成对变送器操作的主要内容，以下是常用的参数设置。
① 位号设置　首先确定［Tag］命令位于菜单中的位置，具体操作步骤为：

　　　　　1. Device setup ⟶ 3. Basic Setup ⟶ 1. Tag

显示画面如图 3-15 所示。
注：每设置完一项都应点击 HOME 回到 Online（在线）。
② 单位设置　具体步骤如下

　　　　　1. Device setup ⟶ 3. Basic Setup ⟶ 2. Unit

显示画面如图 3-16 所示。
用户在 Unit 的菜单中可以选择相关单位。
③ 按键输入量程设置　步骤如下：

　　　　　1. Device setup ⟶ 3. Basic Setup ⟶ 3. Re-range ⟶ 1. Keypod

显示画面如图 3-17 所示。
在其中用键盘直接输入要设定的数值，按 ENTER 键确定，再按 SEND 键完成设置，

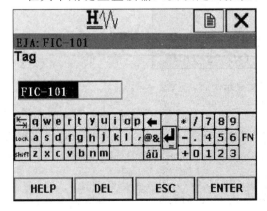

图 3-15　位号显示画面

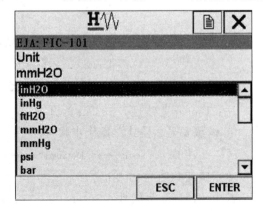

图 3-16　单位设置显示画面

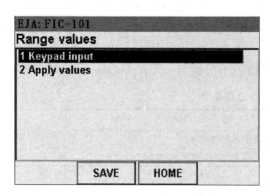 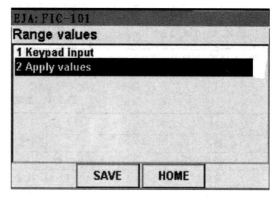

图 3-17 按键输入量程设置显示画面　　　　图 3-18 实时压力输入显示画面

也可以从 Online（在线）主菜单上直接设置。

④ 实时输入量程设置　用实际压力改变量程（Apply value），首先进行气路和电路的正确连接，然后通过在变送器高压侧施加一实际大小压力而自动设置上、下限值。若锁定量程，改变下限值，上限将自动变更。操作步骤如下：

$$1.\text{Device setup} \longrightarrow 3.\text{Basic Setup} \longrightarrow 3.\text{Re-range} \longrightarrow 2.\text{Apply ratues}$$

显示画面如图 3-18 所示。

注：施加的压力稳定后再按确定键。

⑤ 输出模式（线性/开方）设置　智能压力（差压）变送器输出信号模式可设为"线性"，即输出信号与输入信号的压差成比例，也可设为"开方"，即输出信号与输入压差信号的开方成比例。具体操作步骤如下：

$$1.\text{Device setup} \longrightarrow 3.\text{Basic Setup} \longrightarrow 5.\text{Fnctn}$$

显示画面如图 3-19 所示。

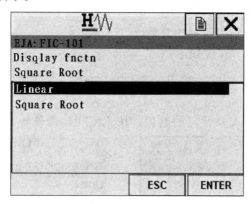

图 3-19　输出模式显示画面

注：Linear 为线性，Sproot 为开方

⑥ 内藏表显示模式　操作步骤为：

$$1.\text{Device setup} \longrightarrow 4.\text{Detailed Setup} \longrightarrow 4.\text{Display condition} \longrightarrow 2.\text{Display fnctn}$$

显示画面与图 3-19 相同。

其中，Linear 为线性、Sproot 为开方，两种模式可供选择。

⑦ 内藏显示表显示数值设置　变送器内藏显示表数值有五种可供选择，如表 3-5 所示。

第三章　工业生产过程的变量检测及仪表

表 3-5　变送器内藏显示表数值

D20：显示选择	显示	相应参数项	说　　明
NORMAL% （百分比）	45.6%	% rnge45.6%	显示值：设定量程的-5%~110%
USER SET （用户设定）	20.0	Engr disp range 20.0M	显示值：设定量程范围（用户单位） 用自定义单位不显示
USER&%	45.6% 20.0kPa	% rnge45.6% Engr disp range	用户单位与%交替显示（3s）
INP PRES	456kPa	Pres 456kPa	显示输出压力
PRES&%	45.6% 20.0kPa	% rnge45.6% Pres 20.0kPa	输入压力和%交替显示（3s）

注：在输出模式中若选择开方，则在内藏表显示中无论选择线性还是开方，在变送器表头上总显示 $\sqrt{}$。若在输出模式中选择线性，可以在内藏表显示中选择线性或开方，若选择开方则在变送器表头上显示 $\sqrt{}$。

⑧ 输出信号低端切除模式的设置　步骤如下：

　　　　　1. Device setup ⟶ 3. Basic Setup ⟶ 8. Cut mode

显示画面如图 3-20 所示。

在其中有 Linear（线性）和 Zero（归零）两种模式，可供用户选择。

⑨ 输出信号低端切除量

　　　　　1. Device setup ⟶ 3. Basic Setup ⟶ 7. Low lut

显示画面如图 3-21 所示。

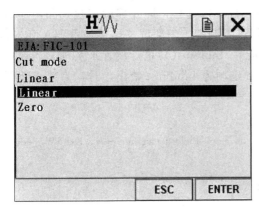

图 3-20　归零与线性显示画面

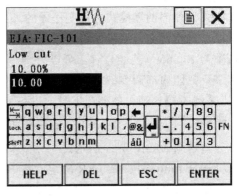

图 3-21　低端截止切除量显示画面

用户可按照要求输入相应的数值

⑩ 阻尼时间　阻尼时间常数是决定 4~20mA DC 输出的响应速度，变送器出厂时的阻尼时间常数设置为 2.0s

　　　　　1. Device setup ⟶ 3. Basic Setup ⟶ 6. Damp

显示画面如图 3-22 所示。

阻尼时间常数设置的数值为：0.2s，0.5s，1.0s，2.0s，4.0s，8.0s，16s，32s，64s。

⑪ 模拟输出微调　调校智能压力（差压）变送器输出电流为 4mA 和 20mA 两点时，有两种方法：即采用 [D/A trim] 或 [scaledD/A trim] 进行输出微调。

当输出信号为 0% 和 100%，而输出接的是校正用数字安培表的读数下限值不是

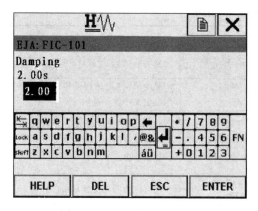
图 3-22 阻尼时间显示画面

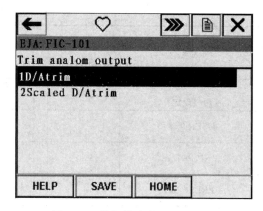
图 3-23 模拟输出微调显示画面

4.000mA 和上限值不是 20.000mADC 时，选择 [D/A trim] 方法。

【例 3-4】 采用安培表接输出端进行输出值调校。

1. Device setup → 2. Diag/ser vilce → 3. Calibration → 2. Trim analog output

显示画面如图 3-23 所示。

调出 [Trim analog output] 设置项，进入 D/A trim 菜单，点击 OK 键，进入调试选项，若在电流表上显示出如：4.004 字样，则将 4.004 输入 375 键盘，点击 ENTER 确定，再按 SEND 发送。同样方法调试上限值。

当校正用数字电压表时，选择 [scaledD/A trim] 方法，这里不予介绍。

⑫ 调零模式设置　EJA 变送器有两种调零模式设置供选择，即外部调零模式和内部调零模式。外部调零模式是用变送器的外部调零螺钉进行调零；内部调零模式是用 HATR375 手操器进行调零。两种调零模式通过 Enable（使能）/Inhibit（禁止）设置来实现。当设置选项为 Enable（使能）时，可以外部调零。当设置选项为 Inhibit（禁止）时，为禁止外部调零，只能内部调零。

【例 3-5】 禁止外部调零时，进行如下操作：

1. Device setup → 4. Detailed Setup → 5. Deviceinformation → 1. Field device info → 7. Ext SW mode

显示画面如图 3-24 所示。

选择 lnhibit 按 ENTER 确定，按 SEND 发送数据。

图 3-25 为 HART 375 手操器的菜单树。

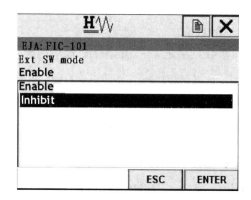
图 3-24 调零模式显示画面

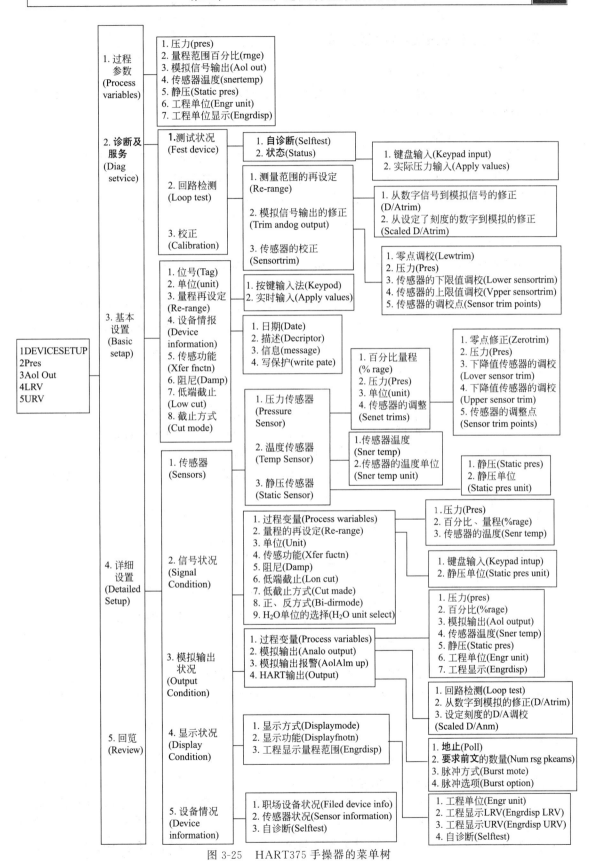

图 3-25 HART375 手操器的菜单树

四、压力检测仪表的选择及安装

（一）压力检测仪表的选择

应根据工艺生产过程的要求、被测介质的性质、现场环境条件等方面，来选择压力检测仪表的类型、测量范围和精度等级。

1. 仪表类型的选择

主要是由工艺要求、被测介质及现场环境等因素来确定。例如，是要进行现场指示，还是要远传、报警或自动记录；被测介质的物理化学性质（如温度高低、黏度大小、腐蚀性、脏污程度、易燃易爆等）以及现场环境条件（如温度、电磁场、振动等）对仪表是否有特殊要求等。对于特殊的介质，则应选用专用压力表，如氨压力表、氧压力表等。

2. 仪表测量范围的确定

压力检测仪表的测量范围要根据被测压力的大小来确定。为了延长仪表的使用寿命，避免弹性元件产生疲劳或因受力过大而损坏，压力表的上限值必须高于工艺生产中可能的最大压力值。根据规定，测量稳定压力时，所选压力表的上限值应大于最大工作压力的 3/2；测量脉动压力时，压力表的上限值应大于最大工作压力的 2 倍；测量高压压力时，压力表的上限值应大于最大工作压力的 5/3。为了保证测量值的准确度，仪表的量程又不能选得过大，一般被测压力的最小值，应在量程的 1/3 以上。

3. 仪表精度的选取

仪表精度是根据工艺生产中所允许的最大测量误差来确定的。因此，所选仪表的精度只要能满足生产的检测要求即可，不必过高。因为精度越高，仪表的价格也就越高。

【例 3-6】 现要选择一只安装在往复式压缩机出口处的压力表，被测压力的范围为 22～25MPa，工艺要求测量误差不得大于 1MPa，且要求就地显示。试正确选用压力表的型号、精度及测量范围。

解 因为往复式压缩机的出口压力脉动较大，所选仪表的上限值应为

$$p = p_{max} \times 2 = 25 \times 2 = 50 (MPa)$$

查附录一，可选用 Y-100 型，测压范围为 0～60MPa 的压力表。

由于 $\frac{22}{60} > \frac{1}{3}$，所以满足"被测压力的最小值不低于满量程的 1/3"的要求。

此外，为了选择仪表的精度，首先将工艺允许误差换算为引用误差的形式

$$\delta_{工允} = \frac{\Delta_{工允}}{M} \times 100\% = \frac{1}{60-0} \times 100\% \approx 1.67\%$$

因为选表应该向高靠，所以，应选用精度等级为 1.5 级的仪表。

即所选的压力表为 Y-100 型，测量范围 0～60MPa，精度等级为 1.5 级的弹簧管压力表。

（二）压力表的安装

1. 测压点的选择

测压点必须能反映被测压力的真实情况。

① 要选在被测介质呈直线流动的管段部分，不要选在管路拐弯、分叉、死角或其他易形成漩涡的地方。

② 测量流动介质的压力时，应使取压点与流动方向垂直，清除钻孔毛刺等凸出物。

③ 测量液体压力时，取压点应在管道下部，使导压管内不积存气体；测量气体压力时，取压点应在管道上方，使导压管内不积存液体。

2. 导压管的铺设

① 导压管粗细要合适，一般内径为6～10mm，长度≤50m。

② 当被测介质易冷凝或冻结时，必须加保温伴热管线。

③ 取压口到压力表之间应装切断阀，该阀应靠近取压口。

3. 压力表的安装

① 压力表应安装在易观察和检修的地方。

② 安装地点应尽量避免振动和高温影响。

③ 测量蒸气压力时应加装凝液管，以防高温蒸气直接与测压元件接触；测腐蚀性介质的压力时，应加装充有中性介质的隔离罐等。总之，根据具体情况（如高温、低温、腐蚀、结晶、沉淀、黏稠介质等），采取相应的防护措施。

④ 压力表的连接处应加装密封垫片，一般低于80℃及2MPa压力时可用牛皮或橡胶垫片；350～450℃及5MPa以下时用石棉板或铝片；温度及压力更高时（50MPa以下）用退火紫铜或铅垫。另外还要考虑介质的影响，例如测氧气的压力表不能用带油或有机化合物的垫片，否则会引起爆炸。测量乙炔压力时禁止用铜垫片。

压力表安装示例如图3-26所示，在图（c）的情况下，压力表指示值比管道里的实际压力要高，所以实际压力值应用读数减去压力表到管道取压口之间的一段液柱压力。

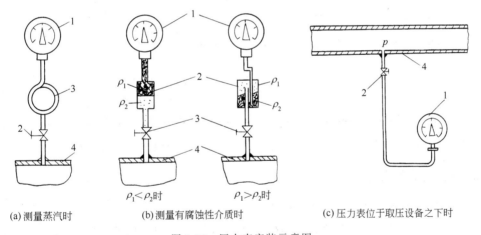

(a) 测量蒸汽时　　(b) 测量有腐蚀性介质时　　(c) 压力表位于取压设备之下时

图 3-26　压力表安装示意图

1—压力表；2—切断阀门；3—凝液管和隔离罐；4—取压设备；ρ_1、ρ_2—隔离液和被测介质的密度

第三节　物位检测及仪表

一、物位检测的基本概念

物位是液位（气-液分界面）、界位（液-液分界面）和料位（气-固分界面）的总称。相应的检测仪表分别称做液位计、界位计和料位计。

物位检测仪表的种类很多。按其工作原理不同可分为直读式、浮力式、差压式、电气式、辐射式和超声式等类型。现将其工作原理、主要特点和应用场合列于表3-6

表 3-6 物位检测仪表分类比较

物位检测仪表的种类			检测原理	主要特点	用途
直读式	玻璃管液位计		连通器原理	结构简单、价格低廉，显示直观，但玻璃易损，读数不十分准确	现场就地指示
	玻璃板液位计				
差压式	压力式液位计		利用液柱或物料堆积对某定点产生压力的原理而工作的	能远传	可用于敞口或密闭容器中，工业上多用差压变送器
	吹气式液位计				
	差压式液位计				
浮力式	恒浮力式	浮标式	基于浮于液面上的物体随液位的高低而产生的位移来工作的	结构简单，价格低廉	测量贮罐的液位
		浮球式			
	变浮力式	沉筒式	基于沉浸在液体中的沉筒的浮力随液位变化而变化的原理工作的	可连续测量敞口或密闭容器中的液位、界位	需远传显示、控制的场合
电气式	电阻式物位计		通过将物位的变化转换成电阻、电容、电感等电量的变化来实现物位测量的	仪表轻巧，测量滞后小，能远距离传送，但线路复杂，成本较高	用于高压腐蚀性介质的物位测量
	电容式物位计				
	电感式物位计				
核辐射式物位仪表			利用核辐射透过物料时，其强度随物质层的厚度而变化的原理工作的	非接触测量，能测各种物位，但成本高，使用和维护不便	用于腐蚀性介质的液位测量
超声波式物位仪表			利用超声波在气、液、固体中的衰减程度、穿透能力和辐射声阻抗各不相同的性质工作的	非接触测量，准确性高，惯性小，但成本高，使用和维护不便	用于对测量精度要求高的场合
光学式物位仪表			利用物位对光波的遮断和反射原理工作	非接触测量，准确性高，惯性小，但成本高，使用和维护不便	用于对测量精度要求高的场合

下面具体介绍应用广泛的差压式、沉筒式以及其他几种物位检测仪表。

二、差压式液位计

（一）差压式液位计的工作原理

差压式液位计是根据容器内液位的高度 H 与液柱上下两端面的静压差成比例的原理而工作的。在图 3-27 中，根据流体静力学原理，A 点与 B 点的压力差 Δp 为：

$$\Delta p = p_B - p_A = \rho g H \tag{3-9}$$

通常被测介质的密度 ρ 是已知的，重力加速度 g 又是常量，所以 Δp 正比于 H，即液位 H 测量的问题转换成了差压 Δp 测量。因此，所有压力、压差检测仪表只要量程合适，都可用来测量物位。

图 3-27 是用差压变送器测量密闭容器中液位的示意图。对于敞口容器，无需接气相，将差压变送器的负压室通大气即可。

（二）零点迁移问题

应用差压式液位计测量液位，在安装时常会遇到以下几种情况。

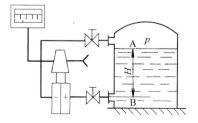

图 3-27 差压变送器测量液位的原理示意图

① 差压变送器与容器的液相取压点不在同一水平面上。例如容器或设备安装在高处，但为了维护检修方便，需要把差压计安装在地面上，如图 3-28 所示。

此时，变送器正压室受到的压力 $p_+ = p_0 + \rho g H + \rho g h$

负压室受到的压力 $p_- = p_0$

所以，差压 $\Delta p = p_+ - p_- = \rho g H + \rho g h$ \hfill (3-10)

显然，当 $H=0$ 时 $\Delta p = \rho g h \neq 0$，所以 $I_0 \neq 4\text{mA}$，因此，显示仪表指示不为零（大于零）。

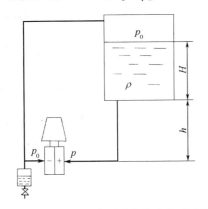

图 3-28 测量高处容器液位的安装示意图

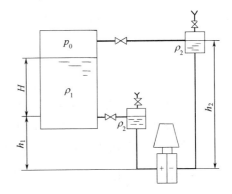

图 3-29 加装隔离罐的安装示意图

② 如果被测介质易挥发成气体，负导压管中将会有冷凝液产生，影响到液面的准确测量。为了保证测量准确，需要在负压管中加隔离液。或者是为防止容器内的液体或气体进入变送器而造成管线堵塞或腐蚀，并保持负压室的液柱高度恒定，均需加装隔离罐。如图3-29所示。

此时，$\Delta p = p_+ - p_- = (p_0 + \rho_1 g H + \rho_2 g h_1) - (p_0 + \rho_2 g h_2)$

$\quad = \rho_1 g H - \rho_2 g (h_2 - h_1)$ \hfill (3-11)

式中 ρ_1 ——被测介质的密度；

ρ_2 ——隔离液的密度。

显然，当 $H=0$ 时，$\Delta p = -\rho_2 g (h_2 - h_1) \neq 0$，所以 $I_0 \neq 4\text{mA}$，因此，显示仪表指示也不为零（小于零）。

为了使液位 $H=0$ 时，显示仪表的指示为零，对上面两种情况应该调整差压变送器（或其他差压计）的零点迁移装置，使之抵消液位 H 为零时，差压计指示不为零的那一部分固定差压值，这就是零点迁移。

调整迁移装置用来抵消大于零的信号叫正迁移（第一种情况），用来抵消小于零的信号叫负迁移（第二种情况），而图 3-27 为无迁移情况。迁移只是改变了仪表的上、下限，相当于测量范围的平移，而不改变仪表的量程。

（三）用法兰式差压变送器测量液位

当测量具有腐蚀性或含有结晶颗粒以及黏度大、易凝固等液体的液位时，为了解决引压管线被腐蚀或被堵塞的问题，常使用在导压管入口处加隔离膜盒的法兰式差压变送器。法兰式差压变送器按其结构形式可分为单法兰式及双法兰式两种。容器与变送器间只需一个法兰的称为单法兰差压变送器；而对于封闭容器，因上部空间与大气压力可能不等，需要采用两个法兰分别将液相和气相压力传至差压变送器，这样的变送器称为双法兰差压变送器。各种法兰式差压变送器的外形如图3-30所示。

   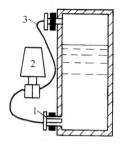

(a) 插入式单法兰　　(b) 平单法兰　　(c) 平双法兰

图 3-30　法兰式差压变送器

图 3-31　双法兰差压变送器测液位示意图
1—法兰式测量头；2—变送器；3—毛细管

图 3-31 为双法兰差压变送器测量液位的示意图。作为传感元件的测量头 1（金属膜盒），经毛细管 3 与变送器 2 的测量室相通。在膜盒、毛细管和测量室所组成的封闭系统内充有硅油，作为传压介质，使被测介质不进入毛细管与变送器，以免堵塞。

三、浮力式液位计

沉筒式液位计是使用较早的一种浮力式液位计。其结构简单，工作可靠，不易受外界环境的影响，维护也方便。与差压式液位计相比，在不少场合可免去隔离、吹洗工作，也不存在导压管内出现汽化或引起密度差等问题，所以至今仍被广泛应用。

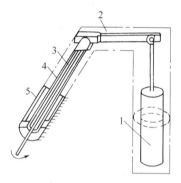

图 3-32　扭力管式沉筒液位计结构示意图
1—浮筒；2—杠杆；3—扭力管；4—芯轴；5—外壳

图 3-32 所示为扭力管式沉筒液位计的结构示意图。沉筒 1（液位检测元件）是用不锈钢制成的空心长圆柱体，被垂直地悬挂于杠杆 2 的一端，并部分沉浸于被测介质中。它在检测过程中位移极小，也不漂浮在液面上，故称沉筒。杠杆 2 的另一端与扭力管 3、芯轴 4 的一端垂直地固定在一起，并由外壳上的支点所支撑。扭力管的另一端通过法兰固定在仪表外壳 5 上。芯轴 4 的另一端为自由端，用来输出角位移。

扭力管为一根富有弹性的合金钢材料制成的空心管。它一方面能将被测介质与外部空间隔开，另一方面利用扭力管的弹性扭转变形把作用于扭力管一端的力矩变换成芯轴的转动（即角位移）输出。

四、其他物位检测仪表

（一）电容式物位计

电容式物位计由电容式物位传感器和显示器两部分组成。电容传感器的核心元件是如图 3-33 所示的由两个同轴圆筒形金属导体组成的电容器。

由电工学可知，电容器的电容值与两极板间介质的介电常数有关。当将电容传感器置入被测介质中时，在电容器两电极间就会进入与被测液位等高度的液体，当液位变化时，电容器被液体遮盖住的那部分电容的介电常数就会发生变化，从而导致电容发生变化。由测量线路将这个变化的电容检测出来，并转换为 0～10mA 或 4～20mA 的标准直流电流信号输出，

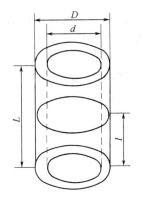

图 3-33 电容式液位计的测量原理

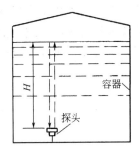

图 3-34 超声波反射测距原理

就实现了对液位的连续测量。

电容式物位计不仅可以测量各种容器、设备中的液位,而且也适用于工业生产过程中各种贮槽、容器、料仓中导电、非导电介质的界位及粉状料位的远距离连续测量。还可以和电动单元组合仪表配套使用,以实现物位的自动检测、记录和控制。

(二)超声波物位检测仪表

超声波是频率在 20kHz 以上的机械振动波。具有很强的穿透能力,甚至可以穿透 10m 以上的钢板。在不同的介质中超声波的传播速度不同,而且也像光波一样具有反射、折射现象。

当超声波从一种介质向另一种介质传播时,在两种密度不同,传播速度不同的介质分界面上,传播方向将发生改变。一部分被反射,另一部分便折射入相邻介质内。当超声波从液体或固体传播到气体中,或相反的情况下,由于两种介质的密度相差悬殊,所以反射率很高。在图 3-34 中,当置于容器底部的换能器向液面发射短促的脉冲时,经过时间 t,换能器便可以接收到从液面反射回来的回波脉冲。设探头到液面的距离为 H,超声波在液体中的传播速度为 v,则存在如下关系

$$H=\frac{1}{2}vt \tag{3-12}$$

对于某一种液体来说 v 是已知的,因此,便可以用测量时间的方法确定液位的高度 H。利用这些性质不仅可以测量液位,还可以测量流量、温度、黏度、厚度、距离等多种变量。

第四节 流量检测及仪表

一、流量检测的基本概念

流量是工业生产过程中的一个重要变量,是需要经常进行检测和控制的。

流量分瞬时流量和累计流量。瞬时流量一般简称流量,指的是单位时间内流过管道某截面流体的数量。而累计流量指的是在某一段时间内流过管道的流体流量的总和,称为总量。

流量和总量又都有质量流量 M 和体积流量 Q 两种表示方法。以单位时间内流过的流体的质量表示的称为质量流量。以体积表示的称为体积流量。体积流量与质量流量的关系为

$$M=Q\rho \text{ 或 } Q=\frac{M}{\rho} \tag{3-13}$$

式中 ρ——流体密度。

流量的国际单位是 kg/s（千克/秒）、m³/s（立方米/秒）。此外，常用的还有 t/h（吨/小时）、kg/h（千克/小时）、m³/h（立方米/小时）等；总量的国际单位是 kg（千克）、m³（立方米）。此外，常用的总量单位还有 t（吨）。

测量流量的仪表称为流量计或流量表；测量总量的仪表一般叫计量表。

流量的检测方法很多，所以流量检测仪表的种类也很多，表3-7为流量检测仪表分类比较表。

表3-7 流量检测仪表分类比较

流量检测仪表种类		检测原理	特 点	用 途
差压式	孔板	基于流体流动的节流原理，利用流体流经节流装置时产生的压力差而实现流量测量	它是最成熟、最常用的流量测量方法，结构简单，安装方便，但差压与流量为非线性关系	适于管径大于50mm、低黏度、大流量、清洁的液体、气体和蒸气的流量测量
	喷嘴			
	文丘里管			
转子式	玻璃管转子流量计	基于流体流动的节流原理，利用流体流经转子时，截流面积的变化来实现流量测量	压力损失小，检测范围大，结构简单，使用方便，但需垂直安装	适于小管径，小流量的液体或气体的流量的测量，可进行现场指示或信号远传
	金属管转子流量计			
容积式	椭圆齿轮流量计	采用容积分界的方法，转子每转一周都可送出固定容积的流体，则可利用转子的转速来实现流量的测量	精度高、量程宽、对流体的黏度变化不敏感，压力损失较小，安装使用较方便，但结构复杂，成本较高	可用于小流量、高黏度、不含颗粒和杂质、温度不太高的流体流量的测量 液体
	腰轮流量计			液体、气体
	旋转活塞流量计			液体
	皮囊式流量计			气体
速度式	水表	利用叶轮或涡轮被液体冲转后，转速与流量的关系来实现流量测量	安装方便，测量精度高，耐高压，反应快，便于信号远传，不受干扰，需水平安装	可测脉动、洁净、不含杂质的流体的流量
	涡轮流量计			
靶式流量计		利用流体的流量与靶所受到的力之间的关系来实现流量测量的	结构简单，安装方便，对介质没有要求	适于高黏度液体，低雷诺数、易结晶或易凝结以及带有沉淀物或固体颗粒的较低温度的流体的流量
电磁流量计		利用电磁感应原理来实现流量测量	压力损失小，不受液体的物理性质和流动状态的影响，对流量变化反应速度快，但仪表测量系统复杂，成本高、易受外界电磁场干扰，使用时不能有振动	可测量酸、碱、盐等导电液体溶液以及含有固体或纤维的液体的流量
漩涡式	旋进漩涡型	利用有规则的漩涡剥离现象来测量流体的流量	精确度高、测量范围宽、没有运动部件、无机械磨损、维护方便、压力损失小、节能效果明显	可测量各种管道中的液体、气体和蒸气的流量
	卡门漩涡型			
	间接式质量流量计			

下面主要介绍转子流量计、差压式流量计、椭圆齿轮流量计和电磁流量计，并简单介绍几种其他较新类型的流量计。

二、差压式流量计

差压式流量计是基于流体流动的节流原理，所以也叫节流式流量计，它是利用流体流经节流装置时产生的静压差来实现流量测量的。由节流装置（包括节流元件和取压装置）、导压管和差压计或差压变送器及显示仪表所组成。

（一）节流元件的测量原理

1. 节流元件

所谓节流元件就是设置在管道中能使流体产生局部收缩的元件。常用的节流元件有孔板、喷嘴和文丘里管等，如图3-35所示。虽然其结构形式有些不同，但流体流经它们时的节流现象和测量原理基本上是一样的。

2. 节流原理

在管道内流动的流体具有动能和静压能两种能量形式。流体由于有压力才具有静压能，由于有流速才具有动能。这两种形式的能量在一定条件下是可以相互转化的，但总能量不变（能量守恒定律）。当流体流经节流装置时，由于流通面积突然变小，流束被迫局

图3-35 节流元件外形

部收缩，流速加快，动能增加。根据能量守恒定律，增加的动能是靠牺牲静压能来获得的。所以节流元件后的静压低于其前面的静压，在节流元件前后产生了静压差。这个差值与流体的流量有关，即

$$Q = \alpha \varepsilon F_0 \sqrt{\frac{2}{\rho}\Delta p}\,(\mathrm{m^3/s}) \qquad M = \alpha \varepsilon F_0 \sqrt{2\rho \Delta p}\,(\mathrm{kg/s}) \qquad (3\text{-}14)$$

这就是节流装置的基本流量方程式。

式中 α——流量系数，由实验确定；

ε——膨胀校正系数，可查阅有关手册；对于不可压缩液体，可取 $\varepsilon=1$；

F_0——节流装置的开孔截面积，$\mathrm{m^2}$；

ρ——节流装置前的流体密度，$\mathrm{kg/m^3}$；

Δp——节流装置前后的压差，Pa。

从式(3-14)可看出，当 α、ε、F_0 和 ρ 不变时，流量与差压的平方根成正比。即只要能测出差压的大小，就能知道流量的大小（非线性关系）。所以，所有能测差压的仪表都可与节流元件配合测量流量。因此，就称这种测量仪表为差压式流量计。

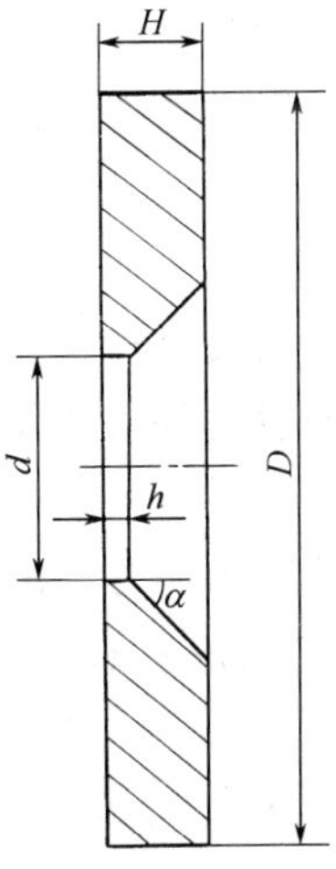

（二）标准节流装置

由于70%以上的流量测量都是采用差压式流量计，所以节流元件均已标准化。标准节流装置由几种标准化了的节流元件和相应长度的前后直管段组成，并有规定的取压方式。因孔板结构最简单、制造方便，所以孔板的应用最为广泛。

1. 孔板的结构

标准孔板是一块具有圆形开孔并与管道同心，其直角入口边缘非常锐利的薄板。用于不同管道内径的标准孔板，其结构形式基本上是几何相似的，如图3-36所示。

图3-36 标准孔板

D—管道内径；d—节流孔直径；
h—节流孔的厚度；α—斜角

2. 取压方式

在我国节流装置的取压方式有国标规定：标准孔板用角接取压

或法兰取压，标准喷嘴用角接取压。

① 角接取压　这种取压方式的上、下游取压管口位于孔板（喷嘴）前后两端面处。具体规定为：取压口距节流元件上、下游端面的距离分别等于取压孔径的一半或取压环隙宽度的一半。

② 法兰取压　规定法兰取压的上、下游取压孔的轴线与孔板上、下游端面的距离分别等于（25.4±0.8）mm。

3. 节流装置的安装和使用

在安装和使用节流装置时，应注意以下事项。

① 应使节流元件的开孔与管道的轴线同心，并使其端面与管道的轴线垂直。

② 在节流元件前后长度为管径2倍的一段管道内壁上，不应有明显的粗糙或不平。

③ 节流元件的上下游必须配置一定长度的直管。

④ 标准节流元件（孔板、喷嘴），一般只用于直径$D>50$mm 的管道中。

⑤ 被测介质应充满全部管道并连续流动。

⑥ 管道内的流束（流动状态）必须是稳定的。

⑦ 被测介质在通过节流元件时，应不发生相变。

（三）压差检测

节流元件将管道中流体的流量转换为压差，该压差由导压管引出，送给差压计来进行测量。用于流量测量的差压计型式很多，如双波纹管差压计、膜盒式差压计、差压变送器等，其中差压变送器使用的最多。

由式(3-14)可知，流量与差压之间具有开方关系，为指示方便，希望送给显示仪表的信号与流量成线性，所以常在差压变送器后增加一个开方器，使 I_0' 与流量 Q 变成线性关系后，再送显示仪表进行显示。差压式流量检测系统的组成框图如图 3-37 所示。

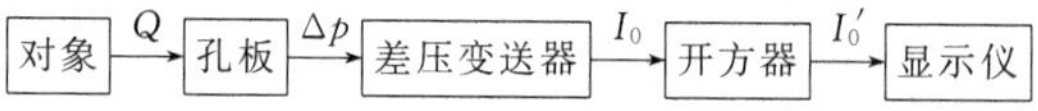

对象 $\xrightarrow{Q}$ 孔板 $\xrightarrow{\Delta p}$ 差压变送器 $\xrightarrow{I_0}$ 开方器 $\xrightarrow{I_0'}$ 显示仪

图 3-37　差压式流量检测系统的组成框图

有的差压变送器本身有开方功能（专为与孔板配合测流量而制），就可省掉开方器了。

常规差压式流量计设计时，把流量方程中的 α、ε 和 ρ 均作为不变的常数来考虑的，但在实际检测中，工艺过程的压力和温度不可能与设计时完全一致，特别对气体来说，它的变化会影响以上几个参数发生变化，从而引起较大的测量误差。为此，在要求较高的情况下，都要对差压式流量计进行温度和压力补偿。

（四）差压式流量计的投运

系统开车时，差压式流量计的投运是较繁琐的环节，所以要特别注意其投运步骤。

开表前，必须先使引压管内充满液体或隔离液，引压管中的空气要通过排气阀和仪表的放气孔排除干净。

在开表过程中，要特别注意差压计或差压变送器的弹性元件不能受突然的压力冲击，更不要处于单向受压状态。图 3-38 为差压式流量计测量示意图，现就投运步骤说明如下。

① 打开节流装置引压口截止阀 1 和 2；

② 打开平衡阀 5，并逐渐打开正压侧切断阀 3，使差压计的正、负压室承受同样压力；

③ 开启负压侧切断阀 4，并逐渐关闭平衡阀 5，仪表即投入运行。

仪表停运时，与投运步骤相反，即先打开平衡阀 5，然后关闭正、负侧切断阀 3、4，最后再关闭平衡阀 5。

第三章 工业生产过程的变量检测及仪表

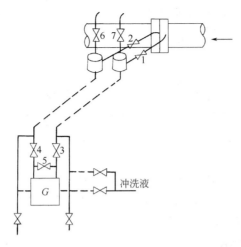

图 3-38 差压式流量计测量示意图

1，2—引压口截止阀；3—正压侧切断阀；4—负压侧切断阀；5—平衡阀；6，7—排气阀

在运行中，如需在线校验仪表的零点，只需打开平衡阀 5，关闭切断阀 3、4 即可。

三、转子流量计

转子流量计特别适合于测量小管径中洁净介质的流量，且流量较小时测量精度也较高。

（一）基本结构

转子流量计是由上大下小的锥形圆管和转子（也叫浮子）组成的。作为节流装置的转子悬浮在垂直安装的锥形圆管内，如图 3-39 所示。

在实际运行时，为了保持转子的轴线垂直并在锥形圆管的中心线上，不至于碰到管壁。通常采取两种方法：一是在转子的上部圆盘形边缘上开出一条条斜沟，使得流体自下而上沿锥管流动时，浮子始终保持在锥管的中心线上不停地旋转，转子流量计因此而得名；另一种是带导向的非转动浮子，浮子上有一个中心孔，穿在锥管中心线上的导向芯棒上，使其沿导向芯棒上下移动。

（二）工作原理

当流体沿锥形圆管自下而上地流过转子时，在流体动力的作用下，使转子浮起，转子的外缘与锥形管之间形成一个环形通道。流体流经环形通道时，由于流通面积突然减小，流体受到节流作用，使得转子上下产生静压差 $\Delta p = p_1 - p_2$，在 Δp 的作用下，转子受到向上的推动力 F_1，使其上浮。随着转子在锥形管中上移，环形通道的截面积增大，环隙的平均流速减小，同一流量所产生的压力差将变小（即 F_1 变小）。转子还同时受到一个向下的力（即自身的重力与介质浮力之差）F_2 的作用。当 $F_1 = F_2$ 时，转子就稳定在某一位置上。流量大小与转子的平衡位置相对应。

（三）金属管式转子流量计

锥形管可以做成透明的，转子的位移可以从玻璃管上的刻度直接读数，这就是玻璃转子流量计。

但当介质不透明或为高温高压时，就必须采用金属管（非导磁材料）转子流量计。然后用各种电测方法测量转子的位移，并实现远传。

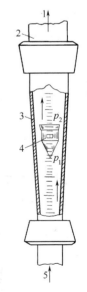

图 3-39 转子流量计

1，5—流体；2—管道；
3—锥形玻璃管；
4—转子

图 3-40 所示是金属管式转子流量计的一种。

四、其他流量计

(一) 椭圆齿轮流量计

椭圆齿轮流量计是容积式流量计中的一种，它对被测流体的黏度变化不敏感，特别适合于高黏度的流体（如重油、聚乙烯醇、树脂等），甚至糊状物的流量测量。

1. 结构及工作原理

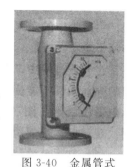

图 3-40 金属管式转子流量计

椭圆齿轮流量计的工作原理如图 3-41 所示。它的主要部件是测量室（即壳体）和安装在测量室内的两个互相啮合的椭圆齿轮 A 和 B，两个齿轮分别绕自己的轴相对旋转，与外壳构成封闭的月牙形空腔。

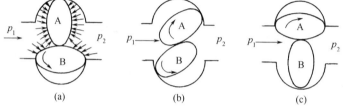

图 3-41 椭圆齿轮流量计原理图

当流体流过椭圆齿轮流量计时，由于要克服阻力将会引起压力损失，而使得出口侧压力 p_2 小于进口侧压力 p_1，在此压力差的作用下，产生作用力矩而使椭圆齿轮连续转动。

在图 3-41(a) 所示的位置时，$p_1 > p_2$，合力矩使齿轮 B 逆时针旋转，此时 B 为主动轮，A 为从动轮，所以 A 顺时针转动。当转到图 3-41(b) 所示的中间位置时，两个齿轮均为主动轮。当转至图 3-41(c) 位置时，合力矩使 A 轮顺时针方向转动，并把已吸入月牙形空腔内的流体从出口排出，此时 A 轮为主动轮，B 轮为从动轮。如此往复循环，两个齿轮交替地由一个带动另一个转动，并把被测介质以月牙形容积为单位一次一次地由进口排至出口。显然，椭圆齿轮每转一周所排出的被测流体的量为月牙形容积的 4 倍。故通过椭圆齿轮流量计的体积流量 Q 为

$$Q = 4nV_0 \tag{3-15}$$

式中　n——椭圆齿轮的转速；

　　　V_0——月牙形测量室容积。

可见，在椭圆齿轮流量计的月牙形容积 V_0 一定的条件下，只要测出椭圆齿轮的转速 n，便可知道被测介质的流量 Q。

椭圆齿轮流量计分为就地显示和远传显示两种形式，配以一定的传动机构和积算机构，还可以记录或显示被测介质的总量，图 3-42 为椭圆齿轮流量计的外形图。

(a) 指针式

(b) 数字式

图 3-42 椭圆齿轮流量计外形图

2. 椭圆齿轮流量计的使用特点

由于椭圆齿轮流量计是基于容积式测量原理工作的，与流体的黏度等性质无关。因此，特别适用于高黏度介质的流量检测。它的测量精度很高（可达±0.5%），压力损失较小，安装使用也较方便。但为了防止齿轮被卡住，要求被测介质纯净、不含固体杂质。为此，椭圆齿轮流量计的入口端必须加装过滤器，另外，温度过高时，齿轮可能会卡死，所以椭圆齿轮流量计的使用温度有一定限制。

椭圆齿轮流量计的测量精度取决于齿轮边缘与壳体之间的泄漏量。这就要求间隙一定要小，因此加工精度要求很高，因而成本较高。如果使用不当或使用时间过久，会发生泄漏现象，就会引起较大的测量误差。

腰轮流量计等其他容积式流量计与椭圆齿轮流量计的原理类似。

（二）电磁流量计

在进行流量测量时，如果被测介质具有导电性，则可以使用电磁流量计来测量。

1. 工作原理及组成

电磁流量计是依据法拉第电磁感应定律来测量流量的。

由电磁感应定律可知，导体在磁场中切割磁力线时，便会产生感应电势。同理，当导电的液体在磁场中作垂直于磁力线方向的流动而切割磁力线时，也会产生感应电势。图 3-43 为电磁流量计原理图，将一个直径为 D 的管道放在一个均匀磁场中，并使之垂直于磁力线方向。管道由非导磁材料制成，如果是金属管道，内壁上要装有绝缘衬里。当导电液体在管道中流动时，便会切割磁力线。如果在管道两侧各插入一根电极，则可以引出感应电势。其大小与磁场、管道和液体流速有关，由此不难得出流体的体积流量与感应电势的关系为

$$Q = \pi DE/4B \tag{3-16}$$

式中　E——感应电势；

　　　B——磁感应强度；

　　　D——管道内径。

显然，只要测出感应电势 E，就可知道被测流量 Q 的大小。实际应用中多采用交流磁场，以消除介质的极化影响。

图 3-44 是电磁流量计的实物图。

2. 电磁流量计的使用特点

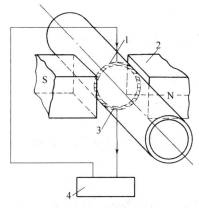

图 3-43　电磁流量计原理图

1—导管；2—磁极；3—电极；4—仪表

图 3-44　电磁流量计实物图

① 测量管道内没有可动部件或突出于管内的部件,所以几乎没有压力损失,可以测量各种腐蚀性液体以及带有悬浮颗粒的浆液。

② 输出电流与介质流量呈线性关系,且不受液体物理性质(温度、压力、黏度、密度)或流动状态的影响。流速的测量范围大。

③ 量程比宽(100∶1),测量的体积流量从每小时数滴到数十万立方米,管道的口径是 2mm~3m。

④ 一般精度为 0.5 级到 1.5 级。

⑤ 被测介质必须是导电液体,导电率一般要求不小于水的导电率。不能测量气体、蒸气及石油制品等的流量。

⑥ 信号较弱,满量程时只有 2.5~8mV,抗干扰能力差。电源电压的波动会引起磁场强度的变化,从而影响到测量信号的准确性。

(三) 涡轮流量计

涡轮流量计是一种速度式流量仪表,但它具有精度高、复现性好、流量测量范围广、结构简单、运动部件少、耐压高、温度适应范围宽、维修方便、重量轻、体积小、压力损失小等特点。因此,在各个行业中被广泛应用。涡轮流量计一般用来测量封闭管道中低黏度液体或气体的体积流量或总量。

1. 涡轮流量计的结构及工作原理

涡轮流量计由涡轮流量变送器和显示仪表两部分组成。其中,涡轮流量变送器包括壳体、涡轮、导流器、磁电感应转换器和前置放大器几个部分,其结构原理如图 3-45 所示。

被测流体冲击涡轮叶片,使涡轮旋转,涡轮的转速与流量的大小成正比。经磁电感应转换装置把涡轮的转速转换成相应频率的电脉冲,经前置放大器放大后,送入显示仪表进行计数和显示,根据单位时间内的脉冲数和累计脉冲数即可求出瞬时流量和累积流量。

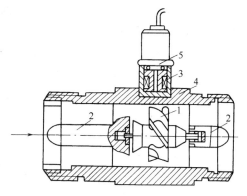

图 3-45 涡轮流量变送器结构示意图
1—涡轮;2—导流器;3—磁电感应转换器;
4—外壳;5—前置放大器

2. 涡轮流量计投运时的注意事项

① 投运前应先进行仪表系数的设定。若被测介质与常温水的性质不同,应修正仪表常数或重新进行标定。

② 投运前要仔细检查,确定仪表接线无误并良好接地,方可接通电源。

③ 被测介质不洁净时,应加装过滤器。

④ 投运时应首先关闭变送器的出口阀门,使流体缓慢充满变送器,然后再打开出口阀门,严禁变送器在无流体的状态下受高速流体的冲击,以确保准确度。

3. 涡轮流量计故障部位的简单判断

方法是将显示仪表内的工作-校验开关置"校验"位置,此时仪表有指示,说明故障发生在涡轮变送器或前置放大器部分,否则故障在显示仪表。

(四) 涡街流量计(漩涡流量计、卡门漩涡流量计)

涡街流量计又叫漩涡流量计,它可以用来测量各种管道中的液体、气体和蒸气的流量,目前在工业控制、能源计量和节能管理中被广泛应用。

1. 涡街流量计的工作原理

涡街流量计是利用有规则的漩涡剥离现象来测量流体流量的仪表。

在流体输送管道中垂直插入一个非流线型柱状物（圆柱或三角柱）作为漩涡发生体。当雷诺数达到一定的数值时，就会在柱状物的下游产生如图 3-46 所示的两列平行、且上下交替出现的漩涡，因为这两列漩涡就如同街道两旁的路灯，故称"涡街"。当两列漩涡之间的距离 h 与同列的两个漩涡之间的距离 L 之比能满足 $h/L=0.281$ 时，所产生的涡街是稳定的。

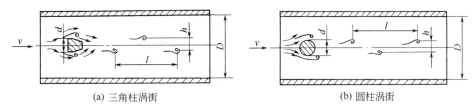

(a) 三角柱涡街　　　　　　(b) 圆柱涡街

图 3-46　涡街形成示意图

由圆柱体形成的涡街，其漩涡产生的频率 f 与被测流量之间满足下列关系：

$$Q=\frac{\pi D^2}{4} \times \frac{fd}{St}\left(1-1.25\frac{d}{D}\right)=Kf \tag{3-17}$$

式中　f——漩涡产生的频率；

　　　D、d——管道内径及圆柱体直径；

　　　St——斯特劳哈尔（Strouhal）系数。

在一定雷诺数区域内，St 为常数，则 K 为常数。Q 与 f 成一一对应的线性关系，所以只要测出 f，就可测知 Q。

涡街流量计由涡街流量变送器和流量显示仪表两部分组成。其实物图如图 3-47 所示。

2. 涡街流量计的特点及应用场合

涡街流量计可用来测量各种管道中的液体、气体和蒸气的流量，还适合测量低温介质和各种腐蚀性及放射性介质的流量。

图 3-47　涡街流量计实物图

涡街流量计具有如下特点：无可动部件、构造简单、机械磨损小、维护方便、精确度高、测量范围宽、压力损失小、节能效果明显、使用寿命长，在一定的雷诺数范围内，涡街产生的频率只与流速有关，几乎不受被测流体温度、压力、密度、成分以及黏度等变化的影响。输出频率信号，易于实现数字化测量以及与计算机结合。而且体积小、重量轻、易于安装，发展前景十分广阔。

流量检测仪表种类很多，除了以上介绍的几种外，应用广泛的还有质量流量计等，在此就不过多介绍了。

五、流量检测仪表的选用

流量检测元件及仪表的选用会因工艺条件和被测介质的差异而有所不同，且检测要求也不一样，要使一类流量检测元件及仪表满足所有的检测要求是不可能的。为此，全面了解各类检测元件及流量仪表的特点和正确认识它们的性能，是合理选用检测元件及仪表的前提。各种流量检测元件及仪表和特性如表 3-8 所示。

表 3-8 流量检测元件及仪表与被测介质特性的关系

仪表种类		清洁液体	脏污液体	蒸气或气体	黏性液体	腐蚀性液体	腐蚀性浆液	含纤维浆液	高温介质	低温介质	低流速液体	部分充满管道	非牛顿液体
节流式流量计	孔板	○	●	○	●	◎	×	×	○	●	×	×	●
	文丘里管	○	●	○	●	●	×	×	●	●	×	×	×
	喷嘴	○	●	○	●	●	×	×	●	●	×	×	×
	弯嘴	○	●	○	×	◎	×	×	○	●	×	×	●
电磁流量计		○	○	×	○	○	○	○	●	×	◎	●	◎
漩涡流量计		○	●	◎	●	◎	×	×	◎	◎	×	×	×
容积式流量计		○	×	◎	◎	◎	×	×	●	●	◎	×	×
靶式流量计		○	◎	◎	◎	◎	●	×	●	◎	×	×	●
涡轮流量计		○	●	◎	◎	◎	×	×	◎	○	×	×	×
超声波流量计		○	●	×	●	●	×	×	×	×	●	×	×
转子流量计		○	●	○	◎	◎	×	×	◎	◎	◎	×	×

注：○表示适用；◎表示可以用；●表示在一定条件下可以用；×表示不适用。

各种流量检测元件及仪表的选用可依据流量刻度或测量范围、工艺要求和流体参数变化，安装要求、价格、被测介质或对象的不同进行选择。

第五节 温度检测及仪表

一、温度检测的基本概念

（一）温度的基本概念

温度是表征物体冷热程度的物理量。在工业生产过程中，温度检测非常重要，因为很多化学反应或物理变化都必须在规定的温度下才能正常进行，否则将得不到合格的产品，甚至会造成生产事故。因此，可以说温度的检测与控制是保证产品质量、降低生产成本、确保安全生产的重要手段。

但是温度不能直接测量，只能借助于冷热不同的物体之间的热交换，或者物体的某些物理性质随温度的不同而变化的性质来进行间接测量。

（二）测温仪表的分类

在工业生产中，温度的测量范围很广，所用的测温仪表种类也很多。

如果按测温范围来分,常把测量600℃以上温度的仪表叫高温计,而把测量600℃以下温度的仪表叫温度计。

如果按工作原理分,常分为膨胀式温度计、热电偶温度计、热电阻温度计、压力式温度计、辐射高温计和光学高温计等。

如果按感温元件和被测介质接触与否,可分为接触式与非接触式两大类。

各种测温仪表的主要性能列于表3-9中。

表 3-9 测温仪表的分类及性能比较

测温方式		温度计名称	简单原理及常用测温范围	优 点	缺 点
接触式	热膨胀	玻璃温度计	液体受热时体积膨胀 −100~600℃	价廉、精度较高、稳定性好	易破损,只能安装在易观察的地方
		双金属温度计	金属受热时线性膨胀 −50~600℃	示值清楚、机械强度较好	精度较低
		压力式温度计	温包内的气体或液体因受热而改变压力 −50~600℃	价廉、最易就地集中检测	毛细管机械强度差,损坏后不易修复
	热电阻	热电阻温度计	导体或半导体的电阻值随温度而改变 −200~600℃	测量准确,可用于低温或低温差测量	和热电偶相比,维护工作量大,振动场合容易损坏
	热电势	热电偶温度计	两种不同金属导体接点受热产生热电势 −50~1600℃	测量准确,和热电阻相比安装、维护方便,不易损坏	需要补偿导线,安装费用较高
非接触式	热辐射	光学高温计	加热体的亮度随温度高低而变化 700~3200℃	测温范围广,携带使用方便,价格便宜	只能目测,必须熟练才能测得比较准确的数据
		光电高温计	加热体的颜色随温度高低而变化 50~2000℃	反应速度快,测量较准确	构造复杂,价格高,读数麻烦
		辐射高温计	加热体的辐射能量随温度高低而变化 50~2000℃	反应速度快	误差较大

二、热电偶温度计

热电偶温度计是基于热电效应原理测量温度的。测温系统的组成如图3-48所示,它包括热电偶、显示仪表及导线这三个部分。其中热电偶是系统中的测温元件;显示仪表用来检测热电偶产生的热电势信号,可以采用动圈式仪表,也可以用ER180系列等其他仪表;导线用来连接热电偶和显示仪表。

1. 热电偶的测温原理

热电偶是由两种不同材料的导体A和B焊接或绞接而成,接在一起的一端称作热电偶的工作端(测量端、热端),另一端与导线连接,叫作自由端(参比端、冷端)。导体A、B称为热电极,合称热电偶。

使用时,将热电偶的工作端插入需要测量温度的生产设备中,冷端置于生产设备的外面,当两端所处的温度不同时(如热端为t,冷端为t_0),在热电偶回路内就会产生热电势,这种物理现象

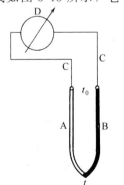

图 3-48 热电偶测温系统
A、B—热电偶;C—导线;
D—显示仪表;t—热端;
t_0—冷端

称为热电效应。

热电偶回路的热电势只与热电极材料及测量端和冷端的温度有关,记作 $E_{AB}(t, t_0)$,且

$$E_{AB}(t,t_0) = E_{AB}(t) - E_{AB}(t_0) \tag{3-18}$$

当冷端温度 t_0 不变、两种热电极材料一定时,$E_{AB}(t_0) = C$ 为常数,则

$$E_{AB}(t,t_0) = E_{AB}(t) - C = f(t) \tag{3-19}$$

即只要组成热电偶的材料和参比端的温度一定,热电偶产生的热电势仅与热电偶测量端的温度(即被测介质的温度)有关,而与热电偶的长短和直径无关。所以只要测出热电势的大小,就能判断被测介质温度的高低,这就是利用热电现象来测量温度的基本原理。

值得注意的是,当组成热电偶回路的两种导体的材料相同时,不管两接点温度是否相同,回路的总热电势都为零;而如果两接点温度相同,不管两电极材料是否相同,回路的总热电势也为零。

由于热电极的材料不同,所产生的热电势也就不同,因此用不同的热电极材料制成的热电偶在相同温度下所产生的热电势是不同的。中国定型生产的已经标准化了的常用热电偶有六种,其分度号、主要特点及使用范围见表 3-10。

表 3-10 常用热电偶及主要性能

热电偶名称	代号	分度号		主 要 性 能	测温范围/℃	
		新	旧		长期使用	短期使用
铂铑$_{10}$-铂	WRP	S	LB-3	热电性能稳定,抗氧化性能好,适用于氧化性和中性气氛中测量,但热电势小,成本高	20~1300	1600
铂铑$_{30}$-铂铑$_6$	WRR	B	LL-2	稳定性好,测量温度高,参比端在 0~100℃ 范围内可以不用补偿导线;适于氧化性气氛中的测温;热电势小,价格高	300~1600	1800
镍铬-镍硅	WRN	K	EU-2	热电势大,线性好,适于在氧化性和中性气氛中测温,且价格便宜,是工业上使用最多的一种	-50~1000	1200
镍铬-铜镍	WRE	E	—	热电势大,灵敏度高,价格便宜,中低温稳定性好。适用于氧化或弱还原性气氛中测温	-50~800	900
铁-铜镍	WRF	J	—	测量精度高,稳定性好,低温时灵敏度高,价格最低。适用于氧化和还原性气氛中测温	-40~700	750
铜-铜镍	WRC	T	CK	低温时灵敏度高、稳定性好,价格便宜。适用于氧化和还原性气氛中测温	-40~300	350

热电偶的热电势与被测温度之间呈非线性关系,二者不能用一个简单的公式来描述,故将 E-t 之间的关系制成分度表,附录二给出了几种常用热电偶在不同温度下产生的热电势。

由于热电偶的分度值都是以自由端温度等于 0℃ 时为基准的,所以,当自由端温度不为 0℃ 而为 t_0 时,温度与热电势之间的关系可用下式进行计算(为书写方便,可省略代表热电偶材料的下标识)。

$$E(t,t_0) = E(t,0) - E(t_0,0) \tag{3-20}$$

式中 $E(t, 0)$ 和 $E(t_0, 0)$ 分别为热电偶的工作端温度为 t 和 t_0，而自由端温度为 0℃ 时产生的热电势，其值可从附录二的热电偶分度表中直接查得。

【例 3-7】 用一只镍铬-镍硅热电偶（分度号为 K）测量炉温，已知热电偶工作端温度为 800℃，自由端温度为 25℃，求热电偶产生的热电势 $E(800, 25)$。

解 由附录二可以查得

$$E(800, 0) = 33.277 \text{mV}$$
$$E(25, 0) = 1.000 \text{mV}$$

将以上数据代入式（3-20）得

$$E(800, 25) = E(800, 0) - E(25, 0) = 32.277 \text{mV}$$

【例 3-8】 某铂铑$_{10}$-铂热电偶（分度号 S）在工作时，自由端温度 $t_0 = 30$℃，测得热电势 $E_S(t, t_0) = 14.195 \text{mV}$，求被测介质的实际温度。

解 由附录二可以查得

$$E(30, 0) = 0.173 \text{mV}$$

代入式（3-20）变换得

$$E(t, 0) = E(t, 30) + E(30, 0) = 14.195 + 0.173 = 14.368 (\text{mV})$$

再由附录二可以查得 14.368mV 所对应的温度 t 为 1400℃。

热电偶在与显示仪表相连时回路中必定要引入第三种导体 C。事实证明，当回路中接入第三种导体后，只要保证该导体两端温度相同，热电偶回路中所产生的总热电势就不变，即与没有接入第三种导体时所产生的总热电势相同。所以当热电偶回路接入各种显示仪表、变送器及连接导线时，均不会影响热电偶所产生的热电势值。

2. 热电偶的结构

热电偶一般由热电极、绝缘子、保护套管和接线盒等部分组成。绝缘子（绝缘瓷圈或绝缘瓷套管）分别套在两根热电极上，以防短路。再将热电极以及绝缘子装入不锈钢或其他材质的保护套管内，以保护热电极免受化学和机械损伤。参比端由接线盒内的端子与外部导线连接。普通热电偶的结构如图 3-49 所示。

热电偶的结构形式很多，除了普通热电偶外，还有薄膜式热电偶和套管式（或称铠装）热电偶。

热电偶的结构形式可根据其用途和安装位置来选择。一般在常压下可选用普通结构的热电偶；当被测温度变化频繁时，选用时间常数小的热电偶；当被测介质具有一定压力时，可选用固定螺纹和普通接线盒结构的热电偶；当安装环境较为恶劣时，如需防水、防腐蚀、防爆等，则应选用密封式接线盒的热电偶；对高压流动介质，应选用具有固定螺纹和锥形保护套管的热电偶；而表面温度的测量则可选用时间常数小、反应速度快的薄膜式热电偶。具体选型时，还要注意保护套管的材料和耐压强度、保护套管的插入深度、热电极材料等问题。

3. 热电偶冷端温度的影响及补偿

由热电偶的测温原理可知，只有在热电偶的冷端温度不变时，热电势的大小才是热端温度的单值函数。同时，热电偶分度表和根据分度表刻度的显示仪表又都要求冷端温度恒为 0℃，否则将产生测量误差。

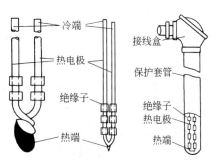

图 3-49 普通热电偶的结构

然而,在实际使用中,热电偶的冷端是暴露在装置外的,受环境温度波动的影响,不可能保持恒定,更不可能保持在 0℃。因此,必须采取措施,对热电偶的冷端温度的影响进行补偿。

(1) 利用补偿导线延伸冷端

由于热电偶的价格和安装等因素,使其长度非常有限,所以冷端离热源很近。因此冷端的温度极易受到被测介质温度的影响,同时还会受到周围环境温度的影响,而且这些影响又很不规则,所以冷端的温度往往难以保持恒定。所以,首先要把冷端引到温度恒定的地方。利用补偿导线,可以部分地解决冷端温度恒定问题。

补偿导线一般用廉价的金属材料做成,不同分度号的热电偶所配的补偿导线也不同。例如镍铬-镍硅热电偶的补偿导线用铜(正极)和康铜(负极),它的热电特性在0~100℃范围内和对应的热电偶几乎完全一样。因此使用补偿导线就如同将热电偶延长,把热电偶的冷端延伸到距离热源较远,温度又比较稳定的地方,所以也叫延长导线。使用补偿导线构成的测温系统接线如图 3-50 所示。这样就使得热电偶的参比端从原来很不稳定的温度 t_1 移到了温度比较稳定的 t_0 处了(一般指控制室内)。

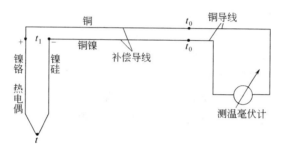

图 3-50 补偿导线连接图

各种补偿导线都有规定的颜色,用以分辨所配用的热电偶分度号及正、负极性,以防接错。常用热电偶的补偿导线如表 3-11 所示。

表 3-11 常用热电偶的补偿导线

补偿导线型号	配用热电偶		补偿导线材料		补偿导线绝缘层颜色	
	名 称	分度导	正 极	负 极	正 极	负 极
SC	铂铑$_{10}$-铂	S	铜	康铜	红	绿
KC	镍铬-镍硅	K	铜	康铜	红	蓝
EX	镍铬-康铜	E	镍铬	康铜	红	棕
JX	铁-康铜	J	铁	康铜	红	紫
TX	铜-康铜	T	铜	康铜	红	白

(2) 冷端温度的补偿

接入补偿导线以后,虽然使热电偶的冷端延伸到了温度相对稳定的环境,但它仍受周围环境温度的影响,既不为 0℃,也不恒定。所以还要采取措施对冷端温度的影响作进一步的补偿。常用的补偿方法有冰浴法(即保持冷端 0℃恒温法)、查表修正法、校正仪表零点法和补偿电桥法等。目前最常用的是补偿电桥法。

由式(3-20)可知,当热端温度高于冷端时,热电偶所产生的热电势将随着冷端温度的升高而减小，反之亦然。而补偿电桥法就是在热电偶的测量线路中附加一个电势，该电势一般是由如图 3-51 中的补偿电桥提供的。电桥中 $R_1 \sim R_3$ 为锰铜丝绕成的等值的固定电阻，而 R_t 则为与补偿导线的末端处于同一环境、感受同一温度的铜电阻（其阻值随温度变化较大）。当环境温度变化时，该桥路产生的电势也随之变化，而且在数值和极性上恰好能抵消冷端温度变化所引起的热电势的变化值，以达到自动补偿的目的。即在工作端温度不变时，如果冷端温度在一定范围内变化，总的热电势值将不受影响，从而很好地实现了温度补偿。

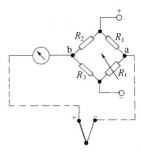

图 3-51　具有补偿电桥的热电偶测温线路

有些仪表电桥的平衡温度是 20℃，所以采用这种补偿电桥时，就需要把仪表的机械零点预先调到 20℃。

三、热电阻温度计

1. 测温原理

热电阻温度计是基于导体或半导体材料的电阻值随温度而变化的原理进行工作的。通过测量其电阻值，可以间接测量温度。

热电阻测温系统由热电阻、显示仪表及连接导线三部分组成，如图 3-52 所示。

图 3-52　热电阻测温系统

热电阻温度计适于测量 $-200 \sim 500℃$ 范围内液体、气体、蒸气及固体表面的温度。热电阻的输出信号大，比相同温度范围的热电偶温度计具有更高的灵敏度和测量精度，而且无冷端温度补偿问题；电阻信号便于远传，较电势信号易于处理和抗干扰。但其缺点是连接导线的电阻值易受环境温度的影响而产生测量误差，所以必须采用三线制接法。

2. 常用热电阻

常用的热电阻材料是铂和铜（近年来也使用了镍、铟、锰、碳等一些新型材料）。

铂电阻的分度号为 $Pt_{10}(R_0=10\Omega)$ 和 $Pt_{100}(R_0=100\Omega)$；铜电阻的分度号为 $Cu_{50}(R_0=50\Omega)$ 及 $Cu_{100}(R_0=100\Omega)$。

3. 热电阻的结构

热电阻分为普通型热电阻、铠装热电阻和薄膜热电阻三种。普通型热电阻通常都是由电阻体、保护套管、接线盒、绝缘管等部件所构成，如图 3-53 所示。

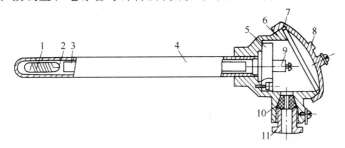

图 3-53　普通热电阻的结构

1—电阻体；2—引出线；3—绝缘管；4—保护套管；5—接线座；6—接线盒；
7—密封圈；8—盖；9—接线柱；10—引线孔；11—引线孔螺母

四、温度变送器

温度变送器的作用是将热电偶或热电阻输出的电势值或电阻值转换成统一标准信号,再送给其他单元组合仪表进行指示、记录或控制。图 3-54 为使用温度变送器的温度检测系统组成框图。

图 3-54 温度变送器组成的测温系统

温度变送器种类很多,常用的有 DDZ-Ⅲ 型温度变送器、智能型温度变送器等。

DDZ-Ⅲ 型温度变送器以 24V DC 为能源,以 4~20 mA DC 为统一标准信号,其作用是将来自于热电偶或热电阻或者其他仪表的热电势、热电阻阻值或直流毫伏信号,对应地转换成 4~20mA DC 电流(或 1~5V DC 电压)。DDZ-Ⅲ 型温度变送器也是安全火花型防爆仪表,分两大类(架装型和现场安装型)、三个品种(热电偶温度变送器、热电阻温度变送器和直流毫伏变送器)。每个品种都有量程单元和放大单元两个部分,分别制在两块印刷线路板上。不同品种的温度变送器只是量程单元不同,而放大单元是完全一样的。所以通过更换量程单元板,就可改变温度变送器的品种、分度号及测量范围。

由于热电偶的热电势和热电阻的电阻值与温度之间均呈非线性关系,而又希望显示仪表能进行线性指示,所以,需要在温度变送器中解决线性化问题。DDZ-Ⅲ 型的热电偶温度变送器和热电阻温度变送器,都是在反馈回路采用了线性化机构,使其输出电流与温度呈线性关系。因此,可以采用线性刻度的显示记录仪表来对温度进行显示和记录。

五、常用的温度显示仪表

显示仪表是对生产过程中的各种变量进行指示、记录或累积的仪表。它可与其他各种测量元件或变送器配套使用,连续地显示或记录生产过程中各变量的变化情况,一般都安装在控制室的仪表盘上。

目前使用的显示仪表种类很多。按照显示方式不同,可分为模拟式、数字式和图像式(屏幕)显示三类,其中数字式、图像式为刚刚发展起来的新型显示仪表。

(一)模拟式显示仪表

模拟式显示仪表中的信号都是随时间连续变化的模拟量(如 1~5V DC,4~20mA DC 等),其历史悠久,所以品种很多。较常用的有动圈式显示仪表和自动平衡式显示仪表。其中自动平衡式又分为电子电位差计、电子自动平衡电桥以及 ER180 系列等多种类型。ER180 系列是较新型且应用非常广泛的显示记录仪表,故以此为例作以简单介绍。

ER180 系列显示仪表是一种工业用的伺服指示自动平衡式显示仪表。它以集成电路为主要放大元件,采用伺服电动机,有效记录宽度为 180mm。

ER180 系列仪表的输入信号可以是直流毫伏电压、毫安级电流、热电势、热电阻的阻值或统一标准信号。所以它不仅可与热电偶、热电阻配合来显示、记录温度变量,还可以与多种变送器配合,完成其他工业变量的指示记录。此外,仪表还可配有微动报警开关、发讯滑线电阻等附加机构,可内设报警单元及控制单元。

ER180 系列仪表中,ER181、ER182、ER183 分别为单笔、双笔和三笔的笔式记录仪,采用便于使用的可更换的纤维笔；ER184～ER188 分别为双点、3 点、6 点、12 点和 24 点的打点记录仪。

ER180 系列仪表的组成框图如图 3-55 所示。

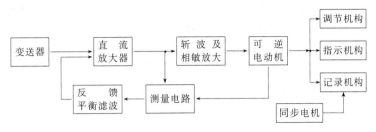

图 3-55　ER180 系列仪表组成方框图

来自检测元件或变送器的电信号经内部电路处理后，变成放大了的交流信号，以驱动可逆电动机转动。可逆电动机经机械传动系统带动指示记录机构动作，当系统稳定时，指示、记录机构的指针和记录笔便在刻度板和记录纸上指示出被测变量的数值。同时，同步电机一直在带动走纸、打印、切换等机械传动机构动作，在记录纸上画线或打点，记录被测变量相对于时间的变化过程。

ER180 系列仪表中，配合热电偶测温的仪表，都有冷端温度补偿装置和断偶保护电路（实现断偶指示和方便判别，也起到保护设备的作用）。

在与热电偶、热电阻配合时，一定要注意分度号的统一。

（二）数字式显示仪表

1. 数字式显示仪表的基本知识

数字式显示仪表接受来自测量压力、物位、流量、温度等变量的传感器或变送器的模拟量信号，在表内部经模/数（A/D）转换变成数字信号，再由数字电路处理后直接以十进制数码显示测量结果。

数字式显示仪表具有精度高、功能全、速度快、抗干扰能力强、体积小、耗电低、读数直观、可与计算机配合等优点，因而应用越来越广泛。

在数字式显示仪表中，测量结果都是以数字的形式直接显示的。数字显示的方式很多，如半导体数码管显示器、辉光数码管显示器、液晶显示器等。能够显示"0～9"的数字位称为"满位"；仅显示 1 或不显示的数字位，称为"半位"或"1/2"位。工业用数字温度显示仪表的显示位数常为 $3\frac{1}{2}$ 位，可显示 −1999～1999。高精度数字表显示位数目前达到 $8\frac{1}{2}$ 位。

在数字显示仪表的性能指标中常会提到分辨力和分辨率的概念。所谓分辨力是指仪表示值末位数字改变一个字所对应的被测变量的最小变化值。而分辨率是指仪表显示的最小数值与最大数值之比。

数字显示仪表校验时，其允许误差计算公式为

$$允许误差 = \pm(\alpha\% \cdot F.S + n \times 分辨力) \tag{3-21}$$

式中　α——仪表精度，是由仪表中内附的基准源和仪表中测量线路的传递系数不稳定所决定的；

n——是考虑仪表中放大器零点漂移等影响，使电子开关电路早开或晚开，从而引起

多计或少计的 n 个脉冲，一般取 $n=1$；

$F.S$——仪表的量程。

α、n、分辨力均可由仪表使用说明书查得。$F.S$ 根据使用要求而定。

例如：XMT5120（配热电阻）数字显示仪表精度等级 $\alpha=0.5$（可由说明书查得），当仪表量程为 $F.S=150℃$ 时，若配用的是分度号为 Pt100 热电阻，可由说明书查得，分辨力＝1℃，说明仪表示值的最后一位是个位，此时允许误差为±1.75℃。

若 XMT5120 数字显示仪表配用的是分度号为 Cu50 热电阻，可由说明书查得，分辨力＝0.1℃，则仪表示值的最后一位是十分位，此时仪表的允许误差为±0.85℃。

数字式显示仪表一般主要有模/数转换、非线性补偿和标度变换三个基本部分。

其中，模/数转换的目的是把连续变化的模拟量转换成断续（离散）的数字量；由于许多被测变量与工程单位显示值之间存在非线性函数关系，所以必须配以线性化器进行非线性补偿；而数字显示仪表，通常以十进制的工程单位方式或百分值方式显示被测变量，所以，还要有标度变换环节。

图 3-56　XMZ 型数字温度显示仪

下面以如图 3-56 所示的 XMZ 型数字温度显示仪表为例，认识一下数字显示仪表。

2. XMZ 型数字温度显示仪表

（1）主要技术指标

形式：盘装式

测量范围和分度号：-200～1999℃，各种分度号热电偶

精确度：满度±0.5%±1 个字

分辨力：1℃

采样速度：3 次/s

显示方式：$3\frac{1}{2}$ 位 LED 数码管显示

（2）基本工作原理

XMZ-101H 型仪表为单点简易数字式温度显示仪，配接热电偶测温，其原理方框图如图 3-57 所示。

图 3-57　XMZ-101H 型仪表原理方框图

被测温度经热电偶转换成毫伏级热电势，经冷端温度补偿、滤波和数据放大处理后，送至 A/D 转换器转换成数字量。该数字量一方面作为地址送入 EPROM 线性化器，一方面实现标度变换，找出与热电偶对应的温度值送至 BCD 译码器，驱动 LED 显示器显示相应数值。

（三）新型显示记录仪表（图像显示）

现代工业控制领域和电子信息技术领域的飞速发展，使得以 CPU 为核心的新型显示记

录仪表被广泛地应用到各行各业中。进入 20 世纪 90 年代以后，一种新型显示记录仪表——无纸、无笔记录仪问世。

1. 概述

无纸、无笔记录仪是一种以 CPU 为核心采用液晶显示、无纸、无笔、无机械传动的记录仪。直接将记录信号转化为数字信号，然后送到随机存储器进行保存，并在大屏幕液晶显示屏上显示出来。记录信号由工业专用微处理器（CPU）进行转化、保存和显示，所以可随意放大、缩小地显示在显示屏上，观察、记录信号状态极为方便。必要时还可以将记录曲线或数据送往打印机打印或送往微型计算机保存和进一步处理，图 3-58 为某种无纸、无笔记录仪的实物图。

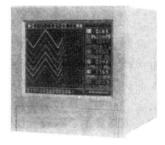

图 3-58 无纸、无笔记录仪实物图

该仪表的输入信号种类较多。它可以与热电偶、热电阻、辐射感温器或其他产生直流电压、直流电流的变送器相配合，对压力、流量、液位、温度等工艺变量进行数字记录和数字显示；可以对输入信号进行组态或编程，并有报警功能。

2. 记录仪的使用

图 3-59 为无纸、无笔记录仪实时单通道液晶显示界面。

（1）实时单通道显示

图中屏幕外围已标明各显示区的功能。

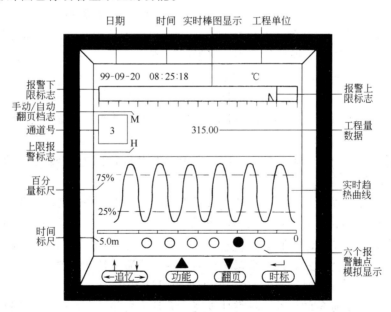

图 3-59 无纸、无笔记录仪显示界面

① 左上角显示日期（年-月-日）和时间（时：分：秒）。

② 右上角显示该通道的工程单位（如℃等）。

③ 第二行是棒图，并含有报警上、下限标志。

④ 各通道数据越限时有报警显示（H 表示上限报警、L 表示下限报警），并显示当前数据的通道号。

⑤ 通道号的右边有手动/自动翻页显示，A 表示自动翻页显示，M 表示手动翻页显示，中间标有工程量数据。

⑥ 用百分量标尺显示实时趋势曲线，并标有时间标尺，右端为 0，表示当前时间，左端为 5.0m，表示 5.0min 前的时间，可显示 5.0min 的实时趋势曲线。

⑦ 屏幕底部六个"○"模拟显示六个报警触点的当前状态，"●"表示该触点处于报警闭合状态，"○"表示该触点处于非报警状态。

⑧ 最后一行为各种按键，上方符号表示组态用按键，下方为显示用按键。每按一次追忆键中的←键，自动翻页/手动翻页就切换一次，显示出相应的 A 或 M，但在实时单通道显示画面内，追忆键→是没有意义的；按功能键，可显示单通道趋势显示、八通道棒图显示、八通道数据显示、双曲线比较显示、双通道追忆显示、双报警追忆显示以及单通道 PID 调节显示；翻页键供手动翻页用来显示实时曲线及棒图；时标键可选择四种时间标尺，分别为 2.5min、5.0min、10min 和 20min。

(2) 组态界面

该记录仪设有组态界面，操作简单方便。只要将表头拉出，将侧面的组态/显示切换插针插入左边两孔内，原数据显示屏即切换为组态显示屏。此时，图 3-59 中符号"↑"、"↓"键用来移动光标，"▲"、"▼"键用来增减数值，时标上方的回车键用来确认某项操作，从而取代了编程。

该记录仪有六种组态方式。

① 时间及通道组态　用于组态（或修改）日期、时钟、记录点数和采样周期。

② 页面及记录间隔组态　用于页面、记录间隔的设置以及背光的打开/关闭设置。

③ 各通道信息组态　各个通道量程的上下限、报警上下限、滤波时间常数以及开方与否的设置等。输入信号的工程单位繁多，可通过组态，选择合适的工程单位。如果想带有 PID 控制模块，可实现 4 个 PID 控制回路。

④ 通信信息组态　用于设备通信地址和通信方式的设置。

⑤ 画面显示选择组态　记录仪共可显示九个画面，可通过组态，选择最需要显示的画面。

⑥ 报警信息组态　每个通道的上上限、上限、下限和下下限报警触点的设置。

(3) 性能特点

① 液晶全动态显示，清晰明了。并具有背光功能，在黑暗中也清晰可见。

② 输入信号多样化，以工业专用微处理器（CPU）为核心，从而实现了高性能、多回路监测，并可随意放大、缩小地进行显示。

③ 无纸、无笔、无墨水、无一切机械传动结构，不需要日常维护。

④ 精度高。实时显示时，±0.2%；曲线及棒图显示时，±0.5%。

⑤ 具有与上位机通信的标准，可靠性较高，而且价格并不比普通记录仪高。

六、测温仪表的选择与安装

1. 测温仪表的选择

首先分析被测对象的特点和状态，再根据仪表的特点及技术性能指标确定类型。

① 被测介质的温度是否需要指示、记录和自动控制；

② 仪表的测温范围、精度、稳定性、变差及灵敏度等；

③ 仪表的防腐性、防爆性及连续使用的期限；
④ 测温元件的体积大小及互换性；
⑤ 被测介质和环境条件对测温元件是否有损害；
⑥ 仪表的反应时间；
⑦ 仪表使用是否方便，安装维护是否容易。

2. 测温元件的安装

① 当测量管道中的介质温度时，应保证测量元件与流体充分接触。因此要求测温元件的感温点应处于管道中流速最大处，且应迎着被测介质流向插入，不得形成顺流，至少应与被测介质流向垂直。

② 应避免因热辐射或测温元件外露部分的热损失而引起的测量误差。因此，一是要保证有足够的插入深度；二是在测温元件外露部分进行保温。

③ 如工艺管道过小，安装测温元件处可接装扩大管。

④ 使用热电偶测量炉温时，应避免测温元件与火焰直接接触，也不宜距离太近或装在炉门旁边。接线盒不应碰到炉壁，以免热电偶冷端温度过高。

⑤ 用热电偶、热电阻测温时，应防止干扰信号的引入。同时应使接线盒的出线孔向下，以防止水汽、灰尘等进入而影响测量。

⑥ 测温元件安装在压力、负压管道或设备中时，必须保证安装孔的密封。

3. 连接导线和补偿导线的安装

① 线路电阻要符合仪表本身的要求，补偿导线的种类及正、负极不要接错。

② 连接导线和补偿导线必须预防机械损伤，应尽量避免高温、潮湿、腐蚀性及爆炸性气体与灰尘，禁止敷设在炉壁、烟囱及热管道上。

③ 为保护连接导线与补偿导线不受机械损伤，并削弱外界电磁场对电子式显示仪表的干扰，导线应加屏蔽，即把连接导线或补偿导线穿入钢管内，且将钢管的一处接地。

④ 补偿导线中间不应有接头，且最好与其他导线分开敷设。

⑤ 配管及穿管工作结束后，必须进行核对与绝缘试验。在进行绝缘试验时，导线必须与仪表断开。

第六节　成分自动检测及仪表

一、分析仪表的基本知识

（一）分析仪表的分类及特点

分析仪表是指用于工业生产中对物质的成分和性质进行自动分析与检测的仪器仪表。如图 3-60 所示。

如果按测量原理分类，成分分析仪表可分为电化学式、热学式、磁学式、光学式、射线式、电子光学及离子光学式、色谱仪八大类。

过程分析仪表（在线）与实验室分析仪器相比，有三个特点：第一，过程分析仪表必须有自动取样和试样预处理系统；第二，过程分析仪表必须是完全自动的；第三，过程分析仪表的精度可以低一些，但长时间的稳定性必须好。

图 3-60 分析仪表

(二) 分析仪表的组成

图 3-61 为分析仪表的组成方框图,一般包括六个部分。

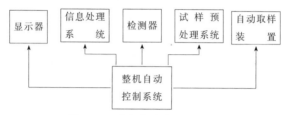

图 3-61 分析仪表的组成框图

1. 自动取样装置

其任务是快速地将待分析试样取到仪表主机处。

2. 试样预处理系统

它的任务是对气体或液体试样进行过滤、稳压、冷却、干燥、定容、稀释、分离等作业,对固体试样进行切割、研磨、粉碎、缩分、加工成型等作业。

3. 检测器

任务是根据某种物理或化学原理把被测的成分信息转换成电信号。

4. 信息处理系统

对检测器给出的微弱电信号进行放大、对数转换、模数转换、数学运算、线性补偿等信息处理工作。

5. 显示器

采用模拟、数字或屏幕显示器显示出被测成分量的数值。

6. 整机自动控制系统

控制各个部分自动而协调地工作;每次测量时进行自动调零、校准;有故障时显示报警或自动处理故障。

以上六个部分是对较大型的分析仪表而言的。并非所有的过程分析仪表都包括这六个部分。比如,有的将检测器直接放入试样中,不需要自动取样和试样预处理系统;但也有的需要相当复杂的自动取样和试样预处理系统。其中信息处理系统、显示器和整机自动控制系统常总称为仪表的电气线路。

二、热导式气体分析器

热导式气体分析器类型较多、应用较广,常用来自动分析混合气体中 SO_2、CO_2、H_2

等多种气体的百分含量。

(一) 基本原理

因为不同的气体具有不同的热传导能力，通常用热导率来描述。对于不发生化学反应的多组分混合气体而言，总的热导率为各组分热导率的平均值。混合气体的热导率随混合物中各组分的百分含量而改变。

热导式气体成分分析器就是根据不同的气体具有不同的热导率，以及混合气体的热导率随所分析气体成分的百分含量而改变这一物理特性而工作的。

利用热导式成分分析器分析混合气体中某组分的百分含量，必须满足下列条件。

① 待测组分的热导率与其他组分的热导率相比，要有显著的差别。差别愈大，则测量愈灵敏。

② 非待测组分的热导率要尽可能相同或十分接近。

③ 混合气体应具有较恒定的温度。因为气体的热导率与温度有关，因此必须保证温度在一定的范围内。

由于热导式气体分析器是通过对混合气体的热导率的测量来分析待测组分含量的，而直接测量气体的热导率又比较困难，因此目前都是将气体中待测组分的变化所引起的总热导率的变化转化为电阻的变化，而电阻值的测量是很容易的。

(二) RD-004 型氢分析器

1. 工作原理

检测气体热导率的是一个用铂丝做工作桥臂和参比桥臂的不平衡电桥，工作原理如图3-62 所示。

参比桥臂室Ⅰ、Ⅱ内充标准气体（纯氢），被测气体流过工作桥臂室Ⅲ、Ⅳ，电桥各桥臂加载稳定电流，加热至一定温度。当被测气体浓度为 $100\%H_2$ 时，各桥臂温度一样，阻值相等，电桥平衡，显示仪表指示 $100\%H_2$。此时如果电桥稍有不平衡，可以调节"零位调节"电位器 RP_3。当被测气体的浓度改变时，气体的热导率也就随之发生变化，因此工作桥臂Ⅲ、Ⅳ的温度及电阻也随之改变，电桥失去平衡而输出一个电信号，显示仪表即指示出相应的气体浓度值。调节"量程调节"电位器 RP_2，可以使电信号符合仪器的测量范围。为了使仪器工作稳定，铂丝电桥由晶体管稳压电源供电，并在 50℃ 恒温条件下工作。

2. 传感器

RD-004 型传感器，就是将上述测量电桥的 4 个桥臂都放置在同一块导热性能良好的桥体材料中，传感器的全部元件装在塑料底座上，上面罩以铸铝钟罩。在桥体上有两组互相对称的气室，一组为参比气室，其中封有 H_2 的标准气样，并在其中悬有铂丝；另一组为测量气室，气室中有气路，构成扩散对流式传感器的结构。

在桥体外面金属管架上，装有加热线圈及温度检测元件，以控制桥体在 50℃（或 60℃）恒温下工作。

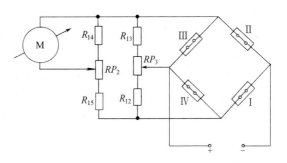

图 3-62 热导式气体分析器电桥原理图

Ⅰ、Ⅱ—电桥参比桥臂；Ⅲ、Ⅳ—电桥工作桥臂；
RP_2—"量程调节"电位器；RP_3—"零点调节"电位器；
M—显示仪表；R_{12}、R_{13}—调零电路限流电阻；
R_{14}、R_{15}—量程调节电路限流电阻

3. 预处理装置

预处理装置用于对取样作稳压、过滤等处理。

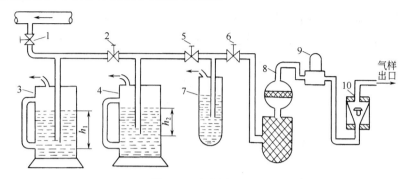

图 3-63 气样流程图

1, 2, 5, 6, 一针形阀; 3, 4—水封稳压器; 7—小型稳压器; 8—过滤干燥器; 9—传感器; 10—转子流量计

如图 3-63 所示, 气样从工艺管道取出, 经针形阀 1 减压。同时为了减少工艺过程中气压的波动对分析的影响, 需要对气样也进行稳压, 稳压采用水封的方法。图中由于采用了 3、4 两级水封稳压, 所以气样压力波动很小。气样进入仪表前再经过一个小稳压器 7, 可使进入传感器的压力更稳定, 另外还有过滤干燥器 8 (内装硅胶) 使气样过滤干燥后进入传感器 9, 再经转子流量计 10, 然后放空。可以通过调节针形阀 6 的开度来控制传感器中气样流量的大小。

三、氧化锆氧分析仪

常用的氧化锆氧分析仪有 ZO-112 型、CY-2D 型等。下面以 ZO-112 型为例来进行介绍。该氧化锆烟气氧分析仪由数字显示转换器和直插式氧化锆检测器组成, 其实物图如图 3-64 所示。

氧化锆检测器可以直接插入烟道内进行测量, 能准确地反映炉内即时氧含量, 及时提供燃烧状况。与自控装置配套使用, 可以有效地控制烟道挡板、油门、风门等, 对提高燃烧热效率有显著的作用。

数字显示转换器是以微处理器为核心的智能化测试仪器, 具有快速核准和自诊断功能。

(一) 工作原理

烧结氧化锆陶瓷是一种固体电解质, 用该固体电解质组成氧浓差电池来测量氧的含量。氧浓差电池在高温下, 是氧离子的良好导体, 由参比半电池和测量半电池所组成。两个半电池中气体的氧分压不同, 在两个电极间产生浓差电动势。氧分子在氧浓度高的阴极上获得电子而成为氧离子, 通过固体电解质到达阳极, 并在阳极释放电子, 又变成氧分子。

氧化锆烟气氧分析仪将氧化锆元件加热到规定的温度 (752℃), 测量气在一边流动。测量气中氧浓度和参比气中氧浓度之比的对数与两电极之间的电动势 E 成正比, 根据 E 的值可以求得被测气体中氧气的浓度。

(二) 系统配置

图 3-65 为 ZO-112 型氧化锆烟气氧含量自动分析仪的系统配置图, 基本上由检测器和转换器两部分所组成。图中的标准气装置用来校准仪表的零点和量程。标准检测器的插入长度为 400mm。如果插入长度超过 400mm, 就必须加装探头接管。

图 3-64 氧化锆氧分析仪实物图

第三章 工业生产过程的变量检测及仪表

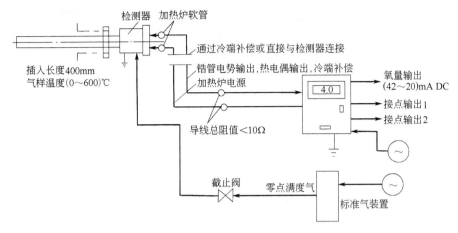

图 3-65 氧化锆氧分析仪的标准系统配置图

四、红外线气体分析器

红外线气体分析器是根据气体对红外线的吸收原理制成的一种物理式分析仪器，能连续测量被测气体中某一组分的含量。

（一）基本原理

红外线是一种波长范围在 $0.76 \sim 420 \mu m$ 之间的电磁波。但在成分分析仪表中主要是利用 $1 \sim 25 \mu m$ 之间的一段光谱。其实由于工业红外线气体分析器主要分析对象的吸收峰值大多在 $2 \sim 10 \mu m$ 之间，因此用作工业上测量的波段范围也只是 $2 \sim 10 \mu m$。

由于各种物质的分子本身都有一个特定的振动和转动频率，只有在红外光谱的频率与分子本身的特定频率一致时，这种分子才能吸收红外光谱辐射能，所以，各种物质的分子对红外线的吸收都具有选择性。不同分子的混合物只能吸收某一波长范围或某几个波长范围的红外辐射能。如：CO 对波长为 $4.65 \mu m$ 附近的红外线吸收能力强，具有最大的吸收。CO_2 对波长为 $2.78 \mu m$ 和 $4.26 \mu m$ 红外线具有最大的吸收。CH_4 的特征吸收波长则为 $3.3 \mu m$ 和 $7.65 \mu m$。这是利用红外线进行成分分析的基础之一。但需要说明的是同种原子构成的具有对称结构又无极性的双原子气体，如 N_2、O_2、Cl_2、H_2 以及各种惰性气体如 He、Ne、Ar 等，它们并不吸收 $1 \sim 25 \mu m$ 波长范围内的红外辐射能，所以红外线分析器不能分析这些气体。

工业红外线气体分析器主要分析对象为 CO、CO_2、NH_3、CH_4、C_2H_2、C_2H_4、C_2H_6 等气体的百分含量。

红外线分析器的工作原理如图 3-66 所示。从红外线光源发出的红外线强度为 I_0，经过有被测组分连续通过的测量气室时，其被测组分就会选择性地吸收其特征波长的辐射能，所以从容器中射出的红外线的强度衰减为 I（设气室壁对红外线无吸收作用）。当光源辐射强度 I_0 和气室长度 L 一定时，红外线被吸收的程度只与组分的浓度有关。且透过光的强度 I 随介质浓度和吸收层厚度的增加而按指数规律衰减。这种非线性关系给仪表的刻度会带来一定的误差。但对于浓度很低或吸收层很薄的介质，可近似认为是线性吸收规律。

所以，一般的红外线气体分析器为了保证仪表的

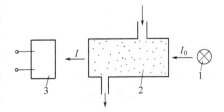

图 3-66 红外线分析器原理图
1—红外光源；2—测量室；3—检测器

读数与浓度之间成线性关系,当被测气体的浓度 c 较大时,就选用比较短的测量室;当待测气体浓度较小时(如微量分析),则选用较长的测量室。

(二)使用注意事项

① 面板上装有"温度调节"电位器,用来调节发送器的恒温控制温度,仪器出厂时恒定调节在40℃,无特殊情况,不应变动。

② 干燥器中的氯化钙吸水后要生成糊状块疤,有可能堵塞干燥器进口,可在干燥器的进口处加塞棉花,以防堵塞。

③ 用红外线分析器测量 CO_2 时,若样气中含有少量氨气,二者发生作用会生成碳酸氢铵而堵塞取样管道,可用蒸汽将取样管加热保温,并用硫酸溶液去掉氨气,就可消除堵塞。

④ 用红外线分析器测量氮肥厂精炼气中微量 CO、CO_2 时,因有游离碘存在,应注意用硫脲吸净,以防带进和污染工作室,使仪器指针发生漂移。

(三)特点

① 精度高,一般在2.5级左右,有的可达1.0级,能满足工业生产中的控制要求;

② 灵敏度高,不仅可以分析气体上限浓度为100%的样品,还可进行微量分析和痕量分析;

③ 有良好的选择性,对背景气成分要求不严。

所以在工业生产中得到了广泛应用。其实物如图3-67所示。

五、工业气相色谱仪

(一)色谱分析的基本原理

色谱分析属于物理化学的分析方法。其特点是使被分析的混合物通过色谱柱将各组分进行分离,并通过适当的检测器进行测定。在一根内径约1~6mm的金属或玻璃管内充填有某种填料,这些填料对一些特定的混合物具有分离效能,这种管子就被称为色谱柱。

图3-67 红外线气体分析器实物图

色谱柱中的填料称为固定相。通过固定相而流动的流体称为流动相。固定相可以是具有一定活性表面的固体,也可以是高沸点的液体;流动相既可以用气体,也可用液体。根据所选用流动相和固定相的不同,色谱法可以分为气-液色谱,气-固色谱,液-液色谱和液-固色谱等。使流动相从固定相的间隙中通过,并将流动相中所含的混合组分分离的方法,总称为色谱分析法。流动相为气体的色谱分析法称为气相色谱法。由于气体的控制和操作比较方便,其组分也比较容易检测,因此气相色谱发展很快,应用很广。

1. 色谱柱分离原理

气相色谱柱有两种:一种叫分配色谱法,是利用被分离组分在固定相中溶解度的差异而工作的;另一种叫吸附色谱法,是利用被分离组分在固定相中的吸附效果不同而工作的。

以分配色谱法为例,如果某组分在柱中流动时,部分溶解于固定相液体中,使得这种组分在液体固定相和气态流动相中的浓度有一个固定的比例。该组分在柱中反复进行溶解和挥发,而后全部返回气相中,即组分在柱中具有可逆性的溶解与挥发特性。

在气液色谱中所要取的分析样品量很小,分析组分在气相中的浓度与固定液中的浓度接近线性关系。样品能在瞬时完成溶解过程,则当样品由载气携带进入色谱柱后,样品中的一部分就溶解在固定液中，留下的一部分继续随载气移动。样品中各组分的溶解度不同决定了它们在色谱柱中移动速度的不同。完全不溶的组分随载气一起移动，溶解度小的被固定液滞留的短一些，溶解度大的滞留时间长一些，从而达到了分离的目的。

2. 色谱图

因为色谱分析仪的基本功能首先是将混合样品中的各组分进行分离。样品经色谱柱分离后，由检测器把各组分的浓度转换成电信号，然后传送给电子记录仪记录。由记录仪描绘出的信号随时间变化的曲线叫做色谱图，也叫色谱流出曲线，如图 3-68 所示。

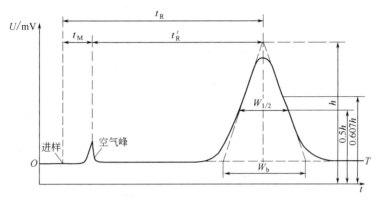

图 3-68　色谱图

色谱图是研究色谱过程，进行定性定量分析的依据。图中横坐标代表时间，纵坐标代表信号的大小（mV）。

色谱图中基本参数的符号及意义。

① 基线　当色谱仪启动后，如果没有样品注入，经过检测器的只是纯净的载气，此时记录仪仍有一定的输出，则为基线。稳定的基线是一条直线。即图中的 OT 线。

② 色谱峰　待测组分通过检测器时，检测器输出的信号随待测组分的浓度或质量而改变，此时所得到的信号-时间曲线，称为色谱峰，一般简称峰。每种被分离的组分都有一个色谱峰。理想峰是对称而均匀分布的。

③ 峰高（h）　即峰顶到基线的距离。峰高与进入检测器的待测组分的量（浓度或质量）成正比。

④ 峰宽（W_b）　从峰两侧的拐点（$0.607h$）处作切线，交峰下面基线延长线的截距。

⑤ 半峰宽（$W_{1/2}$）　即峰高一半处峰的宽度。

峰宽和半峰宽是样品性质和色谱柱效率的反映，分析时越窄越好。

⑥ 保留值　保留值是分析色谱特性的依据，是描述样品组分在色谱柱中保留特性的参数。

- 死时间（t_M）　不与固定相液体发生作用的气体通过色谱柱时所需的时间。
- 保留时间（t_R）　从进样开始到峰最大值出现时所经过的时间。
- 调整保留时间（t_R'）　即保留时间与死时间的差值。

3. 检测器

检测器是工业色谱仪的主要组件之一，其任务是检测从色谱柱中流出的组分，并将组分的浓度或量的变化转变成相应的电信号，以便于测量和记录。检测器的种类很多，达几十种，但在工业色谱仪中应用的主要有热导式（浓度型）和氢火焰离子化（质量型）检测器。

热导式检测器是应用最广的一种检测器。其结构简单、性能稳定、操作方便，对无机、有机样品都有响应，而且不破坏样品。

（二）色谱仪的运行

在"设定"方式中将确定的变量全部写入后，即可投入"自动"运行方式。但如果仪器的变量未设定或未设定完全，则无法切入自动工作方式。

为了保证仪器长期稳定的运行，应注意以下问题。

1. 样品的预处理

生产工艺现场的样品情况复杂，其温度、压力、物理状态、杂质含量、水分含量多变，一般均不能满足工业色谱仪对样品的要求。因此工业样品一般均需经过预处理，如图 3-69 所示。不经预处理的工业样品往往会对仪器造成伤害，影响其长期正常运行。

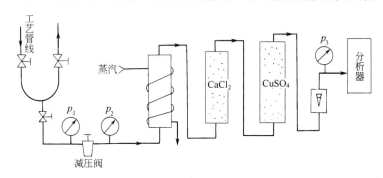

图 3-69　预处理系统示意图

2. 载气的纯度

载气是工业气相色谱仪运行时必不可少的气体，它的纯度对测量影响很大。载气中的水分以及其他杂质的含量会破坏正常的分析，严重时会使色谱柱失效。用于热导检测器的载气应有 99.95% 的纯度。

本 章 小 结

本章主要介绍工业生产过程中五大变量的检测方法及检测仪表。

① 测量误差有三种分类方法。按表示方法不同可分为绝对误差、引用误差；按误差出现的规律可分为系统误差、过失误差、随机误差；按测试条件不同可分为基本误差、附加误差。

② 仪表的性能指标有精确度、变差、灵敏度等。精确度是衡量仪表准确程度的指标，是一系列的标称值。选择仪表的精度等级时，可根据工艺允许的绝对误差和仪表量程来计算，并将计算结果按照等级向高靠；而根据校验结果来确定仪表的精度等级时，将计算结果按照等级向低靠。一般要求仪表的最大引用误差和仪表的变差都要小于仪表的允许误差，而仪表的允许误差还要小于工艺允许误差。

③ 压力检测仪表按测量原理不同可有液柱式、弹性式、活塞式、电气式几大类。其中弹簧管压力表主要用于现场就地指示压力，选用时要考虑被测压力的大小以及被测介质的性质；力矩平衡式、电容式、智能型等压力变送器都属于能将压力检测出来并远传到控制室的仪表。

第三章　工业生产过程的变量检测及仪表

④ 液位、料位、界位统称为物位。根据测量原理不同，物位测量仪表可分为直读式、差压式、浮力式和电容式、超声波式、光学式等物位计。由于液位与差压的对应关系，使得所有压力、压差仪表，只要量程合适，都可用来测量液位。但差压式液位计在使用时，要考虑零点迁移问题。浮力式中的沉筒式液位计应用非常广泛，而电容式、超声波式、光学式物位计都属于较先进的仪表，应用也越来越广。

⑤ 流量有瞬时流量与总量之分。根据测量原理不同，流量检测仪表可分为差压式、速度式、容积式等。差压式流量计多用孔板将流量转换成差压信号，然后用差压计或差压变送器实现压差检测；转子流量计多用于现场的流量指示，配以信号转换变送器，也可实现信号远传；椭圆齿轮流量计适用于精度高的油类流量的计量，表中不能进杂质；电磁流量计是根据电磁感应定律进行工作的，因此要注意被测介质为导电液体，并注意对电磁干扰的防护、屏蔽；涡轮流量计用来测量封闭管道中低黏度流体的体积流量或总量，还适合测量低温介质和各种腐蚀性及放射性介质；涡街流量计是利用有规则的漩涡剥离现象来测量流体流量的仪表。

⑥ 温度检测仪表按工作原理可分为膨胀式、热电偶、热电阻、压力式、辐射和光学等温度计。膨胀式温度计可指示现场温度；热电偶温度计是利用热电效应原理进行工作的，它存在着冷端温度补偿问题；热电阻温度计将被测温度转换成阻值的变化来实现温度测量的，热电阻温度计的使用一定要考虑三线制连接；温度变送器分为热电偶温变、热电阻温变和直流毫伏变送器三个品种；显示仪表有模拟、数字、图像几种显示方式，ER180系列为模拟显示仪表；数字式显示仪表优点很多，应用广泛；无纸记录仪为图像显示仪表。

⑦ 成分分析仪表用来检测物质的成分。热导式气体成分分析器常用来自动分析混合气体中SO_2、CO_2、H_2等多种气体的百分含量；氧化锆氧量分析仪是利用烧结氧化锆陶瓷这种固体电解质组成氧浓差电池来测量氧的含量；红外线气体分析器可以测量除N_2、O_2、Cl_2、H_2等具有对称结构又无极性的双原子气体以及He、Ne、Ar等各种惰性气体以外的各种气体的成分；色谱分析属于物理化学的分析方法，主要分析对象为CO、CO_2、NH_3、CH_4、C_2H_2、C_2H_4、C_2H_6等气体的百分含量。

习题与思考题

3-1　测量误差有哪几种分类方法？

3-2　工业检测仪表如何进行分类？

3-3　检测仪表的品质指标有哪些？分别表示什么意义？

3-4　某压力表的测压范围为0～4MPa，精确度等级为1级，如果用标准压力表来校验该压力表，当被校表读数为2MPa时，标准表读数为2.03MPa，试问被校压力表在这一点是否符合1级精度？并说明理由。

3-5　一台自动平衡式温度计的精度等级为0.5级，测量范围为0～500℃，经校验发现最大绝对误差为4℃，问该表是否合格？应定为几级？

3-6　某反应器的工作压力为15MPa，要求测量误差不超过±0.5MPa，现选用一只2.5级，0～25MPa的压力表进行压力测量，是否能满足工艺上对误差的要求？如不满足，应选用几级的压力表？

3-7　检测压力的仪表分为哪几类？分别依据什么原理工作？

3-8　电容式差压变送器、3051系列差压变送器，EJA系列差压变送器的供电电源各多大？统一标准信号多大？为几线制连接？为何种防爆仪表？该表的作用是什么？零点、量程调整的含义是什么？

3-9　如何用差压变送器来测量压力？

3-10 试根据下列要求选择一只压力表。
① 测量 15MPa 氨气压力,工艺要求测量误差不超过 ±0.05MPa。
② 所测压力较为平稳,要求就地显示。

3-11 压力表安装时应注意哪些问题?

3-12 物位检测仪表包括哪些类型?分别根据什么原理工作?

3-13 用差压变送器测量液位,在什么情况下会出现零点迁移问题?何为"正迁移"?何为"负迁移"?零点迁移的实质是什么?

3-14 用差压变送器测量某容器内的液位,如图 3-70 所示。已知被测介质密度 $\rho_1 = 0.83\text{g/cm}^3$;隔离液密度 $\rho_2 = 0.96\text{g/cm}^3$;最高液位 $H_{max} = 2000\text{mm}$;$h_1 = 1000\text{mm}$;$h_2 = 4000\text{mm}$。
问:① 差压变送器的零点出现正迁移还是负迁移?迁移量是多少?
② 零点迁移后,测量的上、下限值分别是多少?

3-15 用差压变送器测量某高温液体(其蒸汽在常温下会冷凝)的液位,如图 3-71 所示。负压管上装有冷凝罐。
问:有无零点迁移?正迁移还是负迁移?迁移量是多大?

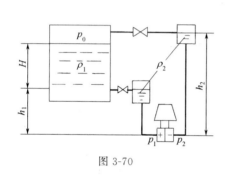

图 3-70

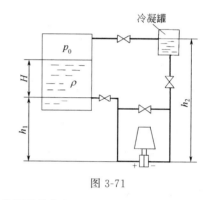

图 3-71

3-16 浮力式液位计包括哪几种?沉筒式液位计检测部分的工作原理是什么?

3-17 电容式、超声波式和光学式物位计分别依据什么原理工作?

3-18 常用的流量检测仪表有哪几种类型?

3-19 差压式流量计由哪几部分所组成?常用的节流元件有哪几种?简述差压式流量计的工作原理。

3-20 差压式流量计安装时应注意什么问题?

3-21 转子流量计依据什么原理工作?

3-22 容积式流量计有哪几种?简述椭圆齿轮流量计的工作原理,其特点是什么?

3-23 电磁流量计、涡轮流量计和涡街流量计分别依据什么原理工作?

3-24 温度检测仪表分为哪几类?各有哪些主要特点?

3-25 热电偶测温系统由哪几部分所组成?各起什么作用?简述热电偶的测温原理。

3-26 常用的热电偶有哪几种类型?与之配套的补偿导线是什么材料的?补偿导线起什么作用?使用补偿导线时要注意什么问题?

3-27 什么叫热电偶冷端温度补偿?常用的补偿方法有哪几种?

3-28 用镍铬-镍硅热电偶测量炉温时,如果冷端温度为 20℃,测得的热电势为 35.869mV,求被测炉温是多少度?

3-29 用镍铬-康铜热电偶测温时,如果冷端温度为 0℃,测得的热电势为 37.808mV,问被测温度是多少度?当参比端温度为 30℃时,如果测得热电势仍然为 37.808mV,求被测温度为多少度?

3-30 热电阻测温系统由哪几部分所组成?热电阻测温的工作原理是什么?常用的热电阻有哪几种?

3-31 温度变送器起什么作用?用温度变送器如何构成温度检测系统?

3-32 显示仪表的显示方式有哪几种?

第三章　工业生产过程的变量检测及仪表

3-33　ER180 系列仪表可对哪些变量进行显示记录？通常有哪几个型号？各是几笔几点记录？
3-34　为什么热电阻与各类显示仪表配套时都要采用三线制接法？
3-35　数字式显示仪表可接受哪些信号？以何方式进行显示？
3-36　无纸、无笔记录仪具有什么特点？其输入信号有哪几种？可以显示、记录哪些工艺变量？
3-37　简述热导式气体分析器的基本原理。
3-38　氧化锆为什么能测量氧的含量？氧化锆氧分析仪的主要用途是什么？
3-39　简述红外线气体分析器的基本原理。它不适合于分析什么气体？为什么？

第四章　过程控制仪表

> **>>> 学习目标**
>
> 掌握模拟控制器、数字控制器的外特性及使用方法；掌握执行器的结构、工作原理及特性，学会选择阀的开关形式；了解电/气转换器、电/气阀门定位器的作用；了解变频调速器的基本知识。
>
> 过程控制仪表是实现过程控制的工具。其种类有很多，这里主要学习其中的电动单元组合仪表。绪论中提到，单元组合仪表共有八大单元，其中变送单元在第三章已经学习过了，本章将着重介绍控制单元（即控制器，有些具体的控制器可延续过去的叫法，称作调节器）以及执行单元（执行器）。

第一节　电动模拟控制器

一、概述

根据内部处理信号的方式不同，控制器可以分为模拟式和数字式。模拟控制器由于所用能源不同又可分为气动和电动两种。电动控制器从发展的历程上看又历经了基地式和单元组合式。其中单元组合式也经历了从 DDZ-Ⅰ型到 DDZ-Ⅱ型发展到 DDZ-Ⅲ型的过程。目前 DDZ-Ⅲ型以及同档次的其他系列的控制器仍广泛应用于中、小企业及大企业的部分装置中。因此本节主要介绍 DDZ-Ⅲ型控制器。

DDZ-Ⅲ型控制器以线性集成电路为核心部件，其性能好、功能全，易于组成各种变型的特种控制器，如间歇控制器、自选控制器、前馈控制器、非线性控制器等。也易于在基型控制器的基础上附加某些单元，如输入报警、偏差报警、输出限幅等。同时，也成功地解决了与计算机的联用问题，可以实现 DDC 直接数字控制和 SPC 计算机设定值控制。总之，DDZ-Ⅲ控制器达到了模拟控制器较完善的程度。

DDZ-Ⅲ控制器虽然品种规格繁多，但都是在基型控制器的基础上发展起来的。而基型控制器又有全刻度指示和偏差指示两种，二者只是在指示电路有差异。这里以全刻度指示控制器为例来介绍。

DDZ-Ⅲ型控制器是 DDZ-Ⅲ型单元组合仪表中的核心单元。它共涉及四个信号，即来自于变送器（经 250Ω 电阻转换）的 1～5V DC 的测量信号；送给执行器的 4～20mA DC 输出电流信号；1～5V DC 的内设定信号；4～20mA DC 的外设定信号。

DDZ-Ⅲ型控制器有四种工作状态，分别是：自动（A）、软手动（M）、硬手动（H）和保持状态（R）。系统开、停车或进行事故处理时多为手动状态（两种手动配合使用），正常工作时，控制器应处于自动状态。各种状态之间可实现无扰动切换。

二、DDZ-Ⅲ型基型控制器的结构原理

图 4-1 为 DDZ-Ⅲ型基型控制器的电路结构方框图。

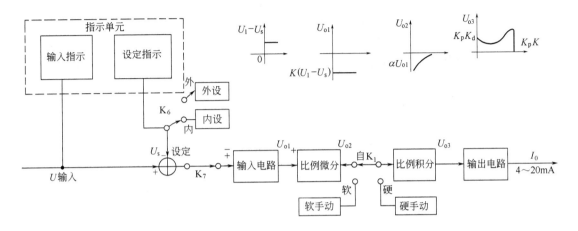

图 4-1　DDZ-Ⅲ型基型控制器电路结构框图

由图可见，基型控制器由控制单元和指示单元两部分组成。其中控制单元包括输入电路、比例微分电路、比例积分电路、输出电路、软手动和硬手动电路。而指示单元包括输入信号指示电路和设定信号指示电路。

图中 K_6 为内/外设定切换开关，在仪表的侧面板上；K_7 为正/反作用选择开关，也在仪表的侧面板上。所有的控制器都有正反作用之分，正作用时，控制器的输出随输入信号的增加而增加，反之亦然，以适应控制系统的要求；K_1 为自动/软手动/硬手动切换开关（K_2 与之联动，在图中没有反映出来）。

输入电路主要是实现测量值与设定值的偏差运算。当 K_6 置于"内"时，实现的是测量值与内设定的偏差运算；当 K_6 置于"外"时，实现的是测量值与外设定的偏差运算。

输出电路的作用是将经 PID 运算后的电压值转换为 4～20mA DC 的电流。

输入信号和设定信号都经过各自的指示电路，由双针指示表分别指示。

三、DDZ-Ⅲ型控制器的外部结构

1. 面板结构

图 4-2(a) 所示是 DDZ-Ⅲ型全刻度指示控制器（DTL-3100 型）的正面板图。图中

1——自动/软手动/硬手动切换开关 K_1（K_2）。用来实现几种工作状态间的无扰动切换。

2——双针垂直指示表。为 100mm 长双针全刻度指示的大表头。百分刻度，指示醒目。其中红针用来指示测量值，黑针指示设定值。二者的差值（输入偏差）也可以方便地读出。

3——内设定拨轮。当 K_6 选择内设定时，可拨动面板上的内设定拨轮来调整设定值，并由大表头上的黑针指示出来；设定值也可由外部进行设定，此时，外设定指示灯 7 亮。

4——输出指针。用于指示与控制器输出相对应的阀位（%）。

5——硬手动操作杆。当处于"硬手动"位置时，拨动硬手动操作杆，控制器的输出按比例方式迅速达到操作杆指示的数值。

6——软手动操作键（K_4）。当 K_1 处于"软手动"位置时，按软手动操作键可使控制器的输出呈积分式增加或减少，"软手动"操作还分为快速增加、快速减小、慢速增加和慢速减小几种方式。

当 K_1 处于"软手动"位置而又没有按动软手动操作键时，控制器为"保持"状态，即控制器的输出将长时间保持不变。它为实现"无平衡无扰动切换"创造了条件。

所谓无扰动切换是指进行状态切换的瞬间，控制器的输出不变，即控制阀的开度不突变，不会对生产过程产生扰动的切换。工艺生产要求所有的状态切换都应该是无扰动切换。为实现无扰动切换有的需要先调整再切换，即有平衡无扰动切换。而有的由于仪表自身结构的优势，无需调整就可实现无扰动切换，即无平衡无扰动切换。

8——阀位指示器。控制器面板的下部安有输出（也是阀位）指示表头，上面除了有输出指针外，还有表示阀门安全开度的输出记忆指针 9，X 表示关，S 表示开。

10——位号牌。用于标明该控制器的仪表位号。

11——输入检查插孔，供便携式手操器或数字电压表检查输入信号用。当控制器发生故障需要检修时，可将控制器从壳体中卸下，代之以便携式手操器，只要将手操器的输出插头插入控制器下部的手动输出插孔 12，就可代替控制器进行手动操作。

2. 控制器侧面板结构

控制器的侧面板结构如图 4-2(b) 所示。其中

13——比例度、积分时间和微分时间设定盘，用以设定 P、I、D 的数值。

14——积分时间切换开关 K_3，有×1、×10 两挡，积分时间设定盘上的读数乘以相应的 1 或 10，就是积分时间。当开关处于×10 的位置，且积分时间设定盘置最大，就认为是切除了积分作用。

15——正/反作用选择开关 K_7，用以改变输出随输入变化的方向。

16——内/外设定切换开关 K_6，用以选择内设定或外设定信号。

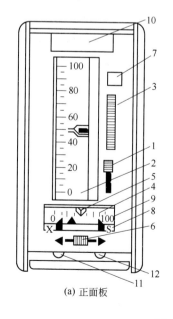

(a) 正面板

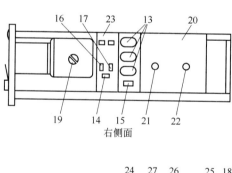

右侧面

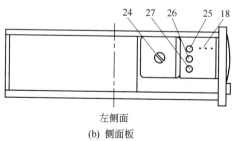

左侧面

(b) 侧面板

图 4-2　DTL-3100 型控制器外形图

17——测量/校验切换开关 K_5,当处于"测量"位置时,面板双针指示表头上的两个针分别指示实际的输入和设定信号,全行程按 0~100% 刻度;当处于"校验"位置时,用来标定两个指示针是否准确,双针应同时指示在 50% 的位置。否则应进行相应的调整。

18——指示单元。包括指示电路和内设定电路。

19——设定指针调零。用以调整设定指针的机械零点。

20——控制单元。包括输入电路、PID 运算电路和输出电路。

21——2% 跟踪调整。当比例度为 2% 时,调整闭环跟踪精度。

22——500% 跟踪调整。当比例度为 500% 时,调整闭环跟踪精度。

23——辅助单元。包括硬手动操作电路和各种切换开关。

24——输入指针调零。调整输入指针的机械零点。

25——输入指针量程调整。调整输入指示的量程。

26——设定指针量程调整。调整设定指示的量程。

27——标定电压调整。"标定"校验时,调整指示电路的输入信号。

3. 表尾结构

DTL-3100 调节器的表尾共有 15 个端子,各端子的意义如下:

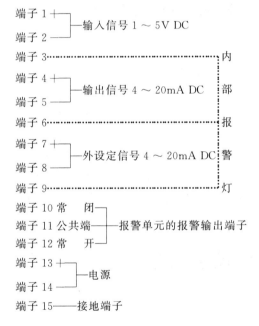

四、DDZ-Ⅲ型控制器的使用

1. 通电准备

① 检查电源端子接线极性是否正确。

② 根据工艺要求确定正/反作用开关的位置。

③ 按照控制阀的特性放好阀位指示器的方向。

2. 用手动操作启动

① 用软手动操作 把自动/手动切换开关拨到软手动位置,用内设定轮调整设定信号,用软手动操作键调整控制器的输出信号,使输入信号尽可能靠近设定值。

② 用硬手动操作　把自动/手动切换开关拨到硬手动位置，用内设定轮调整设定信号，用硬手动操作杆调整控制器的输出信号，使输入信号尽可能靠近设定值。

3. 由手动切换到自动

用手动操作使输入信号接近设定值，待工艺过程稳定后把自动/手动切换开关拨到自动位置。在切换前，首先确定控制规律。对于 PID 三作用的控制器，将 K_3 置 ×10 挡，T_i 置最大，即可切除积分作用；若将 T_d 置"断"，即可切除微分作用。控制规律确定后，即可设置 P、I、D 参数值。

DDZ-Ⅲ型控制器具有无扰动切换特性，且由手动到自动的切换，不需要平衡，可直接切换。

4. 自动控制

自动控制时，生产为正常工作状态，不需要人的过多参与，操作人员只需定期观察控制效果即可。

5. 由自动切换到手动

当生产或控制系统出现故障，或者生产检修，需要停车时，都要将控制器由"自动"切向"手动"，因"手动"有两种方式，所以切换也有两种情况。

① 由自动切换到软手动，可以直接切换。

② 由自动切换到硬手动，需先调整硬手动操作杆使之与自动输出相等（先平衡），然后再切换。

即 DDZ-Ⅲ型控制器可以实现自动、软手动、硬手动几种状态之间的无扰动切换，其中只有切向硬手动时需要先平衡，其余均为无平衡无扰动切换。

6. 内设定与外设定的切换

① 由外设定切换到内设定　为了进行无扰动切换，先将 K_1 开关切换到软手动位置，然后再将 K_6 由外设定切换到内设定，并调整内设定值，使其等于外设定的数值，再把 K_1 开关拨到自动位置（有平衡无扰动切换）。

② 由内设定切换到外设定　先把 K_1 开关拨到软手动位置，然后由内设定切换到外设定，调整外设定信号使其和内设定指示值相等，再把 K_1 开关切换到自动位置（有平衡无扰动切换）。

第二节　数字式控制器

一、概述

控制器有模拟式与数字式之分。

模拟式控制器主要以集成电路等电子元器件为核心元件，仪表内、外均以标准的模拟信号（如 4～20mA DC）进行传输。模拟控制器主要用于实现 PID 控制，通常每台模拟控制器只能实现一个回路的 PID 控制，功能单一。

数字式控制器主要采用数字技术，以微处理器为核心部件，实现仪表和微处理器一体化，一台控制器可有两个（或更多）PID 控制模块，且具有运算功能，可实现复杂控制，使运算和控制功能更加丰富，可靠性高、通用性强、具有通信功能、便于系统扩展、使用和维护方便。

数字式控制器又有单回路和多回路之分。本节以应用较为广泛的国产的 C3000 多回路数字式控制器为例，着重对数字式控制器的外特性作以简单介绍。

二、C3000 数字过程控制器

C3000 是一种采用 32 位微处理器和 5.6 英寸 TFT 彩色液晶显示屏的可编程多回路控制器。其外形如图 4-3 所示。

C3000 过程控制器主要有控制、记录、分析等功能。可通过串口和 CF 卡实现与上位机的数据交换。内部有 3 个程序控制模块、4 个单回路 PID 控制模块、6 个 ON/OFF 控制模块，可实现串级、分程、三冲量、比值控制及用户定制等多种复杂的控制方案。其结构示意图如图 4-4 所示。

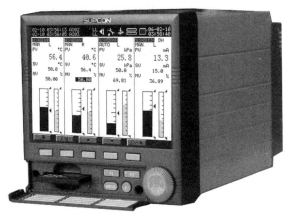

图 4-3　C3000 过程控制器外形图

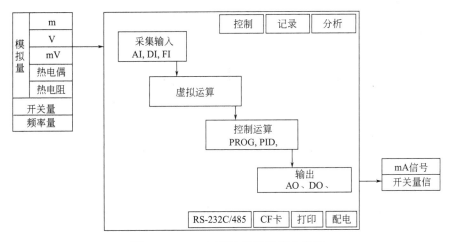

图 4-4　C3000 过程控制器原理示意图

C3000 过程控制器前方面板防护等级符合 IP54 的要求，适用于冶金、石油、化工、建材、造纸、食品、制药、热处理和水处理等各种工业现场。

（一）功能概述

（1）输入输出

C3000 过程控制器最多可测量 8 路模拟量输入 AI，2 路开关量输入 DI/频率量输入 FI（DI 与 FI 的个数和为 2）。最小采样周期是 0.125s，当处于最小采样周期时，最多可配置 2 路模拟量输入通道。

最多支持 4 路模拟量输出 AO(0.00~20.00mA)、12 路开关量输出 DO、2 路时间比例输出 PWM。各种输出都支持表达式运算功能。

（2）控制功能

通过 3 个程序控制模块、4 个单回路 PID 控制模块，6 个 ON/OFF 控制模块与内部运算通道相配合，可实现单回路、串级、分程、比值、三冲量和批量控制等方案。

C3000 过程控制器提供了参数自整定功能，采用基于继电反馈的参数自整定方法，通过自整定可为缺少经验的使用者提供参数 P、I、D 的初始值。

（3）记录功能

C3000 过程控制器内置 32MB 的 NAND Flash 存储器，可对数据、控制器信息、报表信息进行实时记录，同时具有组态备份功能。

（4）分析功能

C3000 过程控制器通过丰富的数学、逻辑、统计等功能函数和流量补偿模型对生产数据进行统计和分析，得到实时的生产运行状况。

（5）运算功能

使用表达式功能，可将输入信号、控制信号、输出信号自由连接，以完成各种复杂的功能。

（6）通信功能

C3000 过程控制器具有串口通信功能。串口支持 RS-232C/RS-485 两种通信方式，支持 R-Bus 和 Modbus 通信协议。

（7）打印功能

C3000 过程控制器支持打印功能，可打印历史数据、历史曲线和累积通道生成的各种报表。

（8）CF 卡功能

C3000 过程控制器最大支持 512MB 工业级 CF 卡存储器。历史数据、组态数据、信息列表、报表信息和监控画面（实时拷贝方式以 bmp 文件格式）均可通过 CF 卡转存以备用。

（9）配电功能

C3000 过程控制器可提供 1 路配电输出，输出电压为 24V DC，最大输出电流为 100mA。

（二）操作面板

C3000 过程控制器的面板各部件分布如图 4-5 所示。

（1）面板部件

C3000 面板部件功能如表 4-1 所示。

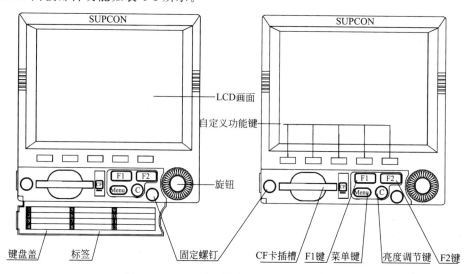

图 4-5　C3000 过程控制器面板部件分布图

第四章 过程控制仪表

表 4-1 C3000 面板部件功能

面板部件内容		功能
LCD 画面		显示监控、组态等各个画面
标签		由用户记录通道信息
键盘盖		用于防尘、防误操作。组态设置时请先将键盘盖面打开
CF 卡插槽		通过 CF 卡操作实现外部数据扩展
旋钮	左旋	光标上移或者左移,以逆时针模式选中各项
	右旋	光标下移或者右移,以顺时针模式选中各项
	单击	页面切换或确认功能
	长按	组态菜单项出现"＊"时,长按进入下一级菜单;在监控画面中长按弹出导航菜单
非自定义功能键	菜单键 MENU	在任意监控画面中,单击此键,即进入组态主菜单画面
	F1 键 F1	在通道组态中,单击此键复制通道组态内容;在监控画面中,单击此键拷贝屏幕图像到 CF 卡中
	F2 键 F2	在通道组态中,单击此键粘贴通道组态内容;在监控画面中,若有修改常数的组态,单击此键弹出修改常数的画面
	亮度调节键 C	在任何画面中,单击此键可调节液晶屏的亮度,液晶屏的亮度显示有 4 个等级,可循环变化

说明:在通道组态中,欲拷贝组态内容时, F1 和 F2 键需配合使用。

(2) 自定义功能键

C3000 过程控制器有 5 个自定义功能键,根据各个画面底部的提示,实现相应的功能。其中,某些自定义功能键和旋钮一样,有单击和长按的区别,如表 4-2 所示。

表 4-2 自定义功能键单击、长按时间

类别		有效时间范围
单击		约(0.2～0.3)s
长按	约(1.4～1.5)s	旋钮
	约(0.3～0.4)s	增减键
	约(0.4～0.5)s	其他键

(三) 权限设置

C3000 过程控制器的操作用户按权限分为四个等级:操作员 1、操作员 2、工程师 1、工程师 2。其中"工程师 2"拥有最高权限,可决定操作员 1、操作员 2 和工程师 1 的权限并设置其登录密码。

(1) 用户级别及权限设置

各级用户的权限如表 4-3 所示。

表 4-3 中"待定"是指操作员 1、操作员 2 和工程师 1 对此功能的权限由工程师 2 决定。

(2) 用户登录

用户登录步骤如表 4-4 所示。

表 4-3 各级用户权限表

权限选项 \ 用户	操作员 1	操作员 2	工程师 1	工程师 2
登录组态	√	√	√	√
权限设置	×	×	×	√
历史记录	×	×	×	√
程序模式总数	×	×	×	√
进入组态	待定	待定	待定	√
启用组态	待定	待定	待定	√
CF 卡操作	待定	待定	待定	√
组态备份	待定	待定	待定	√
恢复出厂	待定	待定	待定	√
调整画面	待定	待定	待定	√
本表操作	待定	待定	待定	√
打印输出	待定	待定	待定	√

表 4-4 各级用户权限表

操作步骤	操作内容
1	在任何监控画面下,单击 MENU 进入登录画面
2	旋转旋钮或单击 和 选择登录者对应的用户级别
3	输入与用户级别相对应的 6 位登录密码,并单击旋钮确认
4	焦点框旋至 处,单击旋钮登录组态菜单

登录画面如图 4-6 所示。

若用户级别和密码对应,则登录成功,进入组态菜单;反之,则提示重新输入密码。系统默认用户为"操作员 1",各用户初始密码为"000000"。

(四) 监控画面

C3000 过程控制器有 11 幅基本的实时监控画面,依次为【总貌】、【数显】、【棒图】、【实时】、【历史】、【信息】、【累积】、【控制】、【调整】、【程序】和【ON/OFF】画面。画面的显示状态如"显示方向"、"线条粗细"等可根据实际使用情况在【画面组态】中进行设置。

(1) 画面综述

监控画面的上方状态栏显示控制器当前的头信息,中间主体画面显示相关的监控内容,下方显示自定义功能键(可消隐/显示)以及当前页码。如图 4-7 所示。

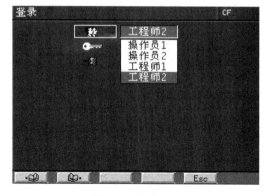

图 4-6 登录画面

第四章 过程控制仪表

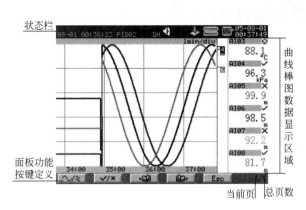

图 4-7 监控画面

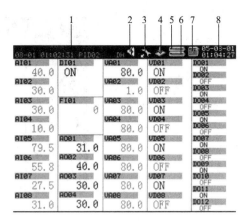

图 4-8 监控画面头信息说明

所有监控画面的状态栏显示的头信息均相同,如图 4-8 所示。

信息头具体含义如表 4-5 所示。

表 4-5 信息头具体含义

标号	信息内容	含　　　义
1	报警信息显示	显示报警库中最新两条报警信息及其状态: 红色——报警信息 绿色——消警信息
2	报警状态标志	表示通道有报警状态,直到所有报警消除后此图标隐藏
3	故障信息标志	表示有未查看过的故障信息出现,浏览故障信息画面后此标志隐藏
4	工作状态标志	当图标上绿色箭头闪动时,表示 NAND Flash 处于工作状态,静止表示停止记录数据或 CF 卡正在拷贝画面
5	内存状态标志	上部表示记录数据: 绿色——正常 红色——表示未转存的历史数据的个数已大于最大记录数据个数的 90%,提醒用户及时转存数据,以免丢失
6		下部表示记录块: 绿色——正常 红色——表示未转存的记录块的个数已大于最大记录块个数的 90%,提醒用户及时转存数据,以免丢失
7	运行标志	显示控制器运行状态: 绿色曲线——正常 红色曲线(持续)——表示表达式功能过量使用
8		显示系统时间

(2) 画面选择

① 在任意组态画面:单击 Esc 键,直至返回监控画面。

② 在任意监控画面:

- 单击旋钮可按照【总貌】、【数显】、【棒图】、【实时】、【历史】、【信息】、【累积】、【控制】、【程序】、【ON/OFF】次序循环切换各监控画面,【调整】画面不在此循环中。

- 在任意监控画面,长按旋钮弹出导航菜单,单击对应项即可进入对应的监控画面,

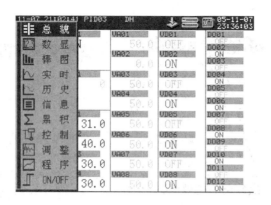

图 4-9 监控画面

如图 4-9 所示。

(3) 总貌画面

总貌画面显示当前所有通道的运行状况，显示其实时数值或者状态，包括模拟量输入 AI、开关量输入 DI、频率量输入 FI、模拟量输出 AO、开关量输出 DO、时间比例输出 PWM、模拟量虚拟通道 VA 及开关量虚拟通道 VD。

通道显示位号内容由用户自定义。若组态设置位号项空缺，则以默认通道号显示。

总貌画面共 2 幅，通过左起第一个自定义功能键进行切换。其中 VA01～VA08、VD01～VD08 在第一幅画面中显示，剩余的通道在第二幅画面上显示。如图 4-10 所示。

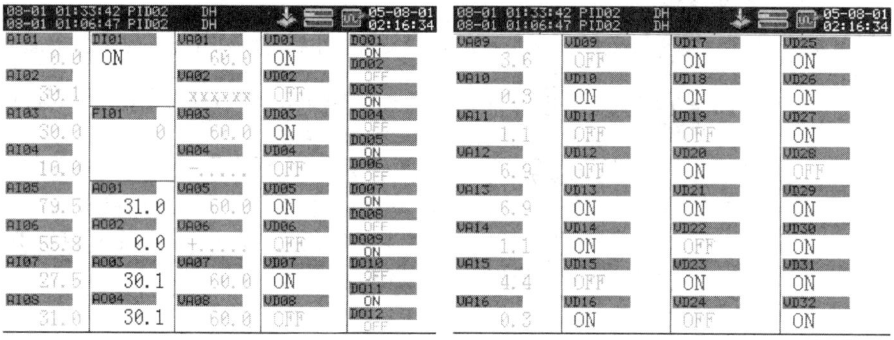

图 4-10 总貌画面

所有类型的通道均允许 4.6% 的过量程范围。当信号位于 4.6% 的过量程范围内时，若数值位数超过 6 位（负号和小数点各占一位）时，显示 "-.-.-."；当信号超出 4.6% 时，则显示 "+……" 或 "-……"；当 I/O 板出现故障或通道运算出错时，相关通道将显示为 "XXXXXX"。

(4) 实时显示画面

数显画面、棒图画面和实时画面三幅画面是实时数据的三种显示状态，均显示当前实时数据，如图 4-11 所示。每一类型的画面最多有 4 页，每页中显示的信号可根据需要在【画面组态】中自行选择设置。每页最多为 6 个信号显示，若少于 6 个，则系统自动调整，该位置处以空白显示。

画面下方的功能键定义大体相同，功能键定义可消隐可显示。在三种类型画面下单击最右边的功能键调出或消隐功能键定义。 、 为循环翻页，在 4 页间循环切换。

第四章 过程控制仪表

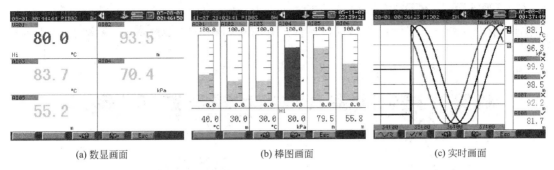

(a) 数显画面　　　　　　　　(b) 棒图画面　　　　　　　　(c) 实时画面

图 4-11　实时显示画面

(5) 历史画面

历史画面用来显示信号在历史时间内的信息和变化，有曲线和数值两种显示形式。曲线显示的方向、线条的粗细及每页显示信号的数目，均可在【画面组态】的【历史设定】中设置。历史画面下，可以在追忆时间范围内追忆所记录数据，记录数据的时间长度与记录基本间隔以及记录通道数目有关。历史画面共有 12 个不同的功能定义键，分 3 个画面显示，单击 ▣ 、 ▣ 、 ▣ 切换各画面，不同的画面下进行不同的操作内容。

历史画面一如图 4-12 所示。

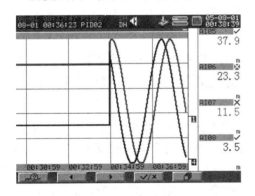

图 4-12　历史画面一

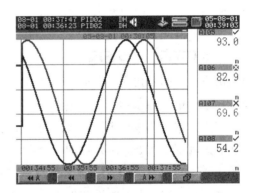

图 4-13　历史画面二

时标 ▣ 、 ▣ 、 ▣ 、 ▣ 可以改变每屏显示数据的时间范围。利用时标可将曲线显示的时间范围进行调整，将曲线放大或缩小，便于查看。

单击 ◀ 、 ▶ 键可调出标尺显示，标尺显示的追忆时间点是时标和历史曲线的交点时间。单击 ◀ 、 ▶ 移动标尺向前或者向后追忆数据，移动时间长度由时标以及记录基本间隔决定，如记录间隔为 1s，时标为 ▣ ，追忆标尺时间为 05-11-07 23∶40∶20，则单击 ◀ ，追忆标尺前移时间 1s×8＝8s，此时追忆时间显示为 05-11-07 23∶40∶12；若单击 ▶ ，此时追忆时间显示为 05-11-07 23∶40∶28；若长按不放，当标尺到达页首/页尾时将自动翻至前/后一页。

旋转旋钮，将光标移至需要设置的通道，单击 √/× ，选择是否显示该通道曲线，当屏幕上的"√"标志变为"×"标志时，屏幕中该通道不显示，反之则显示。

历史画面二如图 4-13 所示。

单击 ◀◀ 、 ▶▶ 加速移动标尺向前向后追忆，移动时间长度＝记录间隔×时标×4。

单击 [◀◀A]、[A▶▶] 自动向前向后翻页进行追忆，曲线右侧有箭头提示，"－＞"表示向前追忆，"＜－"表示向后追忆，追忆过程中单击相应的 [◀◀A]、[A▶▶] 停止自动追忆。

历史画面三如图 4-14 所示。

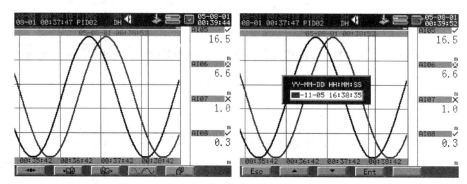

图 4-14　历史画面三

使用快速定点追忆方式，可准确快速地观察某一时刻的状态。单击 [▶◀]，在弹出的时间输入对话框中输入正确的时间，再单击 [Ent] 确认，系统将自动定位到定点时间。若定位时间早于追忆时间范围，系统将自动定位到最早记录时间，如晚于当前时间，系统自动定位至当前时间。

单击 [📖]、[📖] 在循环翻页，显示设置的各页具体内容。[∿] 实现实时曲线与历史曲线间的切换，有追忆标尺显示时，单击 [∿] 历史画面以实时曲线显示；实时曲线显示时单击 [∿]，调出追忆标尺。

历史数据可分成多个记录块。当控制器上电、更改系统时间、更改记录间隔、更改记录方式、更改记录状态时都将增加一个新记录块。两个记录块之间用固定长度的空白段显示，如图 4-15 所示。当记录块个数达到最大个数 1026 时，每增加一个新记录块，将删除一个最早记录的记录块，此时被删除记录块中的记录数据也被删除。当记录的数据个数达到最大个数时，每新增一个新的数据，也将删除一个最早记录的数据。

（6）信息画面

信息画面包括通道报警信息、操作信息和故障信息三幅画面，分别记录了相应的信息。

每种信息最多可以储存 512 条，当记录信息多于 512 条后，系统将自动删除最早的记录

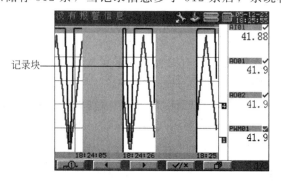

图 4-15　历史数据的记录块显示

以保存最近信息。在三幅画面下，单击 [~] 可以按照信息发生时间快速定位到历史数据库中，前提是历史数据中有记录该时间点时的状态，否则将定位到附近的点。

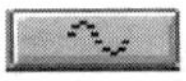

第一页：通道报警信息

记录所有报警状态包括报警通道、报警类型、报警时间和消警时间。如图 4-16 所示。

报警类型显示为红色时，表示当前该通道处于报警状态；为绿色时，表示已消警，正常消警的报警信息有正常的消警时间，表示正常上电时的消警；不带有消警时间的为非正常消警，表示上次断电前未消警。

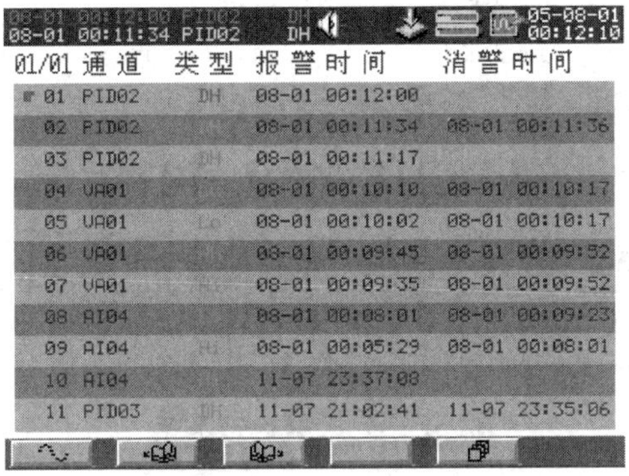

图 4-16 报警画面

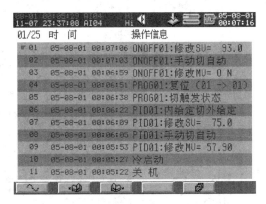

图 4-17 操作信息画面

第二页：操作信息

操作信息中主要记录对控制器操作的信息，如开、关机信息（冷热启动等）、用户编辑组态的一些信息（登录、退出组态、备份组态信息等）、用户操作控制回路的信息（如手动、自动状态，修改 MV、SV 值，程序控制画面的执行操作如切为运行、保持等状态操作等）的信息，如图 4-17 所示。

第三页：故障信息

故障信息主要是一些输入输出通道的故障（如断线、运算出错等）、运算故障（通道故障、表达式运算故障等）和板卡故障等如图 4-18 所示。

（7）累积画面

累积画面有班累积、时累积、日累积及月累积等几种画面，如图 4-19 所示。

累积画面显示的内容如表 4-6 所示。

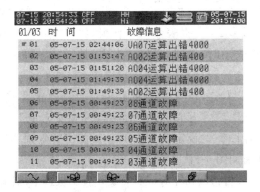

图 4-18 故障信息画面

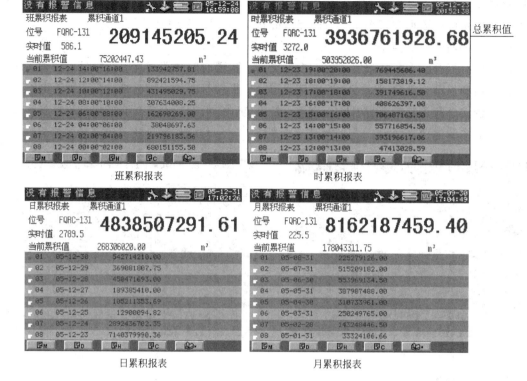

图 4-19 累积画面

表 4-6 累积画面显示的内容

显示内容	内容说明
当前累积通道号	如累积通道1、累积通道2等，单击 [图标] 循环切换4个累积通道
位号信息	与累积通道组态内设置位号内容一致，如不设置，以信号来源通道号显示
累积单位	当前累积通道的累积值的单位
实时值	累积通道信号来源的实时数据
当前累积值	还未累积完成的当前报表的累积值
总累积值	该通道累积值的总和，即报表信息列表所有累积数据与当前累积值的和
列表信息	报表类型有自定义班报表、时报表、日报表和月报表4种。单击 [图标M]、[图标D]、[图标H]、[图标C]，画面显示相应的报表类型画面

班报表、时报表支持最多24条报表数据，日报表支持最多31条报表数据，月报表支持最多12条报表数据，当报表满时，删除最早的报表记录，添加最新的报表内容。

(8) PID控制画面

在PID控制画面最多可以显示4个控制回路的信息，每个回路显示的信息主要有："手自动状态"、"内外给定方式"、"测量值/设定值的单位和实时值"、"PID输出的单位和实时值"、"测量值和输出值的棒图"、"设定值SV和输出值MV限幅值"、"按键和偏差报警的信息"等。PID控制显示画面如图4-20所示。

若要对某回路进行操作，可将旋钮左旋或者右旋，直到被选中的回路位号、输出值（手动状态下）和设定值（自动状态且内给定）反色显示。回路选中后，可进行如表4-7所示的操作。

第四章　过程控制仪表

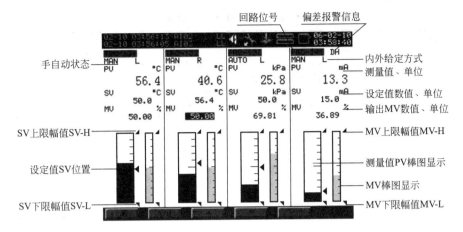

图 4-20　PID 控制显示画面

表 4-7　PID 控制回路的操作项目

操作内容		操作方法	备注
手/自动状态切换		长按 A/M>	
修改输出 MV 值		单击 ▲、▼	①必须在手动状态下 ②同时按下 [旋钮] 可快速修改
修改设定值 SV		单击 ▲、▼	①自动、内给定状态下 ②同时按下 [旋钮] 可快速修改
进入调整画面	方法一	长按 ∿—※	①在控制画面下 ②在【画面开关】组态中,将"调整画面"设置为开启状态时
	方法二	长按旋钮,在弹出的导航菜单中选择"调整画面"	在任意监控画面

进入调整画面后,可进行修改 PID 参数操作及其他操作。

说明:单击旋钮切换画面无法进入调整画面。

(9) 调整画面

调整画面显示的是当前 PID 操作回路的信息。画面信息如图 4-21 所示。

画面内容说明,如表 4-8 所示。

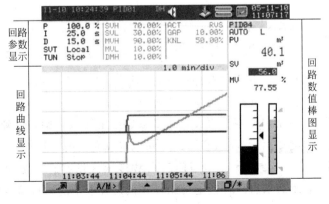

图 4-21　调整画面

表 4-8 调整画面显示内容

画面中的位置	显示内容		备 注
左上	回路参数信息	蓝色(可修改)	①P、I、D 各参数值 ②内外给定状态 ③自整定状态可以进行修改
		灰色(不能修改)	限幅值、死区、非线性增益、作用方式、阀门输出变化幅度,这些参数的设置在 PID 控制组态的【参数设置】中进行
左下	显示曲线		设定值—红色 测量值—蓝色 输出值—绿色
右边	回路数值以及棒图的显示		与在控制画面中的显示信息一致

调整画面的 ▣/* 键为多功能键,其操作方式有单击和长按两种:

单击 ▣/* :在参数显示区域和回路数值棒图显示区域之间进行切换,光标选中相应区域。

长按 ▣/* :退出当前调整画面返回控制画面。

① 回路数值棒图显示区域操作　在调整画面进行回路数值棒图显示区域操作的方式如表 4-9 所示。

表 4-9 回路数值棒图显示区域操作

操作内容	操作状态	操作方法
修改设定值	回路自动/内给定状态时,光标选中设定值 SV 项	①单击 ▲ 或者 ▼ 修改设定值 ②同时按下 ▨ 和 ▲ (或者 ▼)快速修改设定值
修改 MV 值	回路手动状态时光标选中输出值 MV 项	①单击 ▲ 或者 ▼ 修改 MV ②同时按下 ▨ 和 ▲ (或者 ▼)快速修改 MV 值

② 参数修改操作　单击 ▣/* 切换至回路参数显示区域。旋转旋钮在各参数间切换,光标选中某参数项,然后单击 ▲ 或者 ▼ 修改该参数值,同时按下 ▨ 和 ▲ (或者 ▼)快速修改参数值。具体时间关系如表 4-10 所示。

表 4-10 各种按键方式的时间关系

状态 \ 按键	增加键(减小键)	组合键＋增加键(减小键)
单击	以最小计数改变	以最小计数的 10 倍关系改变
长按	以最小计数的 3 倍关系改变	以最小计数的 30 倍关系改变

修改参数值后,在画面右下角将有保存按键 ▣ (对应旋钮键)提示,单击旋钮将修改后的参数值保存,若不保存则退出调整画面即可。

③ 内外给定切换　单击 ▣/* 切换至回路参数显示区域,旋转旋钮光标选中"SVT"项,单击 R 、 L 将回路状态切换为外给定或者内给定状态。

④ 自整定开关　单击 ▣/* 切换至回路参数显示区域,旋转旋钮光标选中"TUN"项。若已在【自整定】组态项启用自整定功能,并且设置了正确的自整定参数,则可以在调整画面进行自整定操作。

旋转旋钮光标选中"TUN"项,单击 Run 自整定开始, "TUN"项显示为"Run";当自整定结束后"TUN"项显示为"Stop"。在整定过程中如需结束当前自整定,则单击 Stop ,即可手动停止自整定过程。自整定曲线如图 4-22 所示。

自整定结束后,整定参数值显示在参数显示区域,同时在右下角有 [图] 提示,单击旋钮则整定参数值被保存。

⑤ 标尺的选择　如图 4-22 所示,单击标尺 ①、②、④、⑧ 可以改变每屏显示数据的时间范围。改变标尺,以前的显示值将会被复位清空。

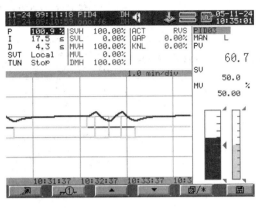

图 4-22　自整定曲线

(10) ON/OFF 控制画面

ON/OFF 控制画面最多可显示 6 个 ON/OFF 控制回路的信息。如图 4-23 所示。包括各控制回路的位号、手/自动状态、SV 给定方式、当前测量值及其单位、当前设定值及其单位、当前输出值 MV、测量值棒图显示、输出值棒图显示、设定值限幅、当前设定值位置、偏差报警信息以及按键等信息。

ON/OFF 控制画面按键操作如表 4-11 所示。

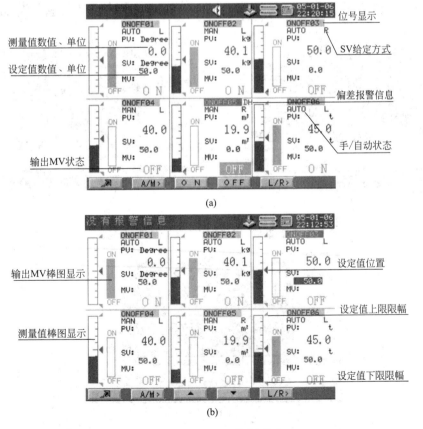

图 4-23　ON/OFF 控制画面

表 4-11　ON/OFF 控制画面按键操作

操作内容	操作方法
ON/OFF 控制回路之间的切换	ON/OFF 控制画面下,旋转旋钮在各回路之间切换,选中的回路位号以及 MV 项(回路自动状态时为 SV 项)将反色显示
手动开/手动关	回路手动状态下,单击 `ON` 或者 `OFF` ,回路相应的输出 ON 或者 OFF 状态
内外给定切换	手动、自动状态下,长按 `L/R>` 直至回路给定状态显示为"L"或者"R",将回路状态切换为内给定或者外给定状态
手自动状态切换	手动状态下,长按 `A/M>` 直至回路给定状态显示为"A",回路状态切换为自动状态;自动状态下,长按 `A/M>` 直至回路给定状态显示为"M",回路状态切换为手动状态
设定值 SV 修改	自动、内给定状态下,单击 `▲` 或者 `▼` 修改设定值 SV 至合适值,同时按下 `刈` 和 `▲` (或者 `▼`)快速修改设定值 SV

(11) 常数修改

在需要修改常数而又不能重新启用组态的场合,可以使用运行常数修改功能。在【运行常数】组态项设置正确的常数组态内容后,在任意监控画面下,单击 `F2` ,在弹出的【运行常数修改对话框】中修改相应常数值,无需再进入组态设置常数新值而重新启用组态。常数类型有整型常数、浮点型常数和布尔型常数三种。

具体实现操作见表 4-12。

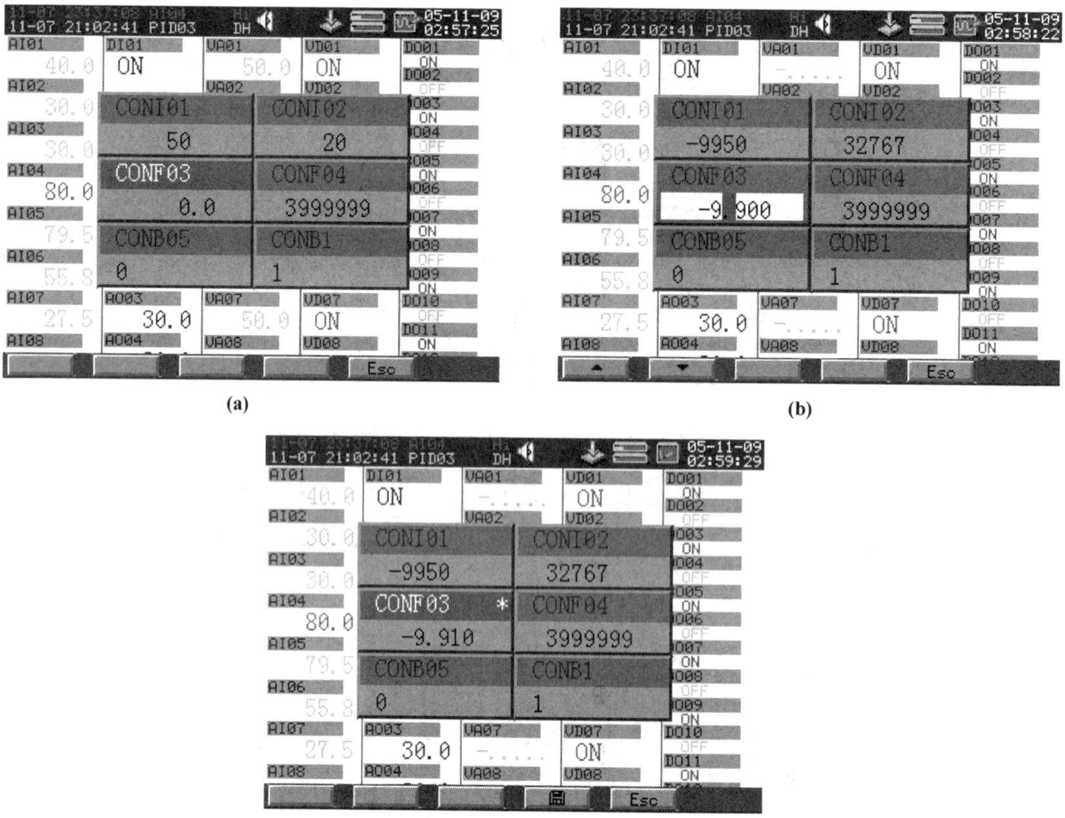

图 4-24　常数设置画面

表 4-12　修改常数的操作步骤

步骤	操作
1	任意监控画面下,单击 F2 ,弹出常数修改对话框
2	旋转旋钮,选中需要设置的常数,如图 4-24(a)所示。
3	单击旋钮,并旋转至需设置的位置,单击 ▲ 、▼ 设置该位具体数值,如图 4-24(b)所示
4	进行修改常数操作时,常数位号右侧有"＊"标识符提示,修改常数完毕后,单击旋钮确认,此时面板功能按键有 💾 提示,单击 💾 修改数值保存,常数新值生效,"＊"标识符消隐。若单击 Esc 则放弃该修改数据,如图 4-24(c)所示
5	完成以上修改数据操作后,单击 Esc 退出常数修改对话

第三节　执行器及辅助仪表

在过程控制系统中,控制器的控制作用必须通过执行器去实现。

执行器按其使用能源不同可分为气动、电动和液动三种。

电动执行器能源取用方便,具有信号传递迅速等优点;但因其结构复杂、防火防爆性能差,所以在工业生产中很少使用。而液动执行器主要是利用液压原理推动执行机构,其推力大,适用于负荷较大的场合;但由于其辅助设备大且笨重,所以应用也很少。应用最广泛的还是气动执行器,它分薄膜式和活塞式两种。活塞式的推力较大,主要适用于大口径、高压降控制阀或蝶阀,但成本较高。通常情况下使用的都是薄膜式,所以本节重点介绍气动薄膜控制阀,此外还要介绍一些相关的辅助仪表。

一、气动薄膜控制阀

(一) 气动薄膜控制阀的结构和工作方式

1. 结构

气动薄膜控制阀的结构可分为上下两部分。上半部分为气动执行机构,下半部分为控制机构。

① 气动执行机构　如图 4-25 所示为气动薄膜执行机构示意图。主要由上膜盖 1、弹性波纹膜片 2、下膜盖 3、支架 4、推杆 5、压缩弹簧 6、弹簧座 7、调节件 8、调零螺母 9、行程标尺 10 等构成。

当来自控制器的信号(经转换已变成气信号)从膜片上方进入时,在膜片上便产生了一个向下的压力,使膜片和推杆下移。同时,平衡弹簧产生一个向上的反作用力。当二力平衡时,推杆便停止在某一位置上。进入的信号发生变化,推杆的位移(行程)也跟着变化。像这种信号使推杆下移的执行机构称为正作用执行机构(从外表上看,正作用执行机构的信号是从上膜盖进入的)。相反,信号使推杆上移的执行机构称为反作用执行机构(从外表上看,反作用执行机构的信号是从下膜盖进入的)。

② 控制机构　结构如图 4-26 所示。主要由阀杆 1、压板 2、填料 3、上阀盖 4、阀体 5、阀芯 6、阀座 7、衬套 8、下阀盖 9 等组成。

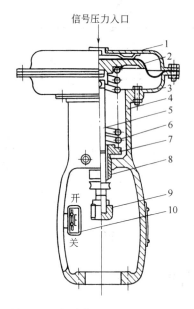
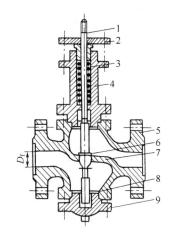

图 4-25 气动薄膜执行机构示意图
1—上膜盖；2—波纹薄膜；3—下膜盖；4—支架；
5—推杆；6—压缩弹簧；7—弹簧座；
8—调节件；9—螺母；10—行程标尺

图 4-26 控制机构结构示意图
1—阀杆；2—压板；3—填料；4—上阀盖；5—阀体；
6—阀芯；7—阀座；8—衬套；9—下阀盖

控制信号使执行机构的推杆发生位移，而推杆经阀杆与阀芯是刚性连接的，所以阀芯也产生同样的位移，该位移使阀芯与阀座间的流通面积发生变化，从而改变被控介质的流量。显然，进入执行机构的信号的大小与阀的开度是一一对应的。

2．工作方式

气动薄膜控制阀有气开式和气关式之分（也称风开式、风关式），其作用形式如图 4-27 所示。

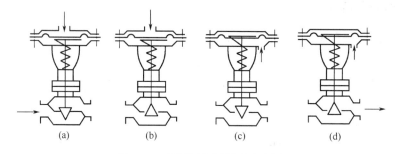

图 4-27 控制阀作用形式示意图

① 气开式　所谓气开式，是指输入的气信号越大，阀开度也越大。如图 4-27 中的 (b)、(c)。图（b）的执行机构为正作用，阀芯反装，组合的结果是气开式；图（c）的执行机构为反作用，阀芯正装，组合的结果也是气开式。

② 气关式　与气开式相反，当输入的气信号增加时，阀的开度减小。如图 4-27 中的 (a)、(d)。图（a）的执行机构为正作用，阀芯正装，组合的结果是气关式；图（d）的执行机构为反作用，阀芯反装，组合的结果也是气关式。

控制阀之所以要分气开式和气关式，是从安全角度考虑的。即在事故状态下，根据需要使控制阀自动全开或全关来确保人员及装置安全。

在实际应用中，大口径的阀门一般都是正作用，所以气开气关形式主要依靠改变阀芯的安装方向来实现。而小口径阀主要靠改变执行机构的正反作用方向来实现。

阀的正反作用从外表可以看出来，而阀的气开气关形式主要靠铭牌说明，装在阀体上的行程标尺上的开关标志也可作为参考。

（二）控制阀阀体的主要类型

根据不同的使用要求，控制阀的阀体可分成如下几种类型。

1. 直通单座阀

如图 4-28(a) 所示。它只有一个阀芯和一个阀座，其特点是泄漏量小，易于关闭，甚至可完全切断，且结构简单，价格低廉。但由于阀座前后存在压力差，所以介质对阀芯推力大，即不平衡力较大，特别是在高压差、大口径时更为严重。所以直通单座阀一般应用在小口径、低压差的场合。

2. 直通双座阀

如图 4-28(b) 所示。它有两个阀芯和两个阀座，流体在阀前后的压力差同时作用在两个阀芯上，且方向相反，大致可以抵消，所以不平衡力小，允许压差大，口径也可以做得较大，所以流量较大，这是应用最普遍的一种类型。但由于加工限制，上、下阀芯不易同时关闭，所以泄漏量较大。另外，阀体流路较复杂，不宜用于高黏度、含悬浮颗粒和纤维的介质。

3. 角形阀

如图 4-28(c) 所示。流体进出口成直角形，其他结构与单座阀相似。流向一般是底进侧出，此时控制阀稳定性较好。但在高压差场合，为了减少流体对阀芯的损伤，也可侧进底出，这种流向在小开度时容易引发振荡。由于角形阀流路简单、阻力小，阀体内不易积存污物，所以特别适合于高差压、高黏度、含有悬浮物和颗粒的流体。

4. 三通阀

有三个出入口与管道相连，按其作用方式不同，可分为分流式［如图 4-28(d)］和合流

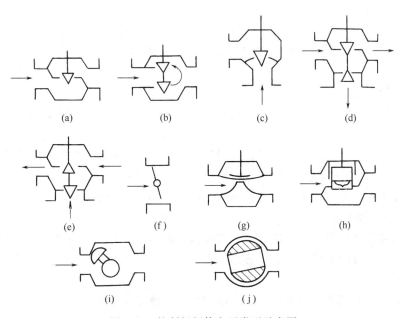

图 4-28 控制阀阀体主要类型示意图

式（如图 4-28(e)）两种。可以把一路流体分成两路，也可把两路流体合成一路。阀芯移动时，流体一路增加，另一路减小，二者成一定的比例关系，但总量不变。

5. 蝶形阀

蝶形阀又称挡板阀或翻板阀，如图 4-28(f) 所示。气压信号通过杠杆带动挡板轴使挡板偏转，改变流通面积，从而改变流量。它适合于低差压、大口径、大流量的气体，也可用于含少量悬浮物及纤维或黏度不大的液体，但泄漏量大。

6. 隔膜阀

如图 4-28(g) 所示。它采用了具有耐腐蚀衬里的阀体和耐腐蚀的隔膜代替阀组件，由阀芯使隔膜上下动作来改变流通面积以致改变流量。它流路简单，几乎无泄漏。适用于强腐蚀介质和高黏度及有悬浮颗粒的介质。

7. 笼式阀

又叫套筒阀，如图 4-28(h) 所示。其阀体与一般的直通单座阀相似，在阀体内有一个圆柱形套筒（笼子），其内有阀芯，可以利用笼子作导向上下移动。套筒壁上有多个不同形状的孔（窗口）。阀芯在套筒里移动时，就改变了窗口的流通面积，也就改变了流量。笼式阀的可调比大、振动小、不平衡力小、结构简单、套筒互换性好、部件所受的气蚀也小，更换不同的套筒即可获得不同的流量特性，是一种性能优良的阀。特别适用于差压较大和要求降低噪声的场合。

8. 凸轮挠曲阀

又名偏心旋转阀，简称偏旋阀，如图 4-28(i) 所示。其阀芯呈扇形球面状，与挠曲臂及轴套一起铸成，固定在转轴上，阀芯从全关到全开的转角为 90°左右。阀体为直通型，可调比宽、流阻小、密封性好，适用于黏度大的场合及一般场合；使用温度也宽，结构简单、体积小、重量轻、价格低。

9. 球阀

球阀的阀芯与阀体都呈球形，转动阀芯使之与阀体处于不同的相对位置时，就具有不同的流通面积，从而改变流量。

阀芯有"V"形和"O"形两种开口形式，适用于高黏度和污秽介质场合。如图 4-28(j) 所示为"O"形阀芯，多用于两位式切断场合；"V"形球阀一般用于特性近似于等百分比的控制系统。

（三）控制阀的流量特性

介质通过阀门的相对流量与阀门的相对开度之间的关系，叫控制阀的流量特性。即

$$Q/Q_m = f(l/L)$$

式中 Q/Q_m——控制阀在某一开度时的流量 Q 与全开时流量 Q_m 之比，即相对流量；

l/L——控制阀在某一开度下的行程 l 与全开时行程 L 之比，即相对开度。

在阀前后压差一定的情况下，得到的流量特性，叫理想的流量特性。控制阀出厂时标明的流量特性都是理想的流量特性。

理想的流量特性有四种，即快开型、直线型、抛物线型和等百分比型，如图 4-29 所示。不同的流量特性，可用不同形状的阀芯来获得，如图 4-30 所示。

1. 快开型

这种流量特性的阀芯端面很平，在开度较小时，流量就较大。随着开度的增大，流量大幅度增加，一般行程达到阀座口径的四分之一时流量可达最大，再增加开度没有任何意义，

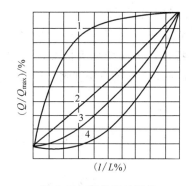 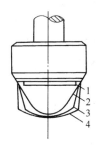

图 4-29　理想流量特性
1—快开；2—直线；3—抛物线；4—等百分比

图 4-30　不同流量特性的阀芯形状
1—快开；2—直线；3—抛物线；4—等百分比

所以称为快开型。多用于双位控制、程序控制和自动保护系统。

2. 直线型

这种流量特性的阀芯在作单位行程变化时，引起的流量变化相同。例如，阀位分别处于 10%、50%、80%的位置时，使行程再变化 10%，所引起的流量变化均为 10%。但是，相对变化量则分别为 100%、20%、12.5%。可见，在小流量（小开度）时相对变化大，大流量（大开度）时，相对变化小。即小开度时控制作用强，大开度时控制作用弱。因此，直线型阀门不适合负荷变化大的对象的控制。

3. 等百分比型

又称对数型。其阀芯在变化单位行程时所引起的相对流量变化，与该点的相对流量成正比，即阀的放大系数随相对流量的增大而增大。小开度，甚至接近关闭时，阀也能平稳地工作；大开度时，工作仍然灵敏有效。因此，这种性质的阀对各种控制系统一般都能适用。而且对负荷变化大的对象更能显示出它的优越性。

4. 抛物线型

抛物线型特性介于直线型和等百分比之间，相对流量与相对开度之间成抛物线关系。

（四）控制阀的选择与安装

1. 控制阀的选择

控制阀的选择，一般考虑三个方面：结构形式、气开气关形式、流量特性。

① 结构形式的选择　要根据工艺条件，如温度、压力及介质的物理化学性质（如黏度、腐蚀性、毒性、状态、洁净程度等）以及系统要求（如可调比、噪声、泄漏量等）来选择。

如当阀前后压差较小，且要求泄漏小时可用直通单座阀；当阀前后压差大，允许较大泄漏量时可用直通双座阀；当介质黏度高，含悬浮物或者压力较高时用角形阀；当要求低噪声时用笼式阀；当介质腐蚀性强时可用隔膜阀；当为大流量大口径的管道选阀时，可考虑使用蝶形阀等。一般情况下优先选用直通单座阀、直通双座阀和笼式阀。

② 气开、气关形式的选择　选择阀的开关形式主要从安全的角度考虑。原则是，事故状态时，信号断，控制阀将处于一种极限状态（全开或全关），该状态应能保证人员和设备的安全。例如，控制进入加热炉的燃料气的控制阀，一般选用气开式，以保证信号中断时阀全关；而一般蒸汽锅炉的供水阀则选气关式，以保证信号中断时阀全开，以免烧干锅炉。但对于较大的锅炉，烧"干锅"的可能性不是很大，如果其产生的蒸汽要去透平机，蒸汽不能带水就变成了主要问题，那么此时的进水阀应选择气开式。由此可见，在

进行阀的开关形式选择时,应具体问题具体分析,优先考虑主要矛盾。

③ 流量特性的选择　根据前面讨论的阀的流量特性。如果是双位控制、程序控制,则选择快开型;至于其他几种特性在选择时要考虑系统特性、负荷变化等情况,是比较复杂的。但一般选择等百分比特性比较有把握,所以目前等百分比特性的控制阀用得较多。

2. 控制阀的安装使用

控制阀在安装时应注意以下几点。

① 为便于维护检修,控制阀应尽量安装在靠近地面或楼板处,并在其上下方留有足够的空间。

② 控制阀应当安装在水平管道上,特殊情况下,必须要其他角度安装时,应根据情况加支撑。

③ 安装的环境温度应在－40～＋60℃之间,以防止执行机构的薄膜老化,并应远离振动设备或腐蚀严重的地方。

④ 安装时要保证流体流动方向与阀体箭头方向一致。

⑤ 当控制阀的口径与管道直径不同时,两者之间应用锥形管连接。

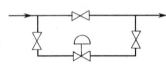

图 4-31　控制阀旁路示意图

⑥ 控制阀一定要安装副线(即旁路阀),以便控制阀出现故障时利用旁路来维持生产。其安装方式如图 4-31 所示。

在控制阀的两侧要装切断阀,切断阀一般选用闸阀,而提供副线的旁路阀一般选用球阀。

⑦ 在日常使用中,应注意填料的密封和阀杆上、下移动的情况是否良好,气路接头及膜片有无漏气等,要定期进行检修。

(五) 气动薄膜控制阀的型号

气动薄膜控制阀的型号由两节组成:第一节以大写汉语拼音字母表示功能,第二节以阿拉伯数字表示产品的主要参数范围。具体含义如表 4-13 所示。

表 4-13　控制阀的型号

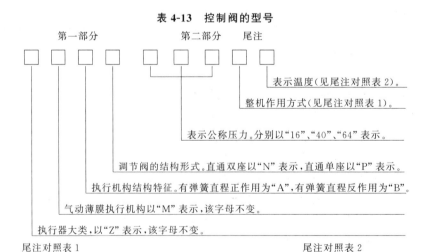

尾注对照表 1

型　式	气　开	气　关
代　号	K	B

尾注对照表 2

名　称	普通型	长颈型	散(吸)热型	波纹管密封
代　号	(－20～＋200℃)	D (－60～－250℃)	G (－60～＋450℃)	V

例如：ZMAP-64B 型，表示：气动薄膜单座控制阀，执行机构为有弹簧直程正作用式，公称压力等级为 6400kPa，整机为气关式，普通型阀。

二、电/气转换器与电/气阀门定位器

过程控制系统中一般都用气动薄膜控制阀，而控制系统的其他环节所用的仪表又多为电信号的仪表。所以，就要有一种仪表能将电信号转换成气信号。能完成这种功能的有电/气转换器和电/气阀门定位器两种仪表。

图 4-32 的（a）、（b）分别为电/气转换器和电/气阀门定位器与气动执行器配用的方框图。

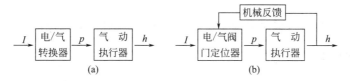

图 4-32　电/气转换示意图

（一）电/气转换器

电/气转换器的主要作用是将 4～20mA DC 或其他范围的电流信号转换成 20～100kPa 的标准气信号。图 4-33 所示为 EPC1000 系列电/气转换器实物图。

图 4-33　电/气转换器实物图

图 4-34　电/气阀门定位器实物图

电/气转换器的正面有"零点（ZERO）"和"跨度（SPAN）"调整螺钉。通过调整"零点"、"跨度"，可将 4～20mA DC 电信号对应地转换成 20～100kPa 的气信号，从而起到电动控制器与气动控制阀之间的"桥梁"作用。也可将两个电/气转换器分别调整成 4～12mA DC 和 12～20mA DC 的输入对应 20～100kPa 的输出，从而配合执行器完成分程控制任务。

电/气转换器也有正反作用之分，采用反作用方式时，可影响控制阀的开关形式。

电/气转换器可安装在现场的管道、仪表盘、托架上的任何位置，最好垂直安装。

（二）电/气阀门定位器

电/气阀门定位器除了能起到电/气转换的作用之外，还具有机械反馈环节，可克服阀杆摩擦力，抵消被控介质压力变化而引起的不平衡力，可以使阀门位置按控制器送来的信号准确定位，即起到了电/气转换器和阀门定位器两种作用。图 4-34 为 EPP1000 系列电/气阀门

定位器的实物图。

电/气阀门定位器在很多方面都与电/气转换器一样。如它也有"零点"、"量程"调整螺钉。也可将其调整成4~20mA DC输入对应20~100kPa输出。或者将两个电/气阀门定位器分别调整成 4~12mA DC 和 12~20mA DC 的输入对应 20~100kPa 的输出，从而配合执行器完成分程控制任务。电/气阀门定位器也有正、反两种作用方式可供选择。电/气阀门定位器一般安装在控制阀上。

电/气阀门定位器适用于高压差、高压、高温或低温介质的场合以及介质中含有固体悬浮物或黏性流体、控制阀口径较大和需要分程控制的场合。此外还可用于改善控制阀的流量特性。

控制阀的流量特性也可通过改变定位器中机械反馈机构的反馈凸轮的几何形状来改变。

三、变频调速器

变频调速器是对交流电动机实现变频调速的一种装置。它的功能是在外来直流电压或直流电流等控制信号作用下，将电网提供的恒压恒频（380V 50Hz）的交流电变换为与控制信号一一对应的变压变频的交流电，以实现对交流电动机的无级调速。

现在已有不同品牌、不同控制功能、用于传动调速的各种变频器可供选择使用。变频器依据品牌、型号不同具有 0~5V、0~10V、4~20mA 等标准信号接口，可以方便地实现频率控制；有的变频器内部还设有 PID 运算功能和齐全的保护功能，高档变频器还可以实现自适应编程控制。

随着电力电子技术的迅猛发展，变频器已普遍应用于工农业生产中。由于它在节能方面显示出了巨大的优势，所以在过程控制领域的应用也日趋广泛。在工厂中，风机、泵类负载的风量、流量过去多是用笼型异步电动机拖动，进行恒速运转，当需要调节风量或流量时，实际采用的方法是调节挡板或控制阀，这种控制虽然简单，但从节能的角度来看，是很不经济的。而变频器的出现，使上述问题得到了很好的解决。有关变频器的应用到第六章再作介绍。

本 章 小 结

本章主要介绍过程控制系统中除对象和测量、变送环节外的其他环节——控制器和执行器。主要内容有：

① DDZ-Ⅲ型电动模拟控制器的外特性及操作。
② C3000 数字过程控制器的使用。
③ 气动薄膜控制阀的结构、类型、流量特性及选择、安装。
④ 电/气转换器和电/气阀门定位器的作用及外特性。
⑤ 变频调速器的基本知识。

习题与思考题

4-1 什么是数字式控制器？

4-2 C3000 过程控制器主要有哪些功能？

4-3 C3000 过程控制器内部有多少个程序控制模块？多少个单回路 PID 控制模块？多少个 ON/OFF 控制模块？

第四章　过程控制仪表

4-4　C3000 过程控制器可实现哪些控制方案？
4-5　C3000 过程控制器的操作用户按权限可分为哪几个等级？其中拥有最高权限的是哪一个等级？
4-6　C3000 过程控制器如何进行用户登录？
4-7　C3000 过程控制器有几幅基本的实时监控画面？
4-8　总貌画面有几幅？显示哪些内容？
4-9　在 PID 控制画面最多可以显示几个控制回路的信息？每个回路显示的信息主要有哪些内容？
4-10　ON/OFF 控制画面最多可显示几个 ON/OFF 控制回路的信息？包括哪些内容？
4-11　气动执行器主要由哪两部分组成？
4-12　控制阀主要有哪几种结构形式？各有什么特点？适用于什么场合？
4-13　控制阀有哪些流量特性？各有什么特点？适用于什么场合？
4-14　什么是控制阀的正作用、反作用？从外表如何区分？
4-15　什么是气开阀、气关阀？气开阀就是正作用、气关阀就是反作用吗？
4-16　控制阀的开关形式根据什么选择？
4-17　有一蒸汽锅炉，通过控制进水量来保证汽包液位。试确定下面两种情况下进水管线上控制阀的气开、气关形式。
　　① 要求锅炉液位不能太低，否则易烧干锅。
　　② 产生的蒸汽用来驱动透平机，如果液位太高，会导致蒸汽带水，损坏透平机。
4-18　试述电/气转换器及电/气阀门定位器在控制系统中的作用。
4-19　什么是变频调速器？其功能是什么？

第五章 计算机控制系统

> **学习目标**
>
> 了解 DCS 系统的组成及工作原理，掌握 JX300XP 的硬件构成及画面调用方法，了解 PLC 的基本工作原理，能读懂 PLC 的简单设计程序、能进行 PLC 的简单操作。

第一节 概　　述

一、计算机控制简介

由被控对象和过程控制仪表组成的过程控制系统称为常规控制系统。而由被控对象和计算机组成的过程控制系统则称为计算机控制系统。

根据计算机在控制系统中的典型应用方式，可以把计算机控制系统划分为 5 类：操作指导控制系统；直接数字控制系统；监督计算机控制系统；集中分散控制系统和可编序控制器。

（一）操作指导控制系统

在操作指导控制系统中，计算机的输出不直接用来控制生产对象，而是对工艺变量进行采集，然后根据一定的控制算法计算出供操作人员参考、选择的操作方法、最佳设定值等，再由操作人员直接作用于生产过程，其系统组成示意图如图 5-1 所示。

（二）直接数字控制系统

直接数字控制系统 DDC（Direct Digital Control）系统是计算机用于工业过程控制较普遍的一种方式，计算机通过输入通道对一个或多个工艺变量进行巡回检测，并根据控制规律进行运算后发出控制信号，通过输出通道直接控制执行器，以进行生产过程的控制，其系统组成示意图如图 5-2 所示。

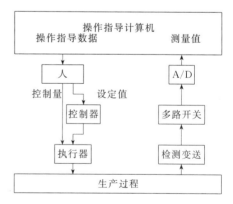

图 5-1　计算机操作指导控制系统示意图

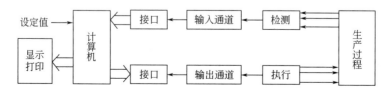

图 5-2　直接数字控制系统示意图

(三) 监督计算机控制系统

监督计算机控制系统 SCC（Supervisory Computer Control），是计算机根据工艺变量按照所设计的控制算法计算出最佳设定值，并将此设定值直接传送给常规模拟控制器或者 DDC 计算机，最后由模拟控制器或 DDC 计算机控制生产过程的系统，其系统组成示意图如图 5-3 所示。

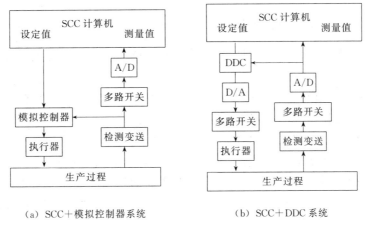

(a) SCC+模拟控制器系统　　(b) SCC+DDC 系统

图 5-3　监督计算机控制系统构成示意图

(四) 集中分散型控制系统

集中分散型控制系统简称集散控制系统，严格地讲应称为分散型控制系统（Distributed Control System），简称 DCS。因为在生产过程中既存在控制问题，也存在管理问题。如果用一台主计算机集中管理、控制整个生产过程的话，一旦主机发生故障，将会影响全局。为此，人们采用了微处理器进行分散控制，再用高速数据通信系统和屏幕显示装置及打印机等其他装置集中管理，以适应现代化生产的分散控制与集中管理的需求，其系统组成示意图如图 5-4 所示。

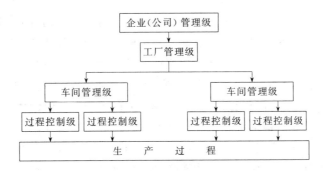

图 5-4　集中分散型控制系统示意图

(五) 可编程序控制器

可编程序控制器也称可编程序逻辑控制器 PLC（Program Logic Controller），起源于逻辑控制领域。目前已发展成为不仅能用于逻辑控制，而且还具有数据处理、故障自诊断、模拟量处理、PID 运算、联网等功能的多功能控制器。广泛应用于过程控制领域，其系统组成示意图如图 5-5 所示。

图 5-5 PLC 控制系统示意图

二、计算机控制系统的发展方向

计算机控制系统在过程控制领域愈来愈受到青睐，因此前景广阔。其主要发展方向如下。

① 集散控制系统（DCS） 分散控制，集中管理，使 DCS 实现了生产过程的全局优化。

② 可编程序控制器（PLC） PLC 是灵活、可靠、易变更的控制器，随着其数据处理、故障诊断、PID 运算、联网功能的增强，作用将越来越大。

③ 计算机集成制造系统（CIMS） 计算机集成制造系统 CIMS（Computer Intergrated Manufacture System）是在自动化技术、信息技术及制造技术基础上，通过计算机及其软件，将制造工厂全部生产环节所需使用的各种分散的自动化系统有机的集成起来，实现多品种、中小批量生产的智能制造系统。

④ 智能控制系统 用机器代替人类从事各种劳动，把生产力发展到更高水平，进入信息时代。

本章主要介绍集散控制系统 DCS 和可编程序控制器 PLC。

第二节 集散控制系统

一、集散控制系统的基本概念

集散控制系统 DCS，是以微处理机为核心，利用 4C 技术，即计算机技术（Computer）、通信技术（Communication）、显示技术（CRT）和控制技术（Control）等实现过程控制和过程管理的计算机控制系统。其主要特点是"集中管理"和"分散控制"。

集散控制系统的发展经历了初创期、成熟期和扩展期这三个阶段。

初创期的集散控制系统基本上由过程控制装置、数据采集装置、人-机接口装置、监控计算机和数据传输通道等五部分组成，重点实现了分散控制。此时的代表产品见表 5-1。

成熟期的集散控制系统由局部网络、多功能过程控制站、增强型操作站、主计算机、系统管理站和网间连接器等六部分组成，重点实现了全系统信息的综合管理。代表产品见表 5-1。

扩展期的集散控制系统中引入了智能变送器 ST 和现场总线 FB 技术。系统结构的主要变化是局部网络采用制造自动化协议 MAP，或与 MAP 兼容，或其本身就是实时 MAP 局部网络。代表产品见表 5-1。

集散控制系统具有直接数字控制、顺序控制、批量控制、数据采集与处理、多变量相关控制及最佳控制等功能，加之分散控制、集中操作，分级管理和分而自治的设计原则，使其具有安全可靠性、通用灵活性、优良的控制性和综合管理等特点，这些优势使集散控制系统走在了过程控制的前沿。

表 5-1　常见的集散控制系统类型

	国　　家	公　　司	系统名称
初创期	美国	Honeywell	TDC-2000
	美国	Foxboro	SPECTRUM
	日本	横河 YOKOGAWA 电机	CENTUM
	德国	Siemens	TELEPERM-M
成熟期	美国	Honeywell	TDC-3000
	日本	横河 YOKOGAWA 电机	CENTUM A,B,C
	法国	Taylor	MOD-300
扩展期	美国	Honeywell	TDC-3000/PM
	美国	Foxboro	I/A S
	日本	横河 YOKOGAWA 电机	CENTUM-XL
	中国	中控	JX-300XP
	中国	和利时	MACS

不同的集散控制系统尽管各有特点，但由于开发背景一样，采用了相同的先进技术，因而其功能和结构大同小异。本节以国产的 JX-300XP 和进口的 TDC-3000 为例作以简单介绍。

二、JX300XP 集散型控制系统

（一）JX300XP 集散型控制系统的构成

JX-300XP 系统是 SUPCON WebField 系列产品，吸收了近年来快速发展的通信技术、微电子技术，充分应用了最新信号处理技术、高速网络通信技术、可靠的软件平台和软件设计技术以及现场总线技术，采用了高性能的微处理器和成熟的先进控制算法，成为一个全数字化、结构灵活、功能完善的开放式集成控制系统。

JX-300XP 控制系统由工程师站、操作员站、控制站、过程控制网络等组成。

① 工程师站是为专业工程技术人员设计的，内部装有相应的组态平台和系统维护工具。

② 操作员站是由工业 PC 机、CRT、键盘、鼠标、打印机（可选）等组成的人机系统，是操作人员完成过程监控管理任务的环境。

③ 控制站是系统中直接与现场打交道的 I/O 处理单元，完成整个工业过程的实时监控功能。控制站可冗余配置，灵活、合理。

工程师站、操作员站、控制站通过过程控制网络连接，完成信息、控制命令等传输，双重化冗余设计，使得信息传输安全、高速。

JX-300XP 控制系统采用三层通信网络结构，其系统结构如图 5-6 所示。

最上层为信息管理网，采用符合 TCP/IP 协议的以太网，连接各个控制装置的网桥以及企业内各类管理计算机，用于工厂级的信息传送和管理，是实现全厂综合管理的信息通道。

中间层为过程控制网（名称为 SCnet II），采用了双高速冗余工业以太网 SCnet II 作为其过程控制网络，连接操作员站、工程师站与控制站等，传输各种实时信息。

底层网络为控制站内部网络（名称为 SBUS），采用主控制卡指挥式令牌网，存储转发通信协议，是控制站各卡件之间进行信息交换的通道。

（二）系统主要性能指标

（1）系统规模

SCnet II 过程控制网可以接多个 SCnet II 子网，形成一种组合结构。1 个控制区域包括 15 个控制站、32 个操作员站或工程师站，总容量 15360 点。

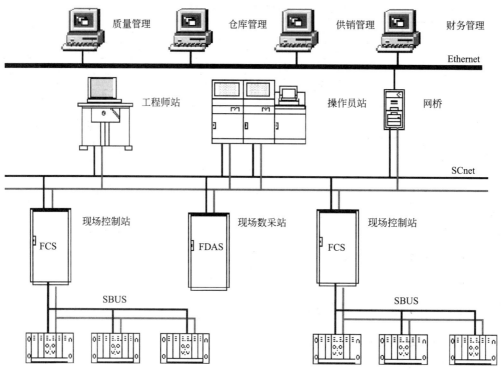

图 5-6 JX-300XP 控制系统结构图

（2）控制站规模

如图 5-7 所示，JX-300XP DCS 控制站内部以机笼为单位。机笼固定在机柜的多层机架上，每只机柜最多配置 5 只机笼：1 只电源箱机笼和 4 只卡件机笼（可配置控制站各类卡件）。

卡件机笼根据内部所插卡件的型号分为两类：主控制机笼（配置主控制卡）和 I/O 机

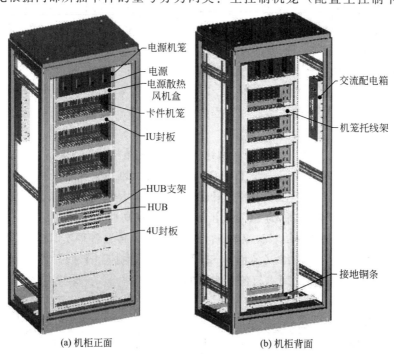

(a) 机柜正面　　(b) 机柜背面

图 5-7 控制站机柜安装布置图

第五章 计算机控制系统

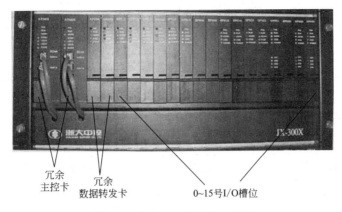

图 5-8 主控制机笼正面结构图

笼(不配置主控制卡)。每类机笼最多可以配置 20 块卡件。主控机笼可以配置 2 块主控卡、2 块数据转发卡、16 块 I/O 卡件,主控制卡必须插在机笼最左端的两个槽位,如图 5-8 所示;I/O 机笼可以配置 2 块数据转发卡,16 块 I/O 卡件。

在一个控制站内,主控制卡通过 SBUS 网络可以挂接 8 个 I/O 或远程 I/O 单元(即 8 个机笼),8 个机笼必须安装在两个或者两个以上的机柜内。主控制卡是控制站的核心,可以冗余配置,保证实时过程控制的完整性。

数据转发卡槽位可配置互为冗余的两块数据转发卡。数据转发卡是每个机笼必配的卡件。如果数据转发卡按非冗余方式配置,则数据转发卡可插在这两个槽位的任何一个,空缺的一个槽位不可作为 I/O 槽位。

在每一机笼内,I/O 卡件均可按冗余或不冗余方式配置,数量在总量不大于 16 的条件下不受限制。在配置时,地址设置所遵循的原则,如表 5-2 所示。

表 5-2 卡件地址设置的原则

卡件	配置	地址	备 注
主控制卡	冗余/非冗余	2~31	冗余配置时,主控制卡的地址遵循"ADD 和 ADD+1 连续,且 ADD 必须为偶数,2≤ADD<31"的原则,且地址不能重复
数据转发卡	冗余/非冗余	0~15	冗余设置时,地址遵循"ADD 和 ADD+1 连续,且 ADD 必须为偶数,0≤ADD<15"的原则,且地址不能重复
I/O 卡件	冗余	0~15	按冗余方式配置时,互为冗余的两卡件槽位地址遵循"ADD 和 ADD+1 连续,且 ADD 必须为偶数,0≤ADD<15"的原则
	非冗余	0~15	卡件槽位地址不能随意配置

(三)JX-300XP 系统的卡件型号、性能及外特性

JX-300XP 系统主要支持的卡件型号及性能如表 5-3 所示。

下面特别介绍几种常用卡件。

(1) XP243 主控卡

主控卡是控制站软硬件的核心,协调控制站内软硬件关系和各项控制任务。是一个智能化的独立运行的计算机系统,可以自动完成数据采集、信息处理、控制运算等各项功能。通过过程控制网络与过程控制级(操作站、工程师站)相连,接收上层的管理信息,并向上传递工艺装置的特性数据和采集到的实时数据;向下通过 SBUS 和数据转发卡的程控交换与智能 I/O 卡件实时通信,实现与 I/O 卡件的信息交换(现场信号的输入采样和输出控制)。XP243 采用双微处理器结构,协同处理控制站的任务,功能更强,速度更快。

表 5-3 卡件型号及性能

型号	卡件名称	性能及输入/输出点数
XP243	主控制卡（SCnet Ⅱ）	负责采集、控制和通信等，10Mbps
XP244	通信接口卡（SCnet Ⅱ）	RS232/RS485/RS422 通信接口，可以与 PLC、智能设备等通信
XP233	数据转发卡	SBUS 总线标准，用于扩展 I/O 单元
XP313	电流信号输入卡	6 路输入，可配电，分两组隔离，可冗余
XP313I	电流信号输入卡	6 路输入，可配电，点点隔离，可冗余
XP314	电压信号输入卡	6 路输入，分两组隔离，可冗余
XP314I	电压信号输入卡	6 路输入，点点隔离，可冗余
XP316	热电阻信号输入卡	4 路输入，分两组隔离，可冗余
XP316I	热电阻信号输入卡	4 路输入，点点隔离，可冗余
XP335	脉冲量信号输入卡	4 路输入，分两组隔离，不可冗余，可对外配电
XP341	PAT 卡（位置调整卡）	2 路输出，统一隔离，不可冗余
XP322	模拟信号输出卡	4 路输出，点点隔离，可冗余
XP361	电平型开关量输入卡	8 路输入，统一隔离
XP362	晶体管触点开关量输出卡	8 路输出，统一隔离
XP363	触点型开关量输入卡	8 路输入，统一隔离
XP369	SOE 信号输入卡	8 路输入，统一隔离

主控卡的结构如图 5-9 所示。

主控制卡面板上具有两个互为冗余的 SCnet Ⅱ 通信口和 7 个 LED 状态指示灯，功能如表 5-4 所示。

(a) 正面板

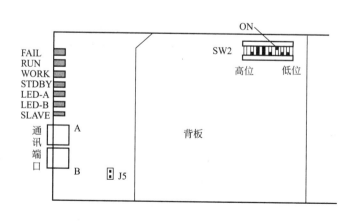

(b) 侧面板

图 5-9 主控卡结构图

第五章 计算机控制系统

表 5-4 主控制面板上端口及指示灯说明

种 类	名 称	说 明
网络端口	PORT-A(RJ-45)	通信端口 A，通过双绞线 RJ-45 连接器与冗余网络 SCnet Ⅱ 的 0#网络相连
	PORT-B(RJ-45)	通信端口 B，通过双绞线 RJ-45 连接器与冗余网络 SCnet Ⅱ 的 1#网络相连
	Slave	SBUS 总线接口，负责 SBUS 总线(I/O 总线)的管理和信息传输
LED 状态指示灯	FAIL	故障报警或复位指示
	RUN	工作卡件运行指示
	WORK	工作/备用指示
	STDBY	准备就绪指示，备用卡件运行指示
	LED-A	本卡件的通信网络端口 A 的通信状态指示灯
	LED-B	本卡件的通信网络端口 B 的通信状态指示灯
	Slave	Slave CPU 运行指示，包括网络通信和 I/O 采样运行指示

主控卡的地址设置，是通过主控卡上的拨号开关 SW2 的 S1-S3 为系统保留资源，必须拨为 OFF，S4、S5、S6、S7、S8 采用二进制码计数方法读数进行的，其中自左至右代表高位到低位，即左侧 S4 为高位，S8 右侧为低位。所代表的地址号如表 5-5 所示。

表 5-5 主控卡网络节点地址设置

地址选择 SW2			地址			地址选择 SW2			地址		
S4	S5	S6	S7	S8		S4	S5	S6	S7	S8	
					—	ON	OFF	OFF	OFF	OFF	16
					—	ON	OFF	OFF	OFF	ON	17
OFF	OFF	OFF	ON	OFF	02	ON	OFF	OFF	ON	OFF	18
OFF	OFF	OFF	ON	ON	03	ON	OFF	OFF	ON	ON	19
OFF	OFF	ON	OFF	OFF	04	ON	OFF	ON	OFF	OFF	20
OFF	OFF	ON	OFF	ON	05	ON	OFF	ON	OFF	ON	21
OFF	OFF	ON	ON	OFF	06	ON	OFF	ON	ON	OFF	22
OFF	OFF	ON	ON	ON	07	ON	OFF	ON	ON	ON	23
OFF	ON	OFF	OFF	OFF	08	ON	ON	OFF	OFF	OFF	24
OFF	ON	OFF	OFF	ON	09	ON	ON	OFF	OFF	ON	25
OFF	ON	OFF	ON	OFF	10	ON	ON	OFF	ON	OFF	26
OFF	ON	OFF	ON	ON	11	ON	ON	OFF	ON	ON	27
OFF	ON	ON	OFF	OFF	12	ON	ON	ON	OFF	OFF	28
OFF	ON	ON	OFF	ON	13	ON	ON	ON	OFF	ON	29
OFF	ON	ON	ON	OFF	14	ON	ON	ON	ON	OFF	30
OFF	ON	ON	ON	ON	15	ON	ON	ON	ON	ON	31

"ON"表示"1"，"OFF"表示"0"。主控制卡的网络地址不可设置为 00#，01#。拨号开关拨到上部表示"ON"，拨到下部表示"OFF"。

主控卡最多有 15 个控制站，对 TCP/IP 协议地址采用如表 5-6 所示的系统约定。

表 5-6　TCP/IP 协议地址的系统约定

类 别	地址范围		备　　　注
	网络码	IP 地址	
控制站地址	128.128.1	2～31	每个控制站包括两块互为冗余主控制卡。同一块主控制卡享用相同的 IP 地址,两个网络码
	128.128.2	2～31	

（2）XP233 数据转发卡

XP233 是 I/O 机笼的核心单元,是主控卡连接 I/O 卡件的中间环节,它一方面驱动 SBUS 总线,另一方面管理本机笼的 I/O 卡件。通过数据转发卡,一块主控制卡（XP243）可扩展 1～8 个 I/O 机笼,即可以扩展 1～128 块不同功能的 I/O 卡件。数据转发卡的结构如图 5-10 所示。

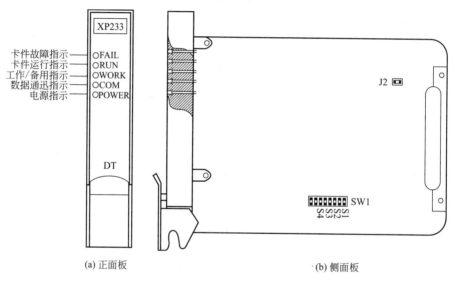

图 5-10　数据转发卡结构图

XP233 具有冷端温度采集功能,负责整个 I/O 单元的冷端温度采集,冷端温度测量元件采用专用的电流环回路温度传感器,可以通过导线将冷端温度测量元件延伸到任意位置处（如现场的中间端子柜）,节约热电偶补偿导线。冷端温度的测量也可以由相应的热电偶信号处理单元独自完成,即各个热电偶信号采集卡件都各自采样冷端温度,冷端温度测量元件安装在 I/O 单元接线端子的底部（不可延伸）,此时补偿导线必须一直从现场延伸到 I/O 单元的接线端子处。

数据转发卡指示灯说明如表 5-7 所示。

表 5-7　数据转发卡 LED 指示说明

状态	FAIL 出错指示	RUN 运行指示	WORK 工作/备用指示	COM（与主控制卡通信时）	POWER 电源指示
颜色	红	绿	绿	绿	绿
正常	暗	亮	亮（工作） 暗（备用）	闪（工作：快闪） 闪（备用：慢闪）	亮
故障	亮	暗	—	暗	暗

数据转发卡地址（SBUS 总线）跳线 S1～S4（SW1）设置。XP233 卡件上共有八对跳线，其中四对跳线 S1～S4 采用二进制码计数方法读数，用于设置卡件在 SBUS 总线中的地址，S1 为低位（LSB），S4 为高位（MSB）。跳线用短路块插上为 ON，不插上为 OFF。跳线 S1～S4 与地址的关系如表 5-8 所示。

表 5-8　数据转发卡的地址设置

地址选择跳线				地址	地址选择跳线				地址
S4	S3	S2	S1		S4	S3	S2	S1	
OFF	OFF	OFF	OFF	00	ON	OFF	OFF	OFF	08
OFF	OFF	OFF	ON	01	ON	OFF	OFF	ON	09
OFF	OFF	ON	OFF	02	ON	OFF	ON	OFF	10
OFF	OFF	ON	ON	03	ON	OFF	ON	ON	11
OFF	ON	OFF	OFF	04	ON	ON	OFF	OFF	12
OFF	ON	OFF	ON	05	ON	ON	OFF	ON	13
OFF	ON	ON	OFF	06	ON	ON	ON	OFF	14
OFF	ON	ON	ON	07	ON	ON	ON	ON	15

（3）XP313 电流信号输入卡

XP313 电流信号输入卡可测量 6 路电流信号（II 型或 III 型），每一路可分别接收 II 型或 III 型标准电流信号。当需 XP313 卡向变送器配电时可通过 DC/DC 对外提供 6 路＋24V 的隔离电源，每一路都可以通过跳线选择是否需要配电功能。它是一块带 CPU 的智能型卡件，对模拟量电流输入信号进行调理、测量的同时，还具备卡件自检及与主控制卡通信的功能。XP313 电流卡的结构如图 5-11 所示。

XP313 电流输入卡指示灯说明如表 5-9 所示。

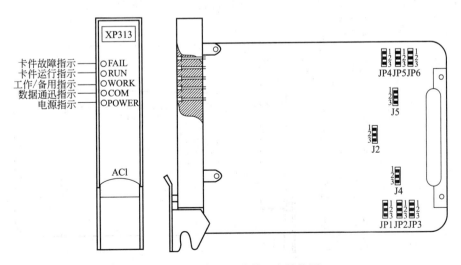

图 5-11　XP313 电流输入卡结构图

表 5-9　XP313 电流输入卡件状态指示灯

LED 指示灯 状态	FAIL(红) 故障指示	RUN(绿) 运行指示	WORK(绿) 工作/备用	COM(绿) 通信指示	POWER(绿) 5V 电源指示
常灭	正常	不运行	备用	无通信	故障
常亮	自检故障	—	工作	组态错误	正常
闪	CPU 复位	正常	切换中	正常	—

　　XP313 电流输入卡具有自诊断功能，在采样、信号处理的同时进行自检。如果卡件为冗余状态，一旦自检到错误，工作卡会主动将工作权交给备用卡以保证输入信号的正确采样，同时故障卡件点亮红灯报警。如果卡件为单卡工作，一旦自检到错误，卡件会点亮红灯报警。

　　当卡件被拔出时，卡件与主控制卡通信中断，系统监控软件显示此卡件通信故障。

　　XP313 电流输入卡的跳线设置利用 J1～J6 完成。

　　冗余设置跳线（J2～J5），如表 5-10 所示。

表 5-10　冗余跳线

状态	J2	J4	J5
卡件单卡工作	1-2	1-2	1-2
卡件冗余配置	2-3	2-3	2-3

　　配电设置跳线（JP1～JP6），如表 5-11 所示。

表 5-11　配电跳线

状态	第一路	第二路	第三路	第四路	第五路	第六路
需要配电	JP1 1-2	JP2 1-2	JP3 1-2	JP4 1-2	JP5 1-2	JP6 1-2
不需配电	JP1 2-3	JP2 2-3	JP3 2-3	JP4 2-3	JP5 2-3	JP6 2-3

（4）XP314 电压信号输入卡

　　XP314 电压信号输入卡是智能型带有模拟量信号调整的 6 路模拟信号采集卡，每一路可单独组态并接收各种型号的热电偶以及电压信号，将其调理后再转换成数字信号并通过数据转发卡送给主控制卡。XP314 电压输入卡的结构如图 5-12 所示。

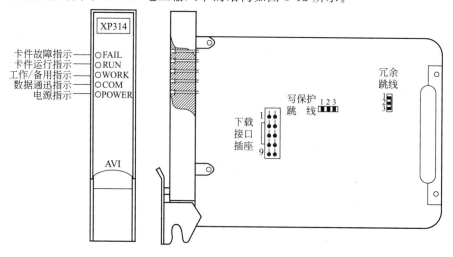

图 5-12　XP314 电压输入卡结构图

XP314 电压输入卡指示灯功能与 XP313 电流输入卡完全一致，见表 5-9。

XP314 在采集热电偶信号时同时具有冷端温度采集功能，冷端温度的测量也可以由数据转发卡 XP233 完成，当组态中主控卡对冷端设置为"就地"时，主控卡使用 I/O 卡（XP314）采集的冷端温度并进行处理，即各个热电偶信号采集卡件都各自采样冷端温度，冷端温度测量元件安装在 I/O 单元接线端子的底部（不可延伸），此时补偿导线必须一直从现场延伸到 I/O 单元的接线端子处；当组态中主控卡对冷端设置为"远程"时，为数据转发卡 XP233 采集冷端，主控卡使用 XP233 卡采集的冷端温度并进行处理。

用户可通过上位机对 XP314 卡进行组态，决定其对何种信号进行处理，并可随时在线更改，使用方便灵活。

XP314 电压输入卡的跳线设置利用 J2 完成，如表 5-12 所示。

表 5-12　XP314 电压输入卡跳线

J2	1-2	2-3
状态	单卡	冗余

（5）XP316 热电阻信号输入卡

XP316 型热电阻信号输入卡是一块智能型的、分组隔离的、专用于测量热电阻信号的、可冗余的四路 A/D 转换卡。每一路可单独组态并可以接收 Pt100、Cu50 两种热电阻信号，将其调理后转换成数字信号并通过数据转发卡 XP233 送给主控制卡 XP243。XP316 热电阻输入卡的结构如图 5-13 所示。

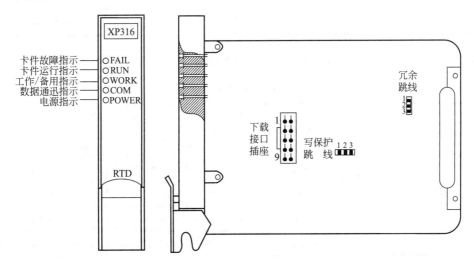

图 5-13　XP316 热电阻输入卡结构图

XP316 热电阻输入卡指示灯功能与 XP313 电流输入卡完全一致，见表 5-9。

XP316 热电阻输入卡的跳线设置与 XP314 电压输入卡完全一致，见表 5-12。

（6）XP322 电流信号输出卡

XP322 模拟信号输出卡为 4 路点点隔离型电流（Ⅱ型或Ⅲ型）信号输出卡。作为带 CPU 的高精度智能化卡件，具有实时检测输出信号的功能，它允许主控制卡监控输出电流。XP322 模拟信号输出卡的结构如图 5-14 所示。

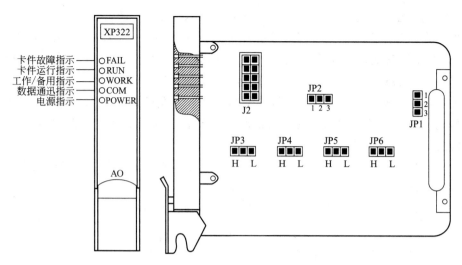

图 5-14 XP322 电流信号输出卡结构图

XP322 模拟信号输出卡指示灯功能与 XP313 电流输入卡完全一致,见表 5-9。

XP322 模拟信号输出卡的跳线设置通过 JP1~JP6 完成。

卡件的工作状态设置可以通过 JP1 进行,见表 5-13。

表 5-13 卡件跳线设置说明

元件编号	跳 1-2	跳 2-3
JP1	单卡工作	冗余工作

通过 JP3~JP6 可以分别对每个通道选择不同的带负载能力,具体设置详见表 5-14。

表 5-14 卡件跳线设置说明

元件编号	通道号	负 载 能 力	
		LOW 挡	HIGH 挡
JP3	第 1 通道	II 型 1.5kΩ/III 型 750Ω	II 型 2kΩ/III 型 1kΩ
JP4	第 2 通道	II 型 1.5kΩ/III 型 750Ω	II 型 2kΩ/III 型 1kΩ
JP5	第 3 通道	II 型 1.5kΩ/III 型 750Ω	II 型 2kΩ/III 型 1kΩ
JP6	第 4 通道	II 型 1.5kΩ/III 型 750Ω	II 型 2kΩ/III 型 1kΩ

(四) 系统软件

JX-300XP 系统软件体系基于中文 Windows 2000/NT 开发,用户界面友好,所有的命令都以形象直观的功能图标表示,只需用鼠标即可轻而易举地完成操作,使用更方便简洁,再加上操作员键盘的配合,控制系统设计实现和生产过程实时监控快捷方式。

AdvanTrol-Pro 软件包由系统组态软件和系统运行监控软件两大部分构成,如表 5-15 所示。

系统组态软件通常安装在工程师站,其软件构架如图 5-15 所示。

表 5-15 系统软件内容

系统软件种类	系统软件名称	软件符号
系统组态软件	用户授权管理软件	SCReg
	系统组态软件	SCKey
	图形化编程软件	SCControl
	语言编程软件	SCLang
	流程图制作软件	SCDrawEx
	报表制作软件	SCFormEx
	二次计算组态软件	SCTask
	ModBus 协议外部数据组态软件	AdvMBLink
系统运行监控软件	实时监控软件	AdvanTrol
	数据服务软件	AdvRTDC
	数据通信软件	AdvLink
	报警记录软件	AdvHisAlmSvr
	趋势记录软件	AdvHisTrdSvr
	ModBus 数据连接软件	AdvMBLink
	OPC 数据通信软件	AdvOPCLink
	OPC 服务器软件	AdvOPCServer
	网络管理和实时数据传输软件	AdvOPNet
	历史数据传输软件	AdvOPNetHis

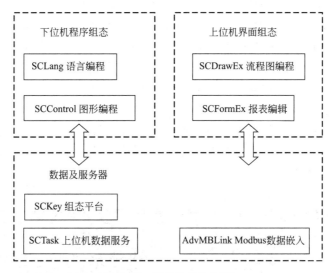

图 5-15 系统软件体系图

(1) 用户授权管理软件 (SCReg)

用户授权管理软件用于完成对系统操作人员的授权管理。在软件中将用户级别分为观察员、操作员-、操作员、操作员+、工程师-、工程师、工程师+、特权-、特权、特权+共十个层次。不同级别的用户拥有不同的授权设置，即拥有不同范围的操作权限。对每个用户也可专门指定（或删除）其某种授权。只有工程师及以上的级别才可以进入用户授权管理界面进行授权设置。

用户授权管理软件的用户授权操作界面如图 5-16 所示。

图 5-16　用户授权操作界面

(2) 系统组态软件

SCKey 组态软件主要是完成 DCS 的系统组态工作。组态软件界面中设计有组态树窗口，用户从中可清晰地看到从控制站直到信号点的各层硬件结构及其相互关系，也可以看到操作站上各种操作画面的组织方式。SCKey 组态软件通过简明的下拉菜单和弹出式对话框建立友好的人机交互界面，并大量采用 Windows 的标准控件，易学易用。另外，SCKey 组态软件还提供了强大的在线帮助功能，用户只需按 F1 键或选择菜单中的帮助项，就可以随时得到帮助提示。

SCKey 组态软件管理界面如图 5-17 所示。

(3) 流程图制作软件（SCDrawEx）

流程图制作软件是一个具有良好用户界面的流程图制作软件。它以中文 Windows2000 操作系统为平台，为用户提供了一个功能完备且简便易用的流程图制作环境。

流程图组态工作画面如图 5-18 所示。

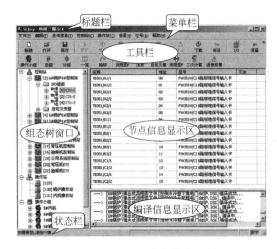

图 5-17　SCKey 组态软件管理界面

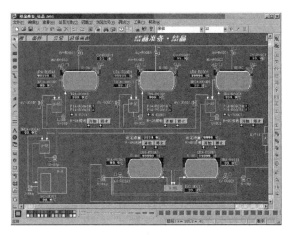

图 5-18　流程图制作界面

(4) 实时监控软件（AdvanTrol）

实时监控软件是基于 Windows2000 中文版开发的 SUPCON WebField 系列控制系统的上位机监控软件，用户界面友好。其基本功能为：数据采集和数据管理。它可以从控制系统或其他智能设备采集数据以及管理数据，进行过程监视、控制、报警、报表、数据存档等。

实时监控软件所有的命令都化为形象直观的功能图标，通过鼠标和操作员键盘的配合使用，可以方便地完成各种监控操作。

实时监控软件的主要监控操作画面有如下几种。

① 调整画面 通过数值、趋势图以及内部仪表来显示位号的信息。调整画面显示的位号类型有：模入量、自定义半浮点量、手操器、自定义回路、单回路、串级回路、前馈控制回路、串级前馈控制回路、比值控制回路、串级变比值控制回路、采样控制回路等。调整画面如图 5-19 所示。

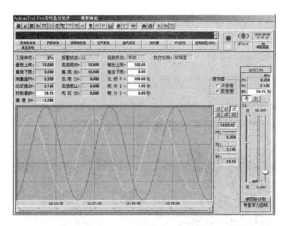

图 5-19 实时监控调整画面

图 5-20 实时监控报警一览画面

② 报警一览画面 用于根据组态信息和工艺运行情况动态查找新产生的报警并显示符合条件的报警信息。画面中可显示报警序号、报警时间、数据区（组态中定义的报警缩写标识）、位号名、位号描述、报警内容、优先级、确认时间和消除时间等。在报警信息列表中可以显示实时报警信息和历史报警信息两种状态。实时报警列表每过一秒钟检测一次位号的报警状态，并刷新列表中的状态信息。历史报警列表只是显示已经产生的报警记录。报警一览画面如图 5-20 所示。

③ 系统总貌画面 它是各个实时监控操作画面的总目录，主要用于显示过程信息，或者作为索引画面，进入相应的操作画面，也可以根据需要设计成特殊菜单页。每页画面最多显示 32 块信息，每块信息可以为过程信息点（位号）和描述、标准画面（系统总貌、控制分组、趋势图、流程图、数据一览等）索引位号和描述。过程信息点（位号）显示相应的信息、实时数据和状态。标准画面显示画面描述和状态。总貌画面如图 5-21 所示。

④ 控制分组画面 通过内部仪表的方式显示各个位号以及回路的各种信息。信息主要包括位号名（回路名）、位号当前值、报警状态、当前值柱状显示、位号类型以及位号注释等。每个控制分组画面最多可以显示八个内部仪表，通过鼠标单击可修改内部仪表的数据或状态。控制分组画面如图 5-22 所示。

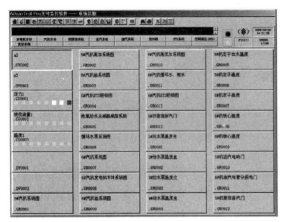

图 5-21 实时监控系统总貌画面　　　　图 5-22 实时监控控制分组画面

⑤ 趋势画面　根据组态信息和工艺运行情况，以一定的时间间隔记录一个数据点，动态更新趋势图，并显示时间轴所在时刻的数据。每页最多显示 8*4 个位号的趋势曲线，在组态软件中进行监控组态时确定曲线的分组。运行状态下可在实时趋势与历史趋势画面间切换。点击趋势设置按钮可对趋势进行设置。趋势画面如图 5-23 所示。

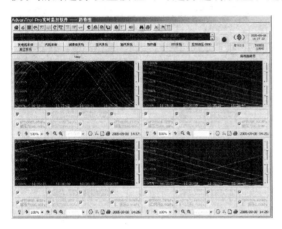 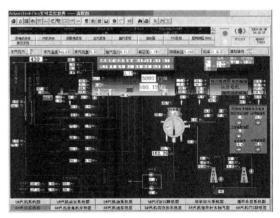

图 5-23 实时监控趋势画面　　　　图 5-24 实时监控流程图画面

⑥ 流程图画面　是工艺过程在实时监控画面上的仿真，由用户在组态软件中产生。流程图画面根据组态信息和工艺运行情况，在实时监控过程中动态更新各动态对象，如数据点、图形等。流程图画面如图 5-24 所示。

⑦ 数据一览画面　根据组态信息和工艺运行情况，动态更新每个位号的实时数据值。最多可以显示 32 个位号信息，包括序号、位号、描述、数值和单位共五项信息。数据一览画面如图 5-25 所示。

⑧ 故障诊断画面　对系统通信状态、控制站的硬件和软件运行情况进行诊断，以便及时、准确地掌握系统运行状况。实时监控的故障诊断画面如图 5-26 所示。

（五）注意事项

① 在进行连接或拆除前，请确认计算机电源开关处于"关"状态。此操作疏忽可能引起严重的人员伤害和计算机设备的损坏。

② 所有拔下的或备用的 I/O 卡件应包装在防静电袋中，严禁随意堆放。

第五章 计算机控制系统

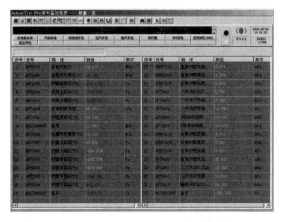

图 5-25 实时监控数据一览画面

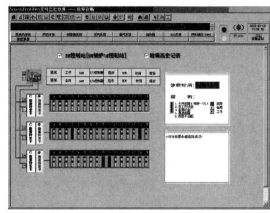

图 5-26 实时监控流故障诊断画面

③ 插拔卡件之前，需做好防静电措施，如带上接地良好的防静电手腕，或进行适当的人体放电。

④ 系统重新上电前必须确认接地良好，包括接地端子接触、接地端对地电阻（要求小于 4Ω）。

⑤ 系统应严格遵循以下上电步骤

● 控制站

UPS 输出电压检查；

电源箱依次上电检查；

机笼配电检查；

卡件自检、冗余测试等。

● 操作站

依次给操作站的显示器、工控机等设备上电；

计算机自检通过后，检查确认 Windows NT/2000 系统、AdvantTrol 系统软件及应用软件的文件夹和文件是否正确，硬盘空间应无较大变化。

● 网络

检查网络线缆通断情况，确认连接处接触良好，否则应及时更换故障线缆；

做好双重化网络线的标记，上电前检查确认；

上电后做好网络冗余性能的测试。

第三节 可编程序控制器

可编程序控制器（PLC）是过程控制的专用微型机系统。进入 20 世纪 80 年代以后，PLC 作为与 DCS 并驾齐驱的另一主流计算机控制系统正在迅速崛起。随着功能、性能和结构的改进，其应用范围不断扩大，已从原来适用于"顺序逻辑控制"发展到"模拟量的连续控制"。

由于 PLC 独特的优越性，各个国家竞相开发、研制，推出各种系列的 PLC。虽然品种很多，但是它们的工作原理都基本相同。德国西门子公司生产的 S7-200 系列 PLC 具有结构紧凑、扩展性良好、指令功能强大及性价比高等特点，是当代各种小型控制工程的理想控制器。

本节着重介绍 S7-200 PLC 的硬件配置和基本指令。

一、S7-200 PLC 的硬件配置

（一）S7-200 PLC 的系统组成

1. S7-200 PLC 系统的基本组成

S7-200 PLC 系统的基本组成包括主机单元和编程器两部分。

S7-200 PLC 的主机单元集成一定数字 I/O 点的 CPU 共有两个系列：CPU21X（CPU212、214、215、216，为 S7-200 的第一代产品）及 CPU22X（CPU221、222、224、226、226XM，为 S7-200 的第二代产品）。CPU22X 系列主机单元基本性能如表 5-16 所示。

表 5-16 CPU22X 系列主机单元基本性能

主机型号	CPU221	CPU222	CPU224	CPU226	CPU226XM
本机 DI/DO	6入/4出	8入/6出	14入/10出	24入/16出	24入/16出
扩展后最大输入/输出	无 I/O 扩展能力	2个模块 数字 40/38 模拟（8入/2出）或 4出	7个模块 数字 94/74 模拟（28入/7出）或 14出	7个模块 数字 128/120 模拟（28入/7出）或 14出	7个模块 数字 128/120 模拟（28入/7出）或 14出
存储器	6KB	6KB	13KB	13KB	26KB
30kHz 高速计数器	4个	4个	6个	6个	6个
20kHz 高速脉冲输出	2路	2路	2路	2路	2路
PID 控制器	无	有	有	有	有
RS-485 通信/编程口	1个	1个	1个	2个	2个
PPI 点对点协议	有	有	有	有	有
MPI 多点协议	有	有	有	有	有
自由方式通信	有	有	有	有	有
其他	适用于小型数字量控制	是具有扩展能力、适应性更广泛的小型 PLC	是具有较强控制能力的小型 PLC	用于有较高要求的中小型控制系统	用于较高要求的中小型控制系统

编程器有手持编程器、图形编程器、PC 机等。通常使用 PC 机编程更加普遍。

2. S7-200 PLC 系统的扩展配置

S7-200 为整体型的小型机，其 I/O（输入/输出）点数、I/O 点分配、I/O 点的信号类型都是固定的。为使 PLC 的应用更加灵活，S7-200 PLC 设有数字量扩展单元模板、模拟量扩展单元模板、通信模板、网络设备以及人机界面 HMI 等多种扩展单元模板。扩展单元模板的性能如表 5-17 所示。

扩展单元要安装在主机单元的右侧，配合主机单元使用，不能单独使用。

（二）S7-200 PLC 的编程元件

PLC 在其系统软件管理下，将用户程序存储器划分出若干个区，并将这些区赋予不同的功能，由此组成了各种内部器件，这些内部器件就是 PLC 的编程元件。为了使 PLC 更加直观、形象，这些编程元件沿用了传统的继电器-接触器控制中的继电器的名称，但它们不是真实的物理继电器，只是存储器中的某些存储单元。一个继电器对应一个基本的存储单

表 5-17 扩展单元一览表

名称		型号	I/O 点数
数字量扩展模板	数字量输入(DI)扩展模板	EM221	8 点 DC 输入(光电耦合器隔离)
	数字量输出(DO)扩展模板	EM222	8 点 24VDC 输出
			8 点继电器输出
	数字量混合输入/输出(DI/DO)扩展模板	EM223	24VDC 4 入/4 出
			24VDC 4 入/继电器 4 出
			24VDC 8 入/8 出
			24VDC 8 入/继电器 8 出
			24VDC 16 入/16 出
			24VDC 16 入/继电器 16 出
模拟量扩展模板	模拟量输入(AI)扩展模板	EM231	4 路 12 位模拟量输入
	模拟量输出(AO)扩展模板	EM232	2 路 12 位模拟量输出
	模拟量混合输入/输出(AI/AO)扩展模板	EM235	4 路模拟量输入/1 路模拟量输出
通信模板	通信处理器	EM277	是连接 SIMATIC 现场总线 PROFIBUS-DP 从站的通信模板,可将 S7-200CPU 作为现场总线 PROFIBUS-DP 从站接到网络中
	通信处理器	CP243-2	是 S7-200 的 AS-i 主站,通过连接 AS-i 可显著地增加 S7-200 的数字量输入/输出点数。每个主站最多可连接 31 个 AS-i 从站。S7-200 最多可同时处理 2 个 CP243-2,每个 CP243-2 的 AS-i 上最大有 124DI/124DO
人-机操作界面 HMI	文本显示器	TD200	是操作员界面,不需要单独电源,只需将其连接电缆接到 CPU22X 的 PPI 接口上,用 STEP7-Micro/WIN 进行编程
	触摸屏	TP070、TP170A、TP170B 及 TP7、TP27	触摸屏是一种最新的电脑输入设备,可通过 MPI 及 PROFIBUS-DP 与 S7-200 连接;利用 STEP7-Micro/WIN(Pro)和 SIMATIC ProTool/Lite V5.2 进行组态

元,即 1 位 (1bit);8 个基本单元形成一个 8 位二进制数,称为 1 个字节 (1Byte);连续 2 个字节构成一个 16 位的二进制数,称为 1 个字 (1Word),或一个通道;连续的 2 个通道构成双字 (Double Word)。它们之间的关系如图 5-27 所示。

S7-200 PLC 的主要编程元件如表 5-18 所示。

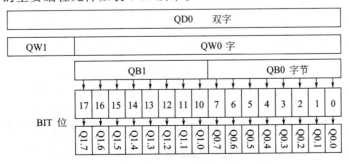

图 5-27 位、字节、字、双字的关系

表 5-18　S7-200PLC 的主要编程元件

	元件名称	代号	功　能	范　围
输入/输出继电器	输入继电器	I	输入映像寄存器,接收来自现场的输入信号。通常按"字节.位"的编址方式来读取一个继电器的状态,也可以按"字节"、"字"来读取。输入继电器的状态是由现场输入信号决定的,不能通过编程方式改变。在输入端子上未接入输入器件的输入继电器只能空,不可挪作他用	I0.0~I15.7
	输出继电器	Q	输出映像寄存器,驱动现场的执行元件。采用"字节.位"的编址方式,输出继电器的状态是由程序执行的结果来决定。输出继电器线圈一般不能直接与梯形图的逻辑母线连接,当确实不需要任何编程元件触点控制时,可借助于特殊继电器SM0.0的常开触点	Q0.0~Q15.7
	模拟量输入/输出寄存器	AIW/AQW	PLC对模拟量输入寄存器只能作读取操作,对模拟量输出寄存器只能作写入操作。操作数据长度16位,要以偶数号字节进行编址	CPU221:AIW0~AIW30 AQW0~AQW30 CPU222:AIW0~AIW30 AQW0~AQW30 CPU224:AIW0~AIW62 AQW0~AQW62 CPU226:AIW0~AIW62 AQW0~AQW62
内部继电器/寄存器	变量寄存器	V	用于模拟量控制、数据运算、参数设置及存放程序执行过程中控制逻辑操作的中间结果。采用"位"、"字节"、"字"、"双字"编址方式	CPU221 为 V0.0~V2047.7 CPU222 为 V0.0~V2047.7 CPU224 为 V0.0~V5119.7 CPU226 为 V0.0~V5119.7 CPU226XM 为 V0.0~V10239.7
	辅助继电器	M	也称位存储区的内部标志位,相当于中间继电器,采用"字节.位"编址方式。作存储数据用时,也可以"字"、"字"、"双字"为单位	M0.0~M31.7
	特殊继电器	SM	用来存储系统的状态变量及有关的控制参数和信息。PLC通过特殊继电器为用户提供一些特殊的控制功能和系统信息,也可以将对操作的特殊要求通过它通知PLC	SM0.0~299.7
	定时器	T	相当于时间继电器	T0~255
	计数器	C	用来对输入脉冲个数进行累计	C0~255
	高速计数器	HC	普通计数器的计数频率受扫描周期的制约,在需要高频计数的情况下,可使用高速计数器。与高速计数器对应的数据,只有一个高速计数器的当前值,是一个带符号的32位的双字数据	CPU221:HC0,HC3~HC5 CPU222:HC0,HC3~HC5 CPU224:HC0~HC5 CPU226:HC0~HC5
	累加器	AC	是用来暂存数据的寄存器,可以向子程序传递参数,或从子程序返回参数,也可用来存放运算数据、中间数据及结果数据。采用"字节"、"字"、"双字"的编址方式。以字节或字为单位存取累加器时,是访问累加器的低8位或低16位	AC0~AC3,共4个32位累加器
	状态继电器(顺序控制继电器)	S	是使用步进控制指令编程时的重要编程元件,用状态继电器和相应的步进控制指令,可以在小型PLC上编制较复杂的控制程序	S0.0~S31.7
	局部变量存储器	L	用于存储局部变量。它与变量寄存器的区别是:变量寄存器可以被主程序、子程序、中断程序等任何一个程序读取,而局部变量存储器则和特定的程序相关联。S7-200 PLC给主程序、每级嵌套子程序、中断程序各分配64个局部变量存储器,彼此不能互访。可采用"位"、"字节"、"字"、"双字"的编址方式。可将其作为间接寻址的指针,但不能作为间接寻址的存储器区	L0.0~L59.7

（三）S7-200 PLC 的 I/O 编址

1. S7-200 PLC 的 I/O 编址方法

编址：就是对输入/输出模块上的 I/O 点进行编码，以便程序执行时可以唯一地识别每个 I/O 点。

S7-200 PLC 采用固定地址方式，地址是自动分配的，它与模板的类型、插槽的位置无关。CPU22X 主机模板的 I/O 点的地址是固定的，若需扩展，可在主机模板的右边连接扩展模板（增加扩展模板时要考虑 CPU 的扩展能力）。

① 数字量 I/O 点的编址是以字长为单位，采用标志域（I 或 Q）、字节号和位号三部分的组成形式，在字节号和位号之间以点分隔，习惯上称作字节·位编址。每个 I/O 点就有了唯一的识别地址，如

Q	1	·	5
标志域（输出 Q、输入 I）	字节地址	字节号和位号的分隔点	字节中位的编号（0～7）

数字量输入输出的字节和位编址都是从 0 开始，每个位都是 0～7，共 8 位。

② 模拟量 I/O 编址是以字长（16 位）为单位。在读写模拟量信息时，模拟输入输出按字单位读写。模拟输入只能进行读操作，而模拟输出只能进行写操作，每个模拟输入输出都是一个模拟端口。一模拟端口的地址由标志域（AI/AQ）、数据长度标志（W）以及字节地址（0～30 之间的十进制偶数）组成。模拟端口的地址从 0 开始，以 2 递增（如：AIW0、AIW2、AIW4 等），对模拟端口奇数编址是不允许的。如

AI	W	8
标志域（模出 AQ、模入 AI）	数据长度（字）	字节地址（0、2、4……）

③ 扩展模块的编址，由扩展模块 I/O 端口的类型及其在扩展 I/O 链中的位置决定。扩展模块的编址按照由左至右，地址编码依次排序。扩展模块的数字量 I/O 点编址以字节·位编址形式，扩展模块的模拟量 I/O 编址仍以字长（16 位）为单位。

2. S7-200 PLC 的基本编址表

S7-200PLC 有 5 种 CPU，其中的 CPU224（14 入/10 出）的基本编址如表 5-19 所示。

表 5-19 CPU224 的基本编址表

种 类	地 址 号
输入点地址	I0.0、I0.1、I0.2、I0.3、I0.4、I0.5、I0.6、I0.7 I1.0、I1.1、I10.2、I1.3、I1.4、I1.5
输出点地址	Q0.0、Q0.1、Q0.2、Q0.3、Q0.4、Q0.5、Q0.6、Q0.7 Q1.0、Q1.1

3. S7-200 的扩展编址

【例 5-1】 某设备要求采用 S7-200 PLC 控制，系统所需的 I/O 点数为 24 点 DI、20 点 DO、6 点 AI、2 点 AO。若要求主机采用 CPU224，可以有多种组合方案。图 5-28 所示是

图 5-28 I/O 链图

方案之一。

则该扩展系统的编址表如表 5-20 所示。

表 5-20　扩展系统的编址表

主机 I/O	模块 1I/O	模块 2I/O	模块 3I/O	模块 4I/O	模块 5I/O
I0.0　Q0.0	I2.0	Q2.0	AIW0　AQW0	I3.0　Q3.0	AIW8　AQW2
I0.1　Q0.1	I2.1	Q2.1	AIW2	I3.1　Q3.1	AIW10
I0.2　Q0.2	I2.2	Q2.2	AIW4	I3.2　Q3.2	AIW12
I0.3　Q0.3	I2.3	Q2.3	AIW6	I3.3　Q3.3	AIW14
I0.4　Q0.4	I2.4	Q2.4			
I0.5　Q0.5	I2.5	Q2.5			
I0.6　Q0.6	I2.6	Q2.6			
I0.7　Q0.7	I2.7	Q2.7			
I1.0　Q1.0					
I1.1　Q1.1					
I1.2					
I1.3					
I1.4					
I1.5					

二、S7-200 PLC 的编程

1. 编程语言

S7-200 系列 PLC 有两种基本指令集：SIMATIC 指令集和 IEC1131-3 指令集，编程时可以任选一种。

SIMATIC 指令集是 SIEMENS 公司 S7 系列专用指令集，通常执行时间短，而且可以用梯形图 LAD、语句表 STL 和功能块图 FBD 三种语言编写。如图 5-29 所示。

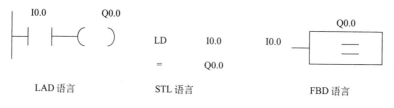

图 5-29　S7-200 PLC 的编程语言

梯形图为各种 PLC 首选的第一用户语言。

IEC1131-3 指令集是国际电工委员会（IEC）为不同 PLC 生产厂家制定的指令标准。

2. 基本逻辑指令

基本逻辑指令的符号、功能及说明如表 5-21 所示。

表 5-21 基本逻辑指令表

指令名称	梯形图符号及语句表格式	功能	说明
装载指令	─┤ bit ├─ LD bit ─┤ bit /├─ LDN bit	与电源左母线相连，表示一个逻辑行或程序段的开始	指定继电器的取值范围是：I、Q、M、SM、T、C、V、S
线圈驱动指令	─(bit)─ = bit	线圈驱动指令是用前面逻辑运算的结果驱动指定的线圈	①线圈驱动指令的操作数的范围：Q、M、SM、T、C、V、S，线圈驱动指令不能用于输入继电器 ②线圈驱动指令的操作数一般不能重复使用 ③用线圈驱动指令可以实现连续输出
串联触点指令	─┤ bit ├─ A bit ─┤ bit /├─ AN bit	串联单个触点	①该指令应用于单个触点串联，可连续使用 ②利用该指令可实现连续输出 ③操作数范围：I、Q、M、SM、T、C、V、S
并联触点指令	bit O bit bit ON bit	并联单个触点	①该指令应用于并联单个触点，可连续使用 ②操作数范围：I、Q、M、SM、T、C、V、S
串联触点块指令	ALD	用于梯形图中串联触点块的结构形式	ALD 集中使用时，不得超过 8 次
并联触点块指令	OLD	用于梯形图中并联触点块的结构形式	OLD 集中使用时，不得超过 8 次

【例 5-2】 将图 5-30 所示的梯形图译成语句表

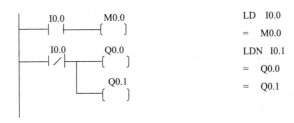

```
LD   I0.0
=    M0.0
LDN  I0.1
=    Q0.0
=    Q0.1
```

图 5-30 【例 5-2】的梯形图及语句表

【例 5-3】 用开关 K 控制灯 L，且 K 通则灯灭，K 断则灯亮。用梯形图、语句表两种语言设计。

I/O 端子分配：K——I0.0　　L——Q0.0

设计结果如图 5-31 所示。

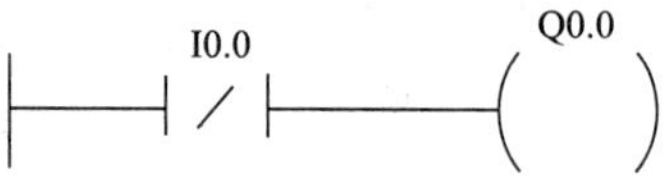

```
    ┤/├─────( )         LDN    I0.0
    I0.0    Q0.0         =     Q0.0
```

图 5-31 【例 5-3】的梯形图及语句表

【**例 5-4**】 用开关 K1、K2 控制灯 L，当 K1、K2 均通时，L 亮；K1、K2 任一个断开时，L 灭。用梯形图、语句表两种语言设计。

I/O 端子分配：K1——I0.0　K2——I0.1　　L——Q0.0

设计结果如图 5-32 所示。

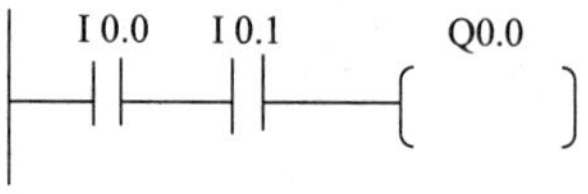

```
    ┤├──┤├─────( )      LD    I0.0
    I0.0 I0.1  Q0.0      A     I0.1
                         =     Q0.0
```

图 5-32 【例 5-4】的梯形图及语句表

【**例 5-5**】 用按钮 SB1、SB2 控制电机 M，SB1 通一下，电机启动，且一直转，SB2 通一下电机停。用梯形图、语句表两种语言设计。

其主电路、I/O 端子分配、梯形图及语句表如图 5-33 所示。

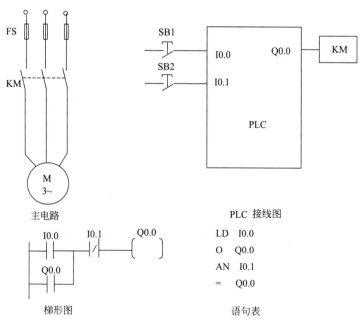

图 5-33 三相笼式异步电动机启停控制

这是典型的具有自锁功能的梯形图。

【**例 5-6**】 简易三组抢答器的设计。

功能要求：三组各有一个常开按钮和一盏灯，分别是 SB1、SB2、SB3，L1、L2、L3。任何一组抢先按下按钮，则对应的灯亮、铃响，此时，其他组按钮失效，直到主持人按下复位按钮 SB4 时，灯灭、消音。

编址：SB1——I0.0，SB2——I0.1，SB3——I0.2，SB4——I0.3

L1——Q0.0，L2——Q0.1，L1——Q0.2，D——Q0.3

则梯形图及语句表如图 5-34 所示。

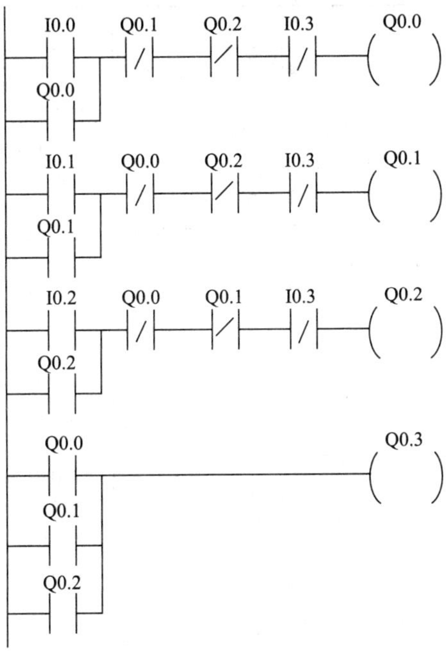

```
                                              NETWORK 1
    I0.0   Q0.1  Q0.2  I0.3      Q0.0         LD    I0.0
    ─┤├────┤/├──┤/├──┤/├────────(  )          O     Q0.0
    Q0.0                                      AN    Q0.1
    ─┤├─┘                                     AN    Q0.2
                                              AN    I0.3
                                              =     Q0.0
    I0.1   Q0.0  Q0.2  I0.3      Q0.1         NETWORK 2
    ─┤├────┤/├──┤/├──┤/├────────(  )          LD    I0.1
    Q0.1                                      O     Q0.1
    ─┤├─┘                                     AN    Q0.0
                                              AN    Q0.2
                                              AN    I0.3
                                              =     Q0.1
    I0.2   Q0.0  Q0.1  I0.3      Q0.2         NETWORK 3
    ─┤├────┤/├──┤/├──┤/├────────(  )          LD    I0.2
    Q0.2                                      O     Q0.2
    ─┤├─┘                                     AN    Q0.0
                                              AN    Q0.1
                                              AN    I0.3
                                              =     Q0.2
    Q0.0                         Q0.3         NETWORK 4
    ─┤├──────────────────────────(  )         LD    Q0.0
    Q0.1                                      O     Q0.1
    ─┤├─┘                                     O     Q0.2
    Q0.2                                      =     Q0.3
    ─┤├─┘
```

图 5-34 简易三组抢答器的梯形图及语句表

这是既有自锁功能，又有互锁功能的梯形图。

3. 定时器指令

S7-200PLC 定时器分为：接通延时定时器（TON）

　　　　　　　　　　断开延时定时器（TOF）

　　　　　　　　　　保持型接通延时定时器（TONR）

T0～T255 共 256 个。其中，TONR 64 个，其余 192 个为 TON 或 TOF。定时精度可分为 3 个等级：1ms，10ms 和 100ms。定时器的定时精度及编号见表 5-22。

表 5-22 定时器参数一览表

定时器类型	定时精度/ms	定时器号	最大定时时间/s
TONR	1	T0,T64	32.767
	10	T1～T4,T65～T68	327.67
	100	T5～T31,T69～T95	3276.7
TON TOF	1	T32,T96	32.767
	10	T33～T36,T97～T100	327.67
	100	T37～T63,T101～T255	3276.7

定时器的定时时间为：$T = PT \times S$

式中　T——定时器的定时时间；

　　PT——定时器的设定值，数据类型为整数型；

　　S——定时器的精度。

三种定时器的具体内容见表 5-23。

表 5-23　定时器参数一览表

指令名称	梯形图符号及语句表格式	功能	说明
接通延时定时器	Tn ―IN TON ―PT TON Tn, PT	当 IN＝0 时,定时器的当前值 SV＝0,Tn＝0。 当 IN＝1 时,定时器开始计时,每过一个时基时间,SV＝SV＋1,当 SV＝PT 时,延时时间到,Tn＝1,之后,SV 继续增加,直到 SV＝32767(最大值)时,停止计时。 当 IN＝0 时,定时器复位(SV＝0,Tn＝0)	①在程序中也可以使用复位指令 R 使定时器复位 ②操作数范围： 定时器编号：n＝0～255 IN 信号范围：I,Q,M,SM,T,C,V,S PT 值范围：IW,QW,MW,SMW,VW,SW,LW,AIW,T,C,常数,AC,＊VD,＊AC,＊LD
保持型接通延时定时器	Tn ―IN TONR ―PT TONR Tn, PT	当 IN＝0 时,SV＝0,Tn＝0。 当 IN＝1 时,定时器开始计时,每过一个时基时间,SV＝SV＋1,当 SV＝PT 时,定时器的延时时间到,Tn＝1。任意时刻,IN＝0 时,当前值均保持(记忆),当再次 IN＝1 时,SV 继续加 1,直到 SV＝32767(最大值)时,停止计时,SV 将保持不变。只要 SV≥PT 值,定时器的状态就为 1	①保持型接通延时定时器采用线圈的复位指令(R)进行复位操作。 ②操作数范围： 定时器编号：n＝0～255 IN 信号范围：I,Q,M,SM,T,C,V,S PT 值范围：IW,QW,MW,SMW,VW,SW,LW,AIW,T,C,常数,AC,＊VD,＊AC,＊LD(字)
断开延时定时器	Tn ―IN TOF ―PT TOF Tn, PT	当 IN＝0 时,SV＝PT,Tn＝0 当 IN＝1 时,SV＝0,Tn＝1(常开触点闭合,常闭触点断开),定时器没有工作。 当 IN＝0 时,定时器开始工作,每过一个时基时间,定时器的当前值 SV＝SV＋1,当 SV＝PT 时,定时器的延时时间到,Tn＝0。在定时器输出状态改变后,定时器停止计时,SV 将保持不变。 当 IN 由 0 变为 1 时,则 SV 被复位(SV＝0,Tn＝1)	操作数范围： 定时器编号：n＝0～255 IN 信号范围：I,Q,M,SM,T,C,V,S PT 值范围：IW,QW,MW,SMW,VW,SW,LW,AIW,T,C,常数,AC,＊VD,＊AC,＊LD(字)

【例 5-7】　开关 K1 闭合,6.5s 后 L 灯亮；K2 通,则灯灭。

I/O 端子分配：K1——I0.0,K2——I0.1,L——Q0.0

梯形图如图 5-35 所示。

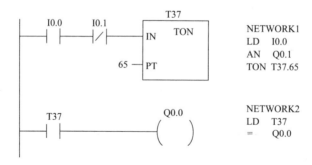

图 5-35　【例 5-7】的梯形图及语句表

【例 5-8】　设计增强型三组抢答器。

在简易三组抢答器基础上增加功能。

① 任一组抢到后,对应灯一直亮、铃响 2s 自动停。

② 当主持人按复位按钮 SB4 后，灯灭，开始答题，1min 后，答题时间到，铃响 2s 自动停。

编址：SB1——I0.0，SB2——I0.1，SB3——I0.2，SB4——I0.3
　　　　L1——Q0.0，L2——Q0.1，L1——Q0.2，　D——Q0.3

则梯形图及语句表如图 5-36 所示。

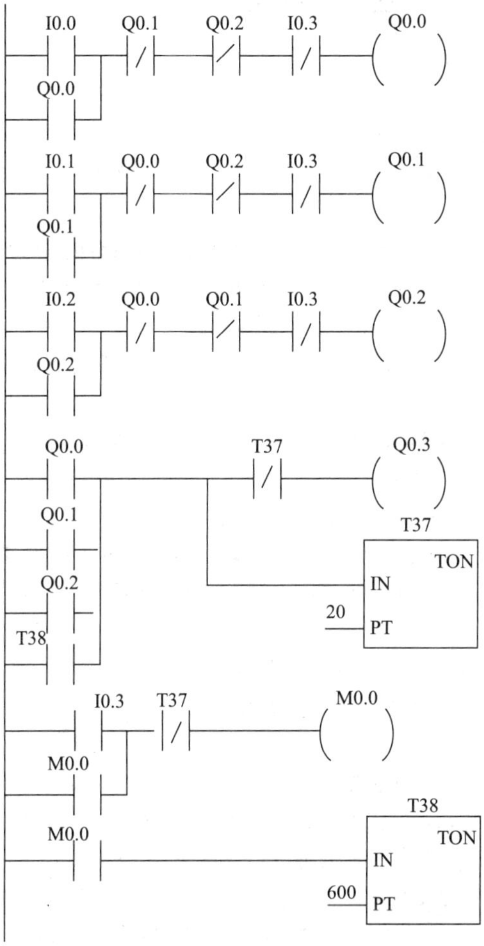

```
NETWORK1
LD    I0.0
O     Q0.0
AN    Q0.1
AN    Q0.2
AN    I0.3
=     Q0.0

NETWORK2
LD    I0.1
O     Q0.1
AN    Q0.0
AN    Q0.2
AN    I0.3
=     Q0.1

NETWORK3
LD    I0.2
O     Q0.2
AN    Q0.0
AN    Q0.1
AN    I0.3
=     Q0.2

NETWORK4
LD    Q0.0
O     Q0.1
O     Q0.2
O     T38
TON   T37,20
AN    T37
=     Q0.3

NETWORK5
LD    I0.3
O     M0.0
AN    T37
=     M0.0

NETWORK6
LD    M0.0
TON   T38,600
```

图 5-36　增强型抢答器的梯形图及语句表

本 章 小 结

① 计算机控制系统的分类：操作指导控制系统、直接数字控制系统、监督计算机控制系统、集中分散控制系统、可编程序控制器控制系统。

② 集中分散控制系统 DCS 的特点是分散控制、集中管理，它是 4C 技术的产物。

③ JX-300XP DCS 的系统构成。

④ JX-300XP DCS 的系统主要性能指标。

⑤ JX-300XP DCS 系统的卡件型号及外特性。

⑥ JX-300XP DCS 的系统软件。

⑦ S7-200 PLC 的系统组成。

⑧ S7-200 PLC 系统的扩展配置。

⑨ S7-200 PLC 的编程元件。

⑩ S7-200 PLC 的 I/O 编址。

⑪ S7-200 PLC 的基本逻辑指令及应用。

习题与思考题

5-1 简述计算机控制系统分为哪几类？各有何特点？

5-2 什么是集散型控制系统？什么是 4C 技术？

5-3 JX-300XP DCS 控制系统由哪几部分构成？

5-4 SCnet Ⅱ 过程控制网的 1 个控制区域可包括多少个控制站？多少个操作员站或工程师站？总容量为多少点？

5-5 JX-300XP DCS 控制站的每只机柜最多可配置几只机笼？其中几只电源箱机笼？几只卡件机笼？

5-6 JX-300XP DCS 的主控卡的型号是什么？有何功能？各个指示灯的显示内容是什么？若主控卡地址号为 04，则 SW2 开关该如何设置？

5-7 JX-300XP DCS 的数据转发卡的型号是什么？有何功能？各个指示灯的显示内容是什么？如何设置跳线？

5-8 XP313 电流信号输入卡有何功能？各个指示灯的显示内容是什么？如何设置跳线？

5-9 XP314 电压信号输入卡有何功能？各个指示灯的显示内容是什么？如何设置跳线？

5-10 XP316 热电阻信号输入卡有何功能？各个指示灯的显示内容是什么？如何设置跳线？

5-11 XP322 电流信号输出卡有何功能？各个指示灯的显示内容是什么？如何设置跳线？

5-12 JX-300XP DCS 的用户级别可分为哪十个级别？哪一级及以上的级别才可以进入用户授权管理界面进行授权设置？

5-13 用 JX-300XP DCS 的流程图制作软件画一个简单的工艺流程图。

5-14 JX-300XP DCS 的实时监控软件有哪些画面？试上机调用。

5-15 S7-200 PLC 系统的基本组成包括哪几部分？

5-16 S7-200 PLC CPU22X 系列主机单元有哪几种型号？各集成多少个 I/O 点数？可带几个扩展模块？

5-17 S7-200 PLC 的数字量扩展单元有哪几种？扩展的 I/O 点数各是多少？

5-18 S7-200 PLC 的模拟量扩展单元有哪几种？扩展的 I/O 点数各是多少？

5-19 S7-200 PLC 的编程元件有哪些？符号是什么？

5-20 若某控制要求采用 S7-200 PLC 控制，系统所需的 I/O 点数为 30 点 DI、25 点 DO、7 点 AI、4 点 AO。若要求主机采用 CPU226，试提出组合方案，并进行 I/O 编址。

5-21 用开关 K1、K2 控制灯 L，当 K1 通且 K2 断时，L 亮；K1 断或 K2 通时，L 灭，用梯形图、语句表两种语言设计。

5-22 按钮 SB1 通一下，L 灯亮，20s 后，L 灭，用梯形图、语句表两种语言设计。

第六章 典型过程单元的控制方案

> >>> **学习目标**
>
> 掌握流体输送设备、传热设备等常用设备的控制方案；熟悉锅炉液位的控制方案；了解精馏塔及反应器的控制手段。
>
> 前面已经介绍了简单控制、复杂控制及新型控制等各种控制系统。本章将以工业生产过程中几种典型的过程单元为例，了解控制系统的应用。

第一节 流体输送设备的控制方案

按输送介质的状态不同，流体输送设备可分为液体输送设备和气体输送设备。最常用的液体输送设备是泵。气体输送设备按进出口两端的压力差可分为真空泵、鼓风机和压缩机。本节将主要讨论泵和压缩机的控制方案。流体输送设备按其作用原理又可分为离心式与往复式两大类。所以自然就有离心泵、往复泵和离心式压缩机、往复式压缩机之分。

一、泵的控制

（一）离心泵的控制

离心泵是由旋转翼作用于液体产生离心力而向外输出液体的。转速越高，离心力越大，压头越高，流量也就越大。

实际工作中，常要求离心泵输出液体的流量恒定，故以泵出口流量为被控变量。控制方法有三种。

1. 离心泵的出口节流法

如图 6-1 所示。控制阀装在泵的出口管线上。当节流元件与控制阀在同一管线上时，一般把节流元件安装在控制阀的上游。

注：控制阀一般不装在入口管线（特殊情况例外），否则会产生"气缚"、"气蚀"现象。

该方案简单易行，应用广泛，但机械效率低，能量损失较大，特别是在控制阀开度较小时，阀上压降较大，对于大功率的泵，损耗的功率则更大，所以不经济。

2. 改变回流量（控制泵的出口旁路阀）

如图 6-2 所示。将泵排出的液体通过旁路阀部分回流，以达到控制出口流量的目的。经旁路返回的液体，将从泵内获得的能量完全消耗在了旁路控制阀上。所以总的机械效率较低，能量损失更大，不经济，但控制阀的口径却可以选得比出口节流阀小一些。一般来讲，旁路流量一般宜限制在泵排出总量的 20% 左右。

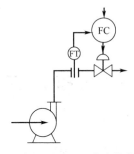
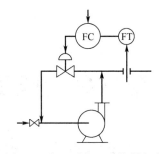

图 6-1 离心泵的出口节流控制方案　　　　图 6-2 离心泵的回流控制方案

3. 控制泵的转速

由于离心泵的排液量与电机的转速近似成正比，所以利用变频调速器调整电动机的转速来控制流量，可以提高机械效率。但这却增加了机械的复杂性，所以一般多用于功率较大的离心泵，方案如图 6-3 所示。

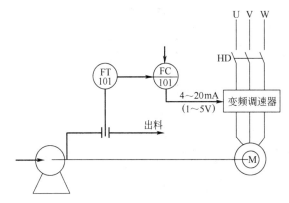
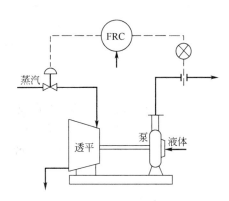

图 6-3 离心泵的转速控制方案　　　　图 6-4 离心泵的透平蒸汽控制方案

在该方案中，省掉了控制阀，而将变频调速器接在三相交流电源与电动机之间，变频调速器接收流量控制器送来的 4～20mA DC 电流（也可根据需要用 250Ω 电阻转换成 1～5V DC 电压），输出频率与该直流电流或电压相对应的三相交流电，频率变化导致电动机转速发生变化，从而改变泵出口流量。当出口流量过大，可使反作用控制器输出很小，此时变频调速器的输出频率也很小，电机低速转动，直到流量正常。该方案大大地节约了能量，克服了前两种方案的不足。

如果原动机为蒸汽透平机，可以调蒸汽量来改变转速，如图 6-4 所示。这种方案机械效率高、经济，易实施，所以应用广泛。

如果生产要求保证泵出口压力恒定，则只需将上述方案的被控变量改成出口压力即可。

（二）往复泵的控制

往复泵多用于流量较小、压头较高的场合，它的流量取决于冲程的大小、活塞的往复次数及气缸的截面积。

往复泵一般也是要求出口流量恒定。其控制方案常用的有两种，如图 6-5 所示。

1. 改变原动机的转速

可使用变频调速器实现（同离心泵控制方案）。若原动机为蒸汽透平机，则可用图 6-5(a) 所示的方案。这与离心泵用蒸汽改变原动机转速的道理是一样的。

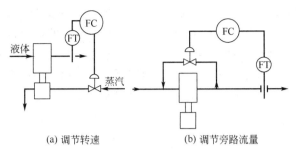

(a) 调节转速　　　　　(b) 调节旁路流量

图 6-5　往复泵的控制方案

2. 控制泵的出口旁路

如图 6-5(b) 所示。由于一部分流体打回流，部分能量白白消耗在旁路上，故经济性差。

注：往复泵的出口不允许装控制阀，因为往复泵活塞每往返一次，总有一定体积的流体排出，当在出口管线上装阀时，压头会大幅度增加，容易损坏泵体。

二、压缩机的控制

由于离心式压缩机具有体积小、重量轻、流量大、效率高、维护方便、运行可靠、输送气体不会被润滑油污染等一系列优点，所以应用越来越广泛。离心式压缩机与离心泵的控制大同小异，即也可以进行旁路回流量控制，或进行原动机转速控制。不过，对离心式压缩机有一个需要特别注意的问题就是防喘振。

图 6-6 是离心式压缩机的特性曲线。

图中 n_1、n_2、n_3 为转速，且 $n_1 < n_2 < n_3$，对应不同转速的每条曲线上都有一个对应出口压力最大值的 B 点，该点就是喘振点，其对应的出口流量值为 Q_B。当压缩机出口流量减少到 $Q < Q_B$ 时，就会发生喘振。所以将各转速下的 Q_B 连起来，就形成了喘振区，如图中的阴影部分所示。喘振发生时，气体从压缩机忽进忽出，使转子受到交变负荷，机体就发生震动，并涉及与之相连的管网和与它相连的流量计和压力表也会出现指针大幅度摆动，同时出现犹如喘息一般的噪声。假如与压缩机相连的管网容量较小并严密，可听到周期性的犹如哮喘者"喘气"一样的噪声；而当管网容量较大时，则将发出周期性似牛吼叫的噪声，同时会使压缩机损坏。

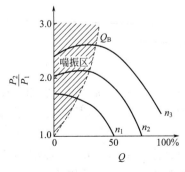

图 6-6　离心式压缩机的特性曲线

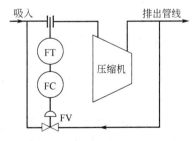

图 6-7　固定极限流量防喘振控制方案

喘振是离心式压缩机固有的特性,每一台离心式压缩机都有自己的喘振区,所以防喘振控制就显得非常必要了。因为喘振是由于入口流量太小导致的,所以为了防止喘振现象发生,应该限制入口流量,使之不低于 Q_B。如果当负荷变化时,始终保证压缩机的入口流量不低于一个固定值 Q_p,要求 $Q_p > Q_{Bm}$(Q_{Bm} 是该压缩机最大的喘振流量)。这种控制方案就是固定极限流量控制方案,如图 6-7 所示。图中防喘振控制器 FC 的设定值就是 Q_p。正常情况下,FV 控制阀是关闭的,一旦压缩机打气量减至 Q_p 时,FV 阀开启,使排出的气体回流,直到进气量高于设定值为止,从而避免喘振现象的发生。

本方案构成简单、安全、经济。但如果压缩机的转速变化较大,则低速运行时压缩机的能量浪费就太大,所以对压缩机负荷经常波动且波动幅度较大时,要采用其他方案,如可变极限流量防喘振控制方案。因方案复杂,在此不作介绍。

第二节 传热设备的控制

工业生产中常用的传热设备有:换热器、再沸器、冷凝器及加热炉等。一般传热设备的被控变量都是工艺介质的出口温度,操纵变量多数是载热体的流量,但控制方案却多种多样,下面分几种情况来讨论控制方案。

一、无相变换热器的温度控制

为保证换热器出口处介质的温度恒定,可以有以下几种控制方案。

1. 控制载热体流量

如图 6-8(a) 所示。该方案适用于载热体流量的变化对温度影响较灵敏的场合。若载热体压力不稳定,则可设计成如图 6-8(b) 所示的串级控制系统。

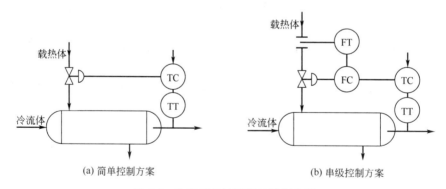

(a) 简单控制方案　　　　　　　　　(b) 串级控制方案

图 6-8　改变载热体流量的控制方案

2. 控制载热体旁路流量

当载热体本身也是工艺介质,其流量不允许控制时,上述方案就不可以使用。如果载热体本身流量的变化对温度影响较灵敏,但其总量又不允许改变时,可用图 6-9 所示的三通阀控制方案。

图 6-9(a) 为载热体进入换热器之前用分流三通阀分流;图 6-9(b) 为载热体流出换热器之后分流。用控制分流的流量来控制温度并保证载热体的总流量不受影响。

3. 控制被加热介质的自身流量

方案如图 6-10 所示。

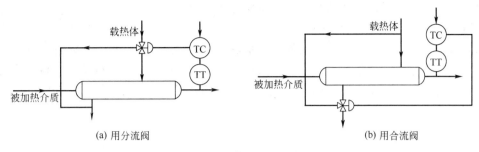

(a) 用分流阀 (b) 用合流阀

图 6-9 将载热体分流的控制方案

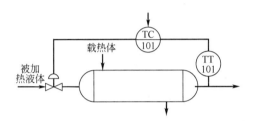

图 6-10 改变介质自身流量控制方案

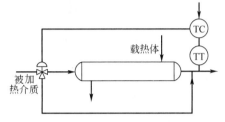

图 6-11 工艺介质分流控制方案

该方案是将控制阀安装在被加热介质进入换热器的管道上。通过控制自身流量来保证出口温度。

4. 对被加热介质进行分流控制

方案 3 使用的前提条件是被加热介质的流量允许控制。如果被加热介质的总流量不允许改变，则可以采用图 6-11 所示的介质分流控制方案。

二、利用载热体冷凝进行加热的加热器的温度控制

利用蒸气冷凝来加热介质的加热器，在工业生产中十分常见。蒸气冷凝的传热有两个过程，一是冷凝，二是降温。一般情况下，由于蒸气冷凝潜热比凝液降温的显热要大得多，所以为简化起见，有时就不考虑显热部分的热量。常用的控制方案有两种。

1. 控制蒸气流量

当蒸气压力本身比较稳定时，可采用图 6-12(a) 所示的方案。

这是最常见的一种方案，它通过改变加热蒸气量来稳定被加热介质的出口温度。

当阀前蒸气压力有波动时，可采用图 6-12(b) 所示的温度与蒸气流量（或压力）的串级控制方案。

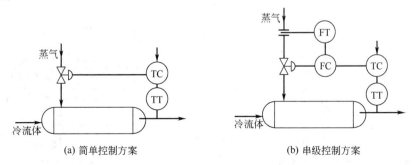

(a) 简单控制方案 (b) 串级控制方案

图 6-12 改变载热体流量的控制方案

改变加热蒸气流量的方案适合于传热面积有裕量的情况。

2．控制换热器的有效换热面积

如果被加热介质的温度很低，蒸气冷凝很快，压力迅速下降，换热器内就有可能形成负压，使凝液不易排出，聚集起来则使传热面积减少，影响传热效果。待压力升高后才能恢复排液，这就有可能引起出口温度的周期振荡。这时可以使用图 6-13 所示的控制冷凝液排出量的控制方案。

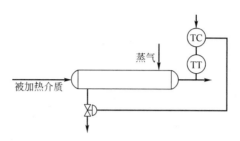

图 6-13　用冷凝液排出量控制温度方案

该方案实质是控制换热器传热面积的大小，当介质出口温度偏低时，说明传热量太小，可开大阀门，使凝液排出以加大传热面积。

该方案的控制阀可以小一些，但反应迟缓，控制器参数不好整定，调节质量不太好。一般在低压蒸气作热源、介质出口温度又较低、加热器传热面积裕量大时采用。

三、用冷却剂汽化来传热的冷却器的温度控制

用水或空气作冷却剂冷却的温度是有限的，当其冷却温度不能满足要求时，常采用液氨、乙烯、丙烯等有机化工物料作为冷却剂。这些液体冷却剂在冷却器中由液体汽化为气体时带走大量潜热，使另一种物料得到冷却，如液氨，在常压下汽化时，可以使物料冷却到 $-30℃$ 的低温。氨冷器是最常见的冷却器，下面以它为例来探讨几种方案。

1．控制液氨量

方案如图 6-14 所示。该方案必须保证传热面积有裕量，液氨蒸发空间足够大。否则，进来的液氨不能全部蒸发，介质出口温度降不下来。控制系统作用的结果是进一步加大液氨流量，使液氨积聚过多，造成恶性循环，致使出口气氨带液，引起操作事故。

所以对于蒸发空间小的冷却器，常采用下述方案。

2．改变汽化压力方案

如图 6-15 所示。由于氨的汽化温度与压力有关，所以可以通过调整压力来改变氨的汽

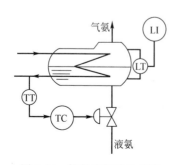

图 6-14　控制液氨流量方案

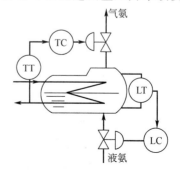

图 6-15　改变汽化压力方案

化温度。该方案将控制阀装在气氨出口管道上，改变阀门开度也就改变了汽化压力，也就改变了汽化温度。为了使液位不高于允许的上限，以保证有足够的传热面积和足够的蒸发空间，还设有辅助的液位控制系统。

只要汽化压力稍有变化，就会迅速使汽化温度发生变化，也就能迅速改变工艺介质的出口温度。所以这种方案迅速有效，但对氨冷器的耐压要求高。如果工艺上对气氨压力有要求时，这种方案不宜使用。

四、管式加热炉的控制

当利用蒸气冷凝达不到加热要求时，常用加热炉来实现传热。

管式加热炉是由燃料燃烧产生炽热的火焰和高温气流，并主要以辐射热的形式将热量传给管壁，再由管壁传给工艺介质进行加热的。显然该对象的时间常数和纯滞后都较大；而炉出口温度的干扰因素又很多，如燃料的压力、流量波动，冷物料的温度、流量变化等。而由于对象的时间常数和纯滞后太大，所以控制作用要经过一定的时间后才能起作用，出现了明显的控制滞后现象。由第二章第三节得知，克服滞后的常用方法是用串级控制，并以主要扰动为副变量，且尽量使副回路包含更多的扰动。所以常用的有以下几种方案。

1. 单回路控制方案

如图 6-16 所示。

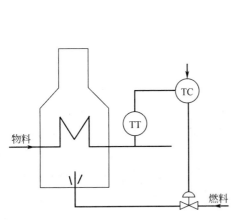

图 6-16 加热炉的简单控制

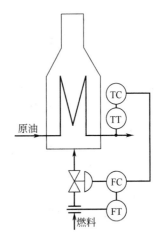

图 6-17 加热炉温度与燃料流量的串级控制方案

当对加热炉出口温度要求不高时，可采用这种简单的控制方案。但如果工艺对炉出口温度要求严格时，可以采用如下的串级控制方案。

2. 串级控制方案

不同的工艺状况可以采用不同的串级控制方案。

当系统的主要扰动为燃料的上游压力（或流量）时，以燃料流量为副变量是较理想的做法，如图 6-17 所示；但燃料流量的测量比较麻烦，所以常以燃料压力为副变量组成串级控制系统，如图 6-18 所示。使用此方案时，要特别注意燃料喷嘴要通畅，否则其阻力会直接影响燃料压力，也就影响了控制质量；但是如果主要扰动是燃料的成分变化（如燃烧值变化）时，由于成分不易测量甚至不可测量，所以就只好待其变化影响到炉膛温度时，以炉膛

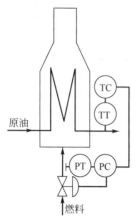

图 6-18　加热炉温度与燃料
压力串级控制方案

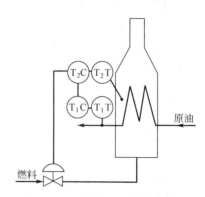

图 6-19　加热炉出口温度与炉膛
温度串级控制方案

温度为副变量实现串级控制,方案如图 6-19 所示。虽然该方案消除干扰没有前两种方案及时,但也比单回路好得多,而且很多干扰作用都是先影响到炉膛温度,然后才影响到炉出口温度,以炉膛温度为副变量可使副回路包含更多的干扰(如燃料流量、压力、成分),所以这种方案是很常见的。

第三节　锅炉的液位控制

工业锅炉的主要作用是产生蒸汽,以实现供暖、给设备伴热、给设备、仪表扫线、驱动透平机等。而锅炉液位控制的主要目的是保证汽包水位为规定的数值。因为水位过低,会使汽包里的水全部汽化而造成锅炉"干锅","干锅"时的锅炉,注水就容易爆炸,不注水就会烧塌;如果水位过高,会使蒸汽带水,如果去驱动透平机,就会损坏透平。所以锅炉汽包的水位是重要的操作指标。

在锅炉控制中,习惯用"冲量"一词来代表"变量"。根据控制中所用变量数目的不同,锅炉控制分为单冲量、双冲量和三冲量三种控制系统。

一、单冲量液位控制系统

如图 6-20 所示。该方案是通过控制锅炉给水流量来保证汽包液位的,是单回路控制系统。因系统中只有一个变量,所以也称单冲量控制系统。

该系统结构简单、使用仪表少。主要用于蒸汽负荷变化不大、用户对蒸汽质量要求不高的小锅炉。

对于蒸汽负荷变化大的情况,该方案将不适用。如蒸汽负荷突然大幅度增加,造成汽包内蒸汽压力瞬时下降,使蒸汽沸腾状况突然加剧,液面下的汽泡迅速增多,将水位抬高。但实际的贮水量却减少了,这就是常说的"虚假液位"现象。单冲量控制系统对此没有识别能力,它检测的结果是水位抬高,所以还要减小给水量,致使虚假液位加剧。严重时会使汽包水位降到危险程度,甚至出现事故。

由于"虚假液位"是负荷突变造成的,所以将蒸汽流量检测出来就可识别"虚假液位",

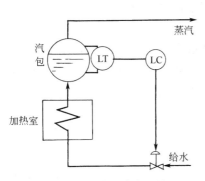
图 6-20 单冲量控制系统

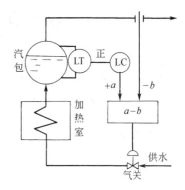
图 6-21 双冲量控制系统

这样增加了一个变量，就形成了"双冲量"控制系统。

二、双冲量液位控制系统

图 6-21 所示为双冲量控制系统。

双冲量控制系统是在单冲量的基础上增加了一个负荷的前馈控制。

图中，控制器的输出为 a，蒸汽负荷信号为 b，二者在运算器中实现减法运算，即 $a-b$。

显然，双冲量控制是一个"前馈-反馈"控制系统，若负荷突然加大，未等它影响到液位，信号 b 就使阀提前动作，从而减少因蒸汽负荷的变化而引起的液位波动，避免了"虚假液位"，改善了控制品质。

有时给水压力不稳定也会影响到液位的控制质量，为了消除这种干扰，可以再增加一个给水流量的控制，与前面的双冲量组合起来，便形成了三冲量控制系统。

三、三冲量液位控制系统

如图 6-22 所示。

图 6-22(a)、(b) 是两种不同形式的三冲量控制系统，在实际应用中还有其他的形式。

由于三冲量控制不仅能正常控制水位、克服"虚假液位"，还能克服给水压力（流量）的影响，所以应用广泛。特别是对于容量大、要求高的大锅炉，应用更加普遍。

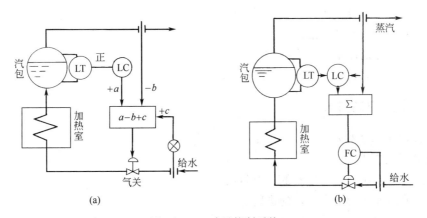
图 6-22 三冲量控制系统

第四节 精馏塔的控制

精馏塔是用于将混合物中的各组分进行分离的关键设备。在精馏塔的操作中，被控变量多，操纵变量也多，对象的通道也多，内在机理复杂，变量之间相互关联，而控制要求又较高，所以控制方案也就很多。因此必须根据具体情况来确定控制方案。

一、控制要求

1. 保证质量指标

一般来讲，至少应使塔顶或塔底产品中的一个达到规定的质量指标，而另一个应保持在规定的范围内。质量控制系统应用相应的分析仪表测出产品的成分，再进行控制。但因不同生产过程、不同塔的物料组分不一样，无法生产出能检测各种组分的分析仪表。实践证明，温度与产品质量存在一一对应的关系，因此一般都是用温度控制系统来间接控制产品质量。

2. 保证平稳操作

为了保证塔的平稳操作，要把进塔前的主要可控干扰尽量克服掉，对于不可控干扰也要使其尽可能地平缓。例如，可进行进料的温度控制，加热剂、冷却剂的压力控制等；塔顶馏出液和釜底采出量之和应等于进料量，以维持塔的物料平衡，而且这两个采出量的变化应比较平缓，以利于前后工序的平稳操作；塔釜、塔顶冷凝器和回流罐的蓄液量应在规定的范围内；另外，应使塔内的压力稳定，这些对塔的稳定操作都是十分必要的。

3. 约束条件

若使塔正常操作，还要满足一些约束条件。如塔内气、液两相流速既不能过高，以免引起液泛，也不能过低，以免降低塔板的效率，尤其对工作范围较窄的筛板塔和乳化塔要特别注意。

二、主要扰动

精馏过程复杂，扰动因素较多，主要有如下几种。

① 塔压波动会影响汽液平衡和物料平衡，从而影响操作的稳定性和产品的质量。因为常用温度作为衡量产品组成的间接控制指标，而温度与产品组分的对应关系随压力而变化，所以塔压变化会影响产品质量。

② 进料流量、组分、压力、温度等的变化。

③ 塔的蒸汽速度和加热量的变化。

④ 回流量及冷剂流量或温度的变化。

其中，进料流量和组分变化的影响最大。

三、常用的控制方案

（一）提馏段温度控制

1. 假设工艺要求如下

① 保证塔底产品质量是控制的主要目的。

② 塔底采出液作为下一个塔的进料。

③ 塔顶馏出液要去另一个塔进一步分离。

④ 进料来自于前一个塔。
⑤ 塔压要求稳定。
⑥ 塔顶回流量要求恒定。

2. 相应的控制手段

针对上面 6 点工艺要求，借助前面学过的知识，可以有如下的 6 个控制手段。

① 以塔底温度为被控变量，以再沸器的加热蒸汽为操纵变量构成温度单回路控制系统。

② 以塔底液位为被控变量，以塔底采出液为操纵变量组成均匀控制系统，以同时满足本塔出料与下一个塔进料之间的供需关系。

③ 以回流罐液位为被控变量，以塔顶馏出液为操纵变量组成均匀控制系统，以同时满足本塔出料与下一个塔进料之间的供需关系。

④ 以塔进料量为被控变量，以其自身为操纵变量组成均匀控制系统，以同时满足上一个塔的出料与本塔进料之间的协调的供需关系。

⑤ 以塔顶压力为被控变量，以冷凝液为操纵变量组成压力定值控制系统，以维持塔压稳定。

⑥ 以塔顶回流量为被控变量，以其自身为操纵变量组成流量定值控制系统，以保证回流量恒定。

具体的控制方案如图 6-23 所示。

(二) 精馏段温度控制

1. 假设工艺要求如下

① 保证塔顶产品质量是控制的主要目的；
② 塔底采出液作为下一个塔的进料；
③ 塔顶馏出液要去另一个塔进一步分离；
④ 进料来自于前一个塔；
⑤ 塔压要求稳定；
⑥ 再沸器的加热蒸汽量要求恒定。

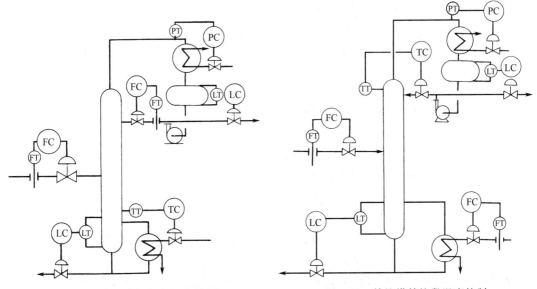

图 6-23　精馏塔提馏段温度控制　　　　图 6-24　精馏塔精馏段温度控制

2. 控制手段

和提馏段控制一样，针对上面的 6 点工艺要求，有 6 个控制手段，方案如图 6-24 所示。

以上是两种较常见的控制方案，对有些精密精馏过程以及物料中成分沸点相差很小的情况，还需要选用其他的控制方案，如温差控制、双温差控制等。

精馏塔是非常复杂的工艺对象，各个控制系统可能会通过被控对象相互关联，如果控制方案设计不合理，就会出现系统间的"耦合"，当调整控制器的 PID 参数、改变测量点位置或改变操作周期都不能解除"耦合"时，应考虑改变控制方案。

第五节　反应器的控制

一般来说，为使反应达到高转化率或使产品达到规定的浓度，常对反应器的物料进行流量控制或比值控制，有时还设置必要的辅助控制，必要时还要配备报警、联锁或选择性系统进行软保护。下面以炼油厂的催化裂化流化床反应器为例来说明其控制方案。

图 6-25 为提升管式催化裂化反应器控制方案。

该反应器的作用是将重质油品，在催化剂及 500℃ 高温条件下，裂化为富烯烃、液化气等轻质油品。再生器的作用是将催化剂再生以便重复使用。图中共有四个控制系统。

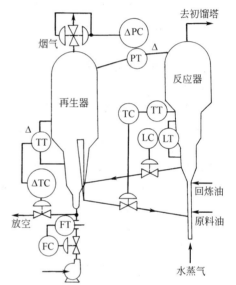

图 6-25　提升管催化裂化反应器控制

1. 温度控制系统

反应器内提升管出口温度与反应进行的情况是相关的。所以可以根据提升管出口温度来控制再生管上的单动滑阀来改变进入反应器的高温催化剂量，以使裂化反应正常进行。

2. 反应器与再生器间的压差控制

反应器与再生器间的压差是反应-再生系统内催化剂正常流化和安全生产的重要变量。它是用动作灵敏的双动滑阀改变再生器顶部的烟道气量来保持压差恒定的。

3. 反应器催化剂料位控制

通过控制进入再生器的催化剂量来保证料位稳定。

4. 再生器的温差控制系统

在催化剂的再生过程中，主风量过大或过小都可能损坏催化剂，因此要保持烟道气中氧含量稳定，常以此温差来控制主风机的放空量来实现。

此外，还有再生器主风量的定值控制系统。

本 章 小 结

本章主要学习各种典型过程单元的控制方案，具体讨论了以下内容。

① 离心泵、往复泵、压缩机等流体输送设备的控制方案。

② 无相变的换热器，有相变的加热器、冷凝器，管式加热炉的温度控制方案。
③ 锅炉液位的控制方案。
④ 精馏塔的控制方案。
⑤ 反应器的控制方案。

习题与思考题

6-1 离心泵有哪几种控制方案？各有何优缺点？
6-2 往复泵有哪几种控制方案？各有何优缺点？
6-3 什么是离心式压缩机的喘振现象？
6-4 如何实现防喘振控制？
6-5 两侧均无相变的换热器控制方案有哪些？各有何特点？
6-6 控制加热蒸汽流量和控制冷凝水排出量的加热器控制方案的特点各是什么？
6-7 氨冷器的控制方案有哪些？各有何特点？
6-8 精馏段、提馏段温度控制方案各有何特点？分别用在什么场合？
6-9 试分析图 6-26 所示的离心泵的控制方案是否合理？存在哪些问题？
6-10 试分析图 6-27 所示的往复泵的控制方案是否合理？存在哪些问题？

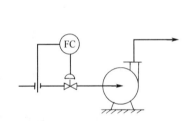

图 6-26 离心泵的流量控制

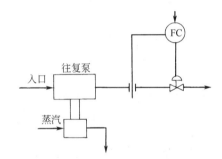

图 6-27 往复泵的控制方案

第七章　过程控制系统的操作

> >>> **学习目标**
>
> 掌握系统的开、停车步骤和控制器参数整定方法，了解控制系统的故障分析判断及处理方法。
>
> 前面已经学习了过程控制系统，以及实现过程控制的各种工具。本章要将控制系统与控制工具结合起来，讨论过程控制系统的操作。

第一节　装置开车的前期准备工作

一、准备工作

① 熟悉工艺流程，了解工艺机理，了解各工艺变量间的关系，了解主要设备的功能，了解主要的控制指标和控制要求等。

② 熟悉控制方案，对所有的检测元件和控制阀的安装位置、管线走向等要心中有数，并要掌握过程控制工具的操作方法。

③ 对检测元件、变送器、控制器、控制阀和其他有关装置，以及气源、电源、管路等要进行全面检查，确保都处于正常状态。

二、确定控制器的正、反作用方向

1. 简单控制系统中控制器正、反作用方向的确定

过程控制系统应该是具有被控变量负反馈的闭环系统。即如果被控变量值偏高，控制作用则应该使之降低，反之亦然。

"负反馈"的实现，完全取决于构成控制系统各个环节的作用方向。也就是说，控制系统中的对象、变送器、控制器、执行器都有作用方向，均可用"＋"、"－"号来表示。为使控制系统构成负反馈，则四个环节的作用方向的乘积应为"－"。下面就来分析一下各环节的作用方向。

① 被控对象的作用方向　如果控制阀开大时，被控变量增加，则对象为"正"（记为"＋"号），反之为"反"（记为"－"号）。例如，图 7-1 所示的贮槽液位控制系统，被控变量为贮槽液位 L，操纵变量为流体的流出量 Q。当控制阀↑→Q↑→L↓，所以该对象的作用方向为"反"即为"－"。

② 变送器的作用方向　一般来说变送器的作用方向只有一个选择，即"正方向"，因为它要如实反映被控变量的大小，所以被控变量 L 增加，变送器的输出也自然增大。所以变

送器总是记为"+"。

③ 执行器的作用方向（指阀的气开、气关形式） 在第四章曾提到，要从安全角度来选择执行器的气开、气关形式。气关阀记为"—"，气开阀记为"+"。假如图 7-1 中的工艺不允许贮槽液位过低，以免发生危险，则从安全角度，应选用气开阀记为"+"。

④ 控制器的作用方向 前面三个环节的作用方向除了变送器是固定的以外，其余两个是随工艺和控制方案的确定而确定的，不能随意改变。

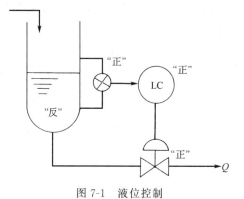

图 7-1 液位控制

所以就希望控制器的作用方向能具有灵活性，可根据需要任意选择和改变。这就是控制器一定要有正/反作用选择功能的原因所在。控制器的作用方向要由其他几个环节来决定。

因为要求："对象"×"变送器"×"执行器"×"控制器"＝"负反馈"

所以对于本例题就有："—"×"+"×"+"×"控制器"＝"—"

所以，"控制器"＝"+"，即该控制器必须为"正作用"。

2. 串级控制系统中控制器正、反作用的确定

上述为简单系统负反馈控制的实现方法。复杂系统要稳定工作也必须要构成闭环负反馈控制。下面以串级负反馈系统为例来介绍复杂系统闭环负反馈的实现方法。

与简单系统一样，串级系统也要求各个环节的作用方向的乘积为"负"。其中，变送器、对象和执行器的判断方法与简单系统完全一样。关键是控制器作用方向的选择。

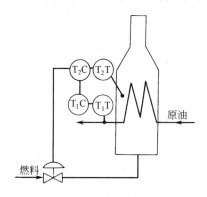

图 7-2 加热炉出口温度与炉膛温度串级控制方案

图 7-2 为加热炉出口温度与炉膛温度的串级控制系统。主变量为加热炉出口温度 T_1，副变量为炉膛温度 T_2，主控制器为 T_1C，副控制器为 T_2C。

判断时，首先从安全角度确定阀的形式。此例中，事故状态，为防止炉子烧坏而引发事故，应选气开阀（+）。之后遵循先副后主的原则。

在副环中：阀开度↑→炉膛温度↑，故副对象为"+"，根据单回路的副反馈原理可知副控制器 T_2C 应为反作用。

在主环中：阀开度↑→炉出口温度↑，故主对象也为"+"；由于主控制器的输出信号为副控制器的"外设定值"，从控制原理来讲，炉出口温度↑，需要阀的开度↓，气开阀的输入信号应↓，反作用副控制器 T_2C 的输入偏差应↑，因偏差＝测量－设定，所以副控制器的设定值（也是主控制器的输出）应↓。主控制器的测量值↑（即偏差↑），而主控制器的输出却↓，所以主控制器只能为反作用。

可见，串级系统的副控制器作用方向的判断与简单系统的完全一样，而主控制器作用方向则不然，它可利用以下简单方法来判断，只要使"主变送器"×"主对象"×"控制阀"×"副控制器"×"主控制器"＝"+"，即可得到主控制器的作用方向。

有的串级系统要求有串级全控两种工作方式。"主控"是指断开副环，由主控制器直接控制阀门（叫主控）。在这种情况下如果副控制器是反作用，则主控制器切向主控时，主控

制器的正、反作用不变；如果副控制器是正作用，在切向主控时，主控制器的正反作用要改变方向才行。

所以，如果一定要实现主控方式，则副控制器必须选反作用。但为了保证副回路能形成负反馈，可以考虑在阀门上加反作用的阀门定位器实现信号的反向。

三、控制器控制规律的选择

构成负反馈的过程控制系统，只是实现良好控制的第一步。下一步就是要选择好控制器的控制规律。其选择原则大致如下。

① 对于对象控制通道滞后小、负荷变化不大、工艺要求不太高、被控变量允许有余差的场合，可以只用比例控制。如中间贮罐的液位控制，精馏塔的塔釜液位控制，以及不太重要的压力控制等。

② 对于控制通道滞后较小、负荷变化不大、而工艺参数不允许有余差的系统，应当选取比例积分控制。如流量控制、压力控制和要求严格的液位控制等。

③ 由于微分作用对克服容量滞后有较好的效果，所以对于容量滞后较大的对象（如温度对象）一般引入微分，构成 PD 控制或 PID 控制。对于纯滞后，微分作用无效。

当控制通道的时间常数或滞后时间很大，而负荷变化也很大，简单控制系统无法满足要求时，应当采用复杂控制系统来提高控制质量。

一般情况下，可按表 7-1 来选择控制规律。

表 7-1 控制规律选择参考表

参数	流量	压力	液位	温度
控制规律	PI	PI	P、PI	PID

第二节 控制器的参数整定

一、简单控制系统的参数整定

当控制系统已经构成"负反馈"，并且控制器的控制规律也已经正确选定，那么控制系统的品质主要决定于控制器参数的整定值。即如何确定最合适的比例度 δ、积分时间 T_i 和微分时间 T_d。控制器参数的整定方法很多，现介绍几种工程上常用的方法。

1. 经验试凑法

这是一种在实践中很常用的方法。具体做法是：在闭环控制系统中，根据被控对象的情况，先将控制器参数设在一个常见的范围内，如表 7-2 所示。然后施加一定的扰动，以 δ、T_i、T_d 对过程的影响为指导，对 δ、T_i、T_d 逐个整定，直到满意为止。试凑的顺序有两种。

表 7-2 控制器参数的大致范围

控制系统	$\delta/\%$	T_i/min	T_d/min	说明
流量	40~100	0.1~1		对象时间常数小、有杂散干扰；δ 应大，T_i 应短，不必用微分
压力	30~70	0.4~3		对象滞后一般不大；δ 略小，T_i 略大，不用微分
液位	20~80			δ 小，T_i 较大，要求不高时可不用积分，不用微分
温度	20~60	3~10	0.5~3	对象容量滞后较大，δ 小，T_i 大，加微分作用

① 先凑试比例度，直到取得两个完整的波形的过渡过程为止。然后，把 δ 稍放大 10% 到 20%，再把积分时间 T_i 由大到小不断凑试，直到取得满意波形为止。最后再加微分，进一步提高质量。

在整定中，若观察到曲线振荡频繁，应当增大比例度（目的是减小比例作用）以减小振荡；曲线最大偏差大且趋于非周期时，说明比例控制作用小了，应当加强，即应减小比例度；当曲线偏离设定值，长时间不回复，应减小积分时间；如果曲线总是波动，说明振荡严重，应当加长积分时间以减弱积分作用；如果曲线振荡的频率快，很可能是微分作用强了，应当减小微分时间；如果曲线波动大而且衰减慢，说明微分作用小了，未能抑制住波动，应加长微分时间。总之，一面看曲线，一面分析和调整，直到满意为止。

② 是从表 7-2 中取 T_i 的某个值。如果需要微分，则取 $T_d = (1/3 \sim 1/4)T_i$。然后对 δ 进行试凑，也能较快达到要求。实践证明，在一定范围内适当组合 δ 与 T_i 数值，可以获得相同的衰减比曲线。也就是说，δ 的减小可用增加 T_i 的办法来补偿，而基本上不影响控制过程的质量。所以，先确定 T_i、T_d 再确定 δ 也是可以的。

2. 衰减曲线法

衰减曲线法比较简单，可分两种方法。

① 4∶1 衰减曲线法 当系统稳定时，在纯比例作用下，用改变设定值的办法加入阶跃扰动，观察记录曲线的衰减比。然后逐次从大到小地改变比例度，直到出现 4∶1 的衰减比为止。如图 7-3 所示。记下此时的比例度 δ_S（称 4∶1 衰减比例度）和衰减周期 T_S，再按表 7-3 的经验数据来确定 PID 值。

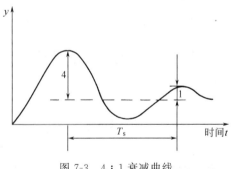

图 7-3 4∶1 衰减曲线

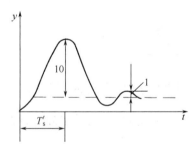

图 7-4 10∶1 衰减曲线

表 7-3 4∶1 衰减曲线法参数计算表

调节作用	δ/%	T_i/min	T_d/min
比例	δ_S		
比例积分	$1.2\delta_S$	$0.5T_S$	
比例积分微分	$0.8\delta_S$	$0.3T_S$	$0.1T_S$

② 10∶1 衰减曲线法 有的过渡过程，4∶1 衰减仍振荡过强，可采用 10∶1 衰减曲线法。如图 7-4 所示，方法同上。得到 10∶1 衰减曲线，记下此时的比例度 δ'_S 和上升时间 T'_S，再按表 7-4 的经验公式来确定 PID 数值。

表 7-4 衰减曲线法参数计算表

调节作用	$\delta/\%$	$T_i/\min$	$T_d/\min$
比例	δ'_S		
比例积分	$1.2\delta'_S$	$2T'_S$	
三作用	$0.8\delta'_S$	$1.2T'_S$	$0.4T'_S$

阶跃干扰加得幅度过小则过程的衰减比不易判别，过大又为工艺条件所限制。所以一般在设定值的 5% 左右。扰动必须在工艺稳定时再加，否则得不到正确的 δ_S、T_S 或 δ'_S、T'_S 值。对于一些变化比较迅速、反应快的过程，在记录纸上严格得到 4∶1 衰减曲线较难，一般以曲线来回波动两次达到稳定，就近似地认为达到 4∶1 衰减过程了。

3. 临界比例度法

当整个闭环控制系统稳定以后，把积分时间放到最大、微分时间放到零，使系统处在纯比例作用下。从大到小地逐渐改变控制器的比例度，每改动一次，

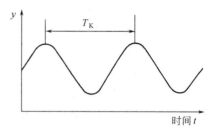

图 7-5 临界振荡示意图

就用设定器加进 5% 设定值的阶跃扰动，这样就会得到一个临界振荡的过程，如图 7-5 所示。这时的比例度叫临界比例度，周期为临界振荡周期。记为 δ_K 和 T_K，然后按表 7-5 的经验公式来确定控制器的各参数值。

表 7-5 临界比例度法参数计算表

控制作用	比例度 $\delta/\%$	积分时间 $T_i/\min$	微分时间 $T_d/\min$
P	$2\delta_K$		
PI	$2.2\delta_K$	$0.85T_K$	
PD	$1.8\delta_K$		$0.1T_K$
PID	$1.7\delta_K$	$0.5T_K$	$0.125T_K$

二、串级控制系统的参数整定

串级控制系统常用的整定方法有如下两种。

1. 两步整定法

按照串级控制系统主、副回路的情况，先整定副控制器，后整定主控制器的方法叫做两步整定法。具体做法如下。

① 在工况稳定，主、副控制器都在纯比例作用运行的条件下，使主控制器的 $\delta=100\%$，逐渐降低副控制器的 δ，求取副回路在满足某种衰减比（如 4∶1）过渡过程下的副控制器的比例度和操作周期，分别记作 δ_{2S} 和 T_{2S}。

② 在副控制器比例度等于 δ_{2S} 的条件下，逐步降低主控制器的比例度，求取同样衰减比下的控制过程，记下此时主控制器的比例度 δ_{1S} 和操作周期 T_{1S}。

③ 根据上面求出的 δ_{1S}、T_{1S}、δ_{2S}、T_{2S}，按表 7-4 的经验公式计算主、副控制器的比例度、积分时间和微分时间。

④ 按"先副后主""先比例次积分后微分"的整定规律，将计算出的控制器参数加到控制器上。

⑤ 观察控制过程，适当调整，直到过程品质最佳。

这种方法能满足主、副参数的不同要求，因而应用较多。

2. 一步整定法

就是按经验直接确定。即副控制器的参数按经验直接确定，主控制器的参数按简单控制系统整定。根据副控制器一般采用比例式的情况，副控制器的比例度可按经验在一定范围内选取，具体见表 7-2。

三、均匀控制系统的参数整定

简单均匀控制系统、串级均匀控制系统与简单控制系统、串级控制系统在结构上完全一样，但所要完成的任务却不同，这点不同就是靠参数整定来实现的。

均匀控制系统的参数整定有如下特点。

① 不是使参数调回到设定值，而是要求参数作缓慢地变化，并允许它在一定范围内变化。

② 比例度和积分时间由小而大地进行调整。因而，均匀控制系统的控制器参数数值都很大。

而串级均匀控制系统则是按经验把主、副控制器的比例度调到某一适当的数值，然后由小而大进行调整，按照"先副后主"的规律，使控制过程呈缓慢的非周期衰减过程，最后，适当加点积分就行了。

第三节 控制系统的开车与停车

一、简单控制系统的开车（投运）步骤

不管是哪种控制系统，其投运一般都分三大步骤：即准备工作，手动操作，自动运行。前面两节已经完成了准备工作。下面从手动操作开始介绍开车步骤。

1. 手动投运

① 通气、加电，首先保证气源、电源正常。

② 测量、变送器投入工作，用高精度的万用表检测测量变送器信号是否正常。

③ 使控制阀的上游阀、下游阀关闭，手调副线阀门，使流体从旁路通过，使生产过程投入运行。

④ 用控制器自身的手操电路进行遥控（或者用手动定值器），使控制阀达到某一开度。等生产过程逐渐稳定后，再慢慢开启上游阀，然后慢慢开启下游阀，最后关闭旁路，完成手动投运。

2. 切换到自动状态

在手动控制状态下，一边观察仪表指示的被控变量值，一边改变手操器或设定器的输出进行操作。待工况稳定后，即被控变量等于或接近设定值时，就可以进行手动到自动的切换。

如果控制质量不理想，微调控制器的 δ、T_i、T_d 参数，使系统质量提高，进入稳定运行状态。

二、串级控制系统的投运

串级控制系统的投运也有多种方式,最常用的是先投副环,后投主环。这里介绍使用电动模拟控制器时的投运步骤。

① 首先将各开关置于正确位置,主、副控制器均置"手动"状态,主控制器设定开关置"内"设定,副控制器设定开关置"外"设定。主、副控制器的正反作用开关置于正确位置(经判断后确定),PID 参数置于预定数值。

② 用副控制器进行手动操作,在主变量接近设定值、副变量也比较平稳时,手动操作主控制器使副控制器的外设定值等于副变量,即可把手动/自动开关打向"自动",实现副控制器的无扰动切换。

③ 当副回路稳定,副变量等于设定值时,调节主控制器的内设定值,使其等于主变量,即可将主控制器切向"自动"。

④ 待主、副回路在自动状态下基本稳定后,可按常用方法对控制器参数进行整定。一般先整定副控制器,再整定主控制器。至此,串级控制系统才可能高品质地工作。

三、控制系统的停车

停车步骤与开车相反。控制器先切换到"手动"状态,从安全角度使控制阀进入工艺要求的关、开位置,即可停车。

第四节 系统的故障分析、判断与处理

过程控制系统投入运行,经过一段时间的使用后,会逐渐出现一些问题。作为工艺操作人员,掌握一些常见的故障分析和处理技巧,对维护生产过程的正常运行具有重要的意义。下面简单介绍一些常见的故障判断和处理方法。

一、过程控制系统常见的故障

① 控制过程的控制质量变坏。
② 检测信号不准确或仪表失灵。
③ 控制阀控制不灵敏。
④ 压缩机、大风机的输出管道喘振。
⑤ 反应釜在工艺设定的温度下产品质量不合格。
⑥ DCS 现场控制站 FCS 工作不正常。
⑦ 在现场操作站 OPS 上运行 B-90 软件时找不到网卡存在。
⑧ DCS 执行器操作界面显示"红色通信故障"。
⑨ DCS 执行器操作界面显示"红色模板故障"。
⑩ 显示画面各检测点显示参数无规则乱跳等。

二、故障的简单判别及处理方法

在工艺生产过程出现故障时,首先判断是工艺问题还是仪表本身的问题,这是故障判别的关键。一般通过下面几种方法来判断。

1. 记录曲线的比较

① 记录曲线突变　工艺参数的变化一般是比较缓慢的、有规律的。如果曲线突然变化到"最大"或"最小"两个极限位置上，则很可能是仪表的故障。

② 记录曲线突然大幅度变化　各个工艺变量之间往往是互相联系的。一个变量的大幅度变化一般总是引起其他变量的明显变化。如果其他变量无明显变化，则这个指示大幅度变化的仪表（及其附属元件）可能有故障。

③ 记录曲线不变化（呈直线）　目前的仪表大多很灵敏，工艺变量有一点变化都能有所反映。如果较长时间内记录曲线一直不动或原来的曲线突然变直线，就要考虑仪表有故障。这时，可以人为改变一点工艺条件看仪表有无反应，如果无反应，则仪表有故障。

2. 控制室仪表与现场同位仪表比较

对控制室的仪表指示有怀疑时，可以去看现场的同位置（或相近位置）安装的直观仪表的指示值，两者的指示值应当相等或相近，如果差别很大，则仪表有故障。

3. 仪表同仪表之间比较

对一些重要的工艺变量，往往用两台仪表同时进行检测显示，如果二者不同时变化，或指示不同，则其中一台有故障。

三、典型问题的经验判断及处理方法

利用一些有经验的工艺技术人员对控制系统及工艺过程中积累的经验来判别故障，并进行排故处理。譬如：上述十个常见故障其处理方法如表 7-6 所示。

表 7-6　故障的经验判断及处理

故　障	原　因	排故方法
① 控制过程的调节质量变坏	对象特性变化 设备结垢	调整 PID 参数
② 测量不准确或失灵	感测元件损坏 管道堵塞、信号线断	分段排查 更换元件
③ 控制阀控制不灵敏	阀芯卡堵或腐蚀	更换
④ 压缩机、大风机的输出管道喘振	控制阀全开或全闭	不允许全开或全闭
⑤ 反应釜在工艺设定的温度下产品质量不合格	测量温度信号超调太大	调整 PID 参数
⑥ DCS 现场控制站 FCS 工作不正常	FCS 接地不当	接地电阻小于 4Ω
⑦ 在现场操作站 OPS 上运行 B-90 软件时找不到网卡存在	工控机上网卡地址不对 中断设置有问题	重新设置
⑧ DCS 执行器操作界面显示"红色通信故障"	通信连线有问题或断线	按运行状态 设置"正常通信"
⑨ DCS 执行器操作界面显示"红色模板故障"	模板配置和插接不正确	重插模板 检查跳线、配置
⑩ 显示画面各检测点显示参数无规则乱跳等等	输入、输出模拟信号 屏蔽故障	信号线、动力线 分开；变送器 屏蔽线可靠接地

本 章 小 结

① 控制系统中对象、变送器、控制阀、控制器等环节作用方向的判别方法。即被控变量随阀开大而增加，则对象为"＋"，反之为"－"；变送器永远为"＋"；控制阀的开关形式要从安全角度来选择，气开为"＋"，气关为"－"；简单控制系统中控制器的正反作用则以能使各环节符号相乘之积为"－"为原则。

② 串级控制系统中控制器正反作用的判断本着"先副后主"的原则进行。

③ 简单控制系统控制器参数工程整定的基本方法，即经验试凑法、衰减曲线法、临界比例度法。工程实际中以经验试凑法使用最多。

④ 串级控制系统、均匀控制系统的参数整定主要用经验法。

⑤ 简单控制系统的投运方法；串级控制系统的投运方法。

⑥ 控制系统的常见故障分析判断及处理方法。

习题与思考题

7-1 简单控制系统中各环节的作用方向是如何确定的？

7-2 在第六章的控制方案中选取几例，试分析各环节的作用方向。

7-3 试简述采用经验试凑法进行 PID 参数整定的步骤。

7-4 简述简单控制系统投运的步骤。

第八章　实验与实训

> **▶▶▶ 学习目标**
>
> 理解实践原理、目的，掌握实践步骤、方法，能分析实践结果。
>
> 本课程实践性很强，所以学习理论的多少不能成为评价学习成果的标准，而使学生能用理论指导实践；能触类旁通……才是教学的真正目的。为此，本书将实践内容强化，并将实验与实训内容分为认识实践、随堂实验、计算机仿真实训、综合实践和结业实践几个部分。

第一节　认识实践

一、训练目标

① 通过工厂主要生产装置的参观、学习，使学生明确过程控制的意义；
② 明确本门课程研究的对象、内容；了解过程控制系统的种类、构成形式；
③ 了解过程控制的实施手段。

二、训练场所

大、中型企业中不同过程控制水平的生产现场及控制室。

三、训练内容

① 学习工厂的安全生产的基本知识，劳动纪律、制度。
② 了解工厂的过程控制水平。
③ 了解过程控制的目的，结合装置学习简单控制系统的构成及各环节的作用。
④ 了解仪表的发展史，认识过程检测仪表。
⑤ 认识气动控制仪表、电动控制仪表、DCS、PLC等不同层次的仪表及系统。
⑥ 试看一张某装置的带控制点的工艺流程图。
⑦ 学习其他相关知识。

思　考　题

① 工业生产中为什么要进行过程控制？
② 工业生产为什么总是把安全放在首位？
③ 生产一线的技术工人需要懂得哪些控制及仪表知识？
④ 实习装置上有哪几种控制系统？
⑤ 你听说或看到了哪些仪表或其他过程控制工具？

⑥ 过程控制中一个简单的控制系统大致由哪些环节构成?
⑦ 你还了解了哪些知识?还有哪些疑问?

第二节 实 验

实验一 控制器参数对控制质量的影响(演示)

一、实验目的

① 掌握控制器参数的变化对控制质量的影响。
② 了解干扰位置的变化对控制质量的影响。

二、实验装置

① PC 机　　　　　　　　　　　　　　　　　　　　　　　若干台
② 东方仿真公司"ATS2003 自动化仿真"软件　　　　　　　一套

说明:用"仿真"技术,可以方便操作,并能很好地观察控制器参数对控制质量的影响。实验画面如图 8-1 所示。

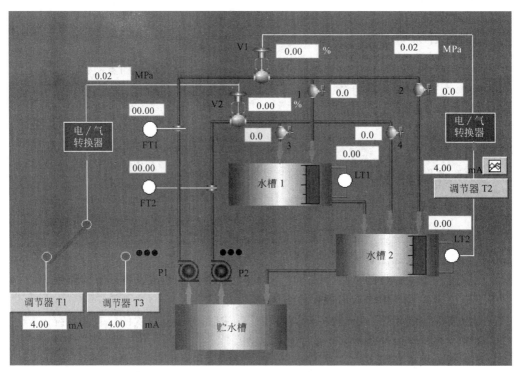

图 8-1 控制器参数对控制质量的影响实验画面

三、实验内容

① 改变控制器参数 δ、T_i、T_d,测取相应的过渡过程曲线。
② 改变扰动位置,测取相应的过渡过程曲线。

四、实验步骤

① 进入实验操作画面。

第八章　实验与实训

② 熟悉操作画面上各功能操作。点击画面右下角的"实验复位",使实验过程初始化。

③ 按动控制器 T2 按钮,弹出控制器 T2 面板,将其设定为"手动方式"(系统启动时,所有仪表均默认为手动方式)。启动泵 P1,并逐渐打开手动阀 1,直至全开(其他手动阀应关死)。

④ 用鼠标拖动控制器 T2 输出指针(蓝色小指针),使其输出为 12mA,等待被控变量 L_2 逐渐稳定下来。

⑤ 当被控变量 L_2 稳定不变时(在曲线画面中可以看到其稳定与否),用鼠标点击控制器 T2 的给定按钮,使设定值指针(黑针)与测量值指针(红针)重合,即偏差为零。按动参数整定按钮,弹出控制参数整定面板,设定其 $\delta=100\%$、$T_i=3000$(实际为无穷大)、$T_d=0$。将控制器 T2 切换到"自动方式",然后进行以下实验。

⑥ 比例度 δ 对过渡过程的影响

将控制器 T2 的微分时间 T_d 置 0,积分时间 T_i 置最大(置 3000 即可),并将比例度置大于 100%。利用改变设定值(改变 10%)的方法给系统施加一个扰动,观察记录参数 L_2,获得 L_2 的第一条过渡过程曲线。

待过渡过程稳定后,由大到小改变比例度 δ(每次减小 20%)。在每次改变一个比例度时,同样利用改变设定值的方法对系统施加扰动(可正、反向施加),获得若干条过渡过程曲线,直至比例度减小到出现不良的过渡过程为止。记录每一条曲线对应的比例度值。

在某一个比例度时,系统会呈现 4:1 的衰减振荡过渡过程,在实验过程中,注意寻求这一过渡过程曲线。并记录这一条曲线对应的比例度值。

⑦ 积分时间 T_i 对过渡过程的影响

将比例度 δ 放在比步骤 6 中使衰减比为 4:1 时较大的某一数值(约大于 20%)上,把积分时间 T_i 置最大(3000s),然后由大到小改变积分时间 T_i。每改变一个积分时间,用上述同样的方法给系统施加一个扰动,获得若干条 L_2 的过渡过程曲线。在实验过程中,注意寻求达到 4:1 衰减振荡的过渡过程曲线,并记录每一条曲线对应的 T_i 值。

⑧ 微分时间 T_d 对过渡过程的影响

把 δ、T_i 重新放在使过渡过程为 $n=4:1$ 的一条曲线的数值上,然后由小到大改变微分时间 T_d。用同样的方法给系统施加一个扰动,获得若干条 L_2 过渡过程曲线。在实验过程中,同样注意寻求达到 4:1 衰减振荡时的过渡过程,并记录出现这些过程的每一条曲线时对应的控制参数值。

值得提出的是,仔细观察本实验中加入微分作用的效果。如果不明显或反而不良的现象,结合实验对象分析其原因。

⑨ 扰动位置对过渡过程的影响

a. 将 δ、T_i、T_d 放在使过程为 $n=4:1$ 的一条曲线的数值上。待系统处于稳定状态之后,将切换开关 K 打到与控制器 T1 相通的位置。按动控制器 T1 按钮,弹出控制器 T1 面板,将其设定为"手动方式"后,用鼠标拖动控制器 T1 输出指针,使其输出为 4mA。

b. 将开关 K 打到与控制器 T3 相通的位置。按动控制器 T3 按钮,弹出控制器 T3 面板,将其设定为"手动方式"后,用鼠标拖动控制器 T3 输出指针,使其输出为 12mA。然后再将切换开关 K 打到与控制器 T1 相通的位置。

c. 启动泵 P2,并打开手动阀 3 和关闭手动阀 4。此时因控制阀 V2 是气开式的,且有 0.02MPa 的气压信号加于其膜头上,故 V2 全关。此时没有扰流量。

- 在做好本步骤 a～c 三项准备工作后，如果液位 L_2 已经稳定下来，瞬间将切换开关 K 打到与控制器 T3 相通的位置。此时 V2 膜头上压力变成 0.06MPa（V2 半开），于是有一扰动流量加于槽 1。在此扰动作用下，被控变量将会出现一个控制过程。
- 当控制过程结束后，将切换开关 K 打到与控制器 T1 相通的位置。这时 V2 又被关死，此时又将出现一个相反方向的控制过程。这时可将手动阀 3 关死，而将手动阀 4 打开。
- 当上述过渡过程结束并达到稳定后，瞬间将切换开关 K 又打到控制器 T3 相通的位置，于是便有一个相同的扰动直接加于槽 2 中，这样又会出现一个控制过程。

当出现 4：1 衰减曲线时，记录此曲线所对应的 δ、T_i、T_d 于表 8-1 中。

表 8-1　几种控制作用下 4：1 衰减曲线对应的参数

控制作用 \ 参数	$\delta/\%$	$T_i/\min$	$T_d/\min$
P			
PI			
PID			

五、实验注意事项

实验前应认真检查所用实验装置和控制系统工作是否是处于初始状态。如果没在初始状态，要按下"实验复位"。

实验完全做完后，点击返回菜单页按钮，然后在菜单页中左侧点击退出实验按钮，退出 ATS 实验系统。

思 考 题

① 实验开始时，为什么要将比例度和积分时间均置"最大"、微分时间置"断"（若无"断"挡可置"零"）？
② 在做比例度对过渡过程影响的实验时，使比例度逐渐减小的目的是什么？
③ 在做积分时间对过渡过程影响的实验时，使积分时间逐渐减小的目的是什么？
④ 在做微分时间对过渡过程影响的实验时，使微分时间逐渐增大的目的是什么？

实验二　报警、联锁系统的认识

一、实验目的

① 了解报警及联锁系统的作用；
② 熟悉报警及联锁系统的组成及工作过程；
③ 进一步认识微型实验装置及简单控制系统。

二、实验装置

1. 实验仪器、设备

① 微型液位实验装置　　　　　　　　　　　　　　一套
② 闪光信号报警器　　　　XXS-01　　　　　　　一台
③ 常开按钮 SB_1　　　　　LA2　　　　　　　　一个
④ 常闭按钮 SB_2　　　　　LA2　　　　　　　　一个
⑤ 交流接触器　　　　　　CJ10-10　　　　　　一个

⑥ 带报警接点的指示仪　　　　　DXB-1400　　　　　　一台

2. 实验装置接线图

实验装置连接图如图 8-2 所示；报警联锁保护线路原理图如图 8-3 所示。

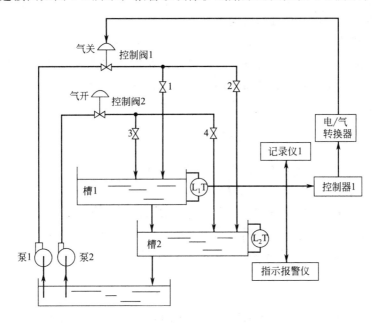

图 8-2　报警联锁实验装置连接图

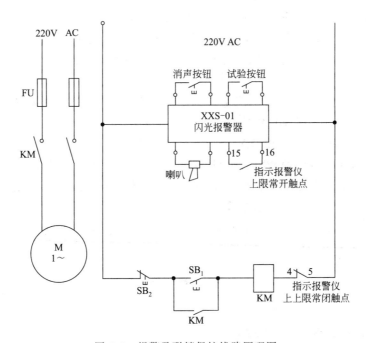

图 8-3　报警及联锁保护线路原理图

三、实验内容

① 进一步认识微型液位实验装置；

② 进一步认识实验中使用的各种仪器仪表；

③ 设置故障以进行上限报警并消除;
④ 设置故障以实现联锁保护。

四、实验步骤

1. 进一步熟悉微型液位实验装置及各种控制仪表。
2. 连接实验线路

由实验指导教师按图 8-2 连成简单的液位控制系统。按图 8-3 连成报警联锁保护线路（图 8-3 中的 15、16 端子为 DXB-1400 型指示仪的上限报警的常开触点，当信号轻度越限时，该触点闭合；而 4、5 端子为指示仪的上上限报警的常闭触点，当信号严重越限时，该触点断开）。

3. 准备工作

① 接通总电源和各仪表电源。按闪光报警器的试验按钮，检查报警系统是否正常。
② 启动气泵（为控制阀准备好气源）。
③ 控制器 1 的各开关分别置"测量"、"内设定"、"正作用"和"硬手动"。拨动内设定轮，使设定指针指示 50% 位置。操纵硬手动操纵杆使输出指针指在 0% 位置，则气关阀 1 完全打开。各手动阀全部关闭。把指示报警仪的上限报警值设在 80% 位置，把上上限报警值设在 95% 的位置上。

4. 上限报警工作情况

① 按下启动按钮 SB_1，水泵 1 启动，打开手动阀 1，使水注入水槽 1 中。操纵控制器的硬手动操作杆使液位 L_1 逐渐在设定值附近稳定下来。
② 模拟故障，观察报警情况。把控制器的硬手动操作杆拨到 0% 位置，使气关阀 1 完全打开，水槽 1 的液位迅速上升（以此模拟控制系统失灵的故障）。当上升到液位的 80% 时，指示报警仪的 15、16 触点闭合，报警器动作，将现象观察并记录下来。按下消声按钮，再记录出现的现象。
③ 手动操作、处理故障。按下停止按钮 SB_2，则交流接触器 KM 线圈断电，KM 常开触点断开，使电动机和水泵停止转动。

5. 上上限自动联锁保护工作情况

模拟故障，观察联锁保护情况。控制器的状态同前，手动操作杆置于 0% 位置，重新按下启动按钮 SB_1，启动水泵，液位 L_1 快速上升。当液位达到 80% 时，闪光报警器发出声光报警。按下 SB_2 消声，但不要处理故障。使水位继续升高，当达到 95%（上上限报警设定值）时，指示报警仪的 4、5 之间的常闭触点断开，KM 失电，KM 常开触点断开，水泵电机停转，水泵停止上水，从而实现了联锁保护。

思 考 题

① 对应找出报警系统的几个环节。
② 对应找出简单控制系统的几个环节。

实验三 弹簧管压力表的认识及校验

一、实验目的

① 认识弹簧管压力表的外形，识别压力表的种类、精度并练习读数；

② 通过仪表的拆装,熟悉压力表的结构和工作原理;
③ 了解活塞式压力计的具体使用方法;
④ 学会实验室校验弹簧管压力表的方法(标准压力表比较法)。通过调校确定仪表是否符合要求。

二、实验装置

1. 实验仪器、设备
① 活塞式压力计一台;
② 标准压力表(0.4级)一块;
③ 被校压力表(2.5级)一块;
④ 300mm扳手和200mm扳手各一把。
2. 实验装置图
实验装置如图8-4所示。

三、实验内容

① 了解弹簧管压力表的外特性;
② 了解弹簧管压力表的内部结构;
③ 校验弹簧管压力表。

四、实验步骤

① 识别被校压力表和标准压力表的种类、型号、精度等级和测量范围,填入表8-2。
② 打开被校表的表壳和面板观察仪表内部结构和工作原理,再将其复位组装好。
③ 在操作使用活塞式压力计以前,首先调整气液式水平器使之处于水平状态。
④ 按图8-4构成压力表校验系统。
⑤ 零位调整 首先观察未加压时被校压

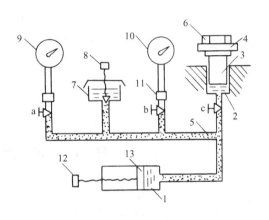

图 8-4 弹簧管压力表校验连接图
1—螺旋压力泵;2—活塞缸;3—测量活塞;4—承重盘;
5—传压介质;6—砝码;7—油杯;8—油杯阀;
9—被校压力泵;10—标准压力表;11—表接头;
12—手轮;13—工作活塞;a、b、c—切断阀

力表的零位指示是否准确,若不准,则重新安装表针。
⑥ 量程调整 关闭切断阀a、b、c。打开油杯阀,逆时针旋转手轮使工作活塞退出,吸入工作液。待丝杆露出螺旋加压泵筒体的五分之四长度时,关闭油杯阀,打开a、b阀。顺时针旋转手轮给表加压至满量程(从标准表读出),看被校表的指示是否准确。否则应退油撤压,再打开仪表,调整量程调整螺钉,然后再校。
⑦ 重复⑤、⑥两步,对零点、量程反复调整,使二者均符合要求。
⑧ 示值误差校验 选择压力表量程的0%、25%、50%、75%、100%五点进行正、反行程的校验。将校验结果填入表8-2。

计算各点的绝对误差和变差,找出最大绝对误差和最大变差,均填入表中。将最大绝对误差和最大变差与仪表的允许误差比较,判断仪表是否合格。

表 8-2 仪表校验单

实验日期：年 月 日		指导教师：		实验人：		同组人员：	
项目	名称	型号	测量范围	精度等级	出厂编号	制造厂名	
标准表							
被校表							
校 验 记 录							
被校表读数							
标准表读数	上行						
	下行						
绝对误差	$\Delta_{上}$						
	$\Delta_{下}$						
绝对变差	Δ'						
最大绝对误差							
最大绝对变差							

思 考 题

① 如何调整仪表零点？
② 如何调整仪表量程？

实验四 智能差压变送器的校验

一、实验目的

① 熟悉智能变送器的整体结构，进一步理解变送器的工作原理及整机特性。
② 掌握智能变送器的组态方法。

二、实验装置

1. 所需主要仪器设备

EJA（或其他）智能变送器	0.065 级	EJA110A-EMS4A-97EC	1 台
通信器		HART375	1 台
标准电阻箱	0.02 级		2 个
数字电压表		TD1913 型 4½ 位显示	1 台
电流表		0-50mA	1 台
直流稳压电源	24V DC	HT-1712H	1 台
压力给定校验台（精密压力表、定值器）			

2. 校验连线

智能变送器校验连线图如图 8-5 所示。

三、实验内容

1. 按校验原理正确进行气路（用压力给定校验台接变送器正压室）、电路连接。接通电源前应仔细检查回路连接是否正确，以防烧坏校验仪器。

2. 组态操作

位号	单位	阻尼时间	量程下限 LRV	量程上限 URV	零点调整	输出模式	显示模式	切除模式	输出微调
自定	自定	自定	自定	自定	操作	自定	自定	自定	操作

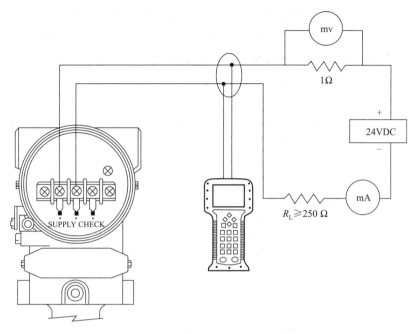

图 8-5 智能变送器校验连线图

步骤如下。

① 监视变量（读取检测值） 在线状态时，选择第一项 Process Variables 并按右箭头键，即可进入监视变量功能。如在离线状态，按以下操作即可进入监视变量功能：

"1 Online"（在线）"1 Process variables"（监视变量）

② 设定主变量单位 在线状态时，按以下操作即可进入设定主变量单位功能：

"4 Detailed setup"（详细设置）"2 Signal condition"（信号条件）"1 PV Unit"（主变量单位）

③ 设定量程上限（可用输入实际压力方法设定量程上下限） 在线状态时，按以下操作即可进入设定量程上限功能：

"4 Detailed setup"（详细设置）"2 Signal condition"（信号条件）"2 PV URV"（量程上限）

④ 设定量程下限 在线状态时，按以下操作即可进入设定量程下限功能：

"4 Detailed setup"（详细设置）"2 Signal condition"（信号条件）"3 PV LRV"（量程下限）

⑤ 设定阻尼 在线状态时，按以下操作即可进入设定阻尼功能：

"4 Detailed setup"（详细设置）"2 Signal condition"（信号条件）"4 PV Damp"（阻尼）

⑥ 输出电流校准 在线状态时，按以下操作即可进入输出电流校准功能：

"2 Diag/Service"（诊断及服务）"3 Calibration"（校准）"2 D/A trim"（输出电流校准）

注意：输出校准电流功能一般在 HART 仪表出厂和仪表周期检定时才可进行，否则将可能增大 HART 仪表的输出误差。

⑦ 主变量调零 在线状态时，按以下操作即可进入主变量调零功能：（某些仪表可能无

此功能）

"2 Diag/Service"（诊断及服务）"3 Calibration"（校准）"3 Sensor trim"（传感器校准）"1 Zero trim"（主变量调零）

注意：主变量调零功能可以修正因安装位置引起仪表输出零点偏差，一般在 HART 仪表初装和仪表周期检定时才可进行，否则将可能增大 HART 仪表的输出的误差。

四、正确填写《EJA 智能变送器组态与校验记录单》

智能变送器校验记录单如表 8-3 所示。

表 8-3 智能变送器校验记录单

校验记录单							工程编号 单元名称			
仪表名称		型号选项			模式					
制造厂		精确度			出厂编号					
输入		允许误差			电源					
输出		最大工作压力			出厂量程					
标准表名称										
标准表精度										
输入			输出							
			标准值		实测值/mA					
%	kPa		mA	上行		误差	下行		误差	回差
备注：										

校验人：　　　　　　　　　　　　　　　　　　　　　　　年　月　日

思 考 题

① 智能差压变送器校验需哪些设备？该怎样连线？
② 有电有气的系统操作顺序如何？
③ HART 375 智能终端如何操作？

实验五　物位检测仪表的认识及物位检测系统的构成（演示）

一、实验目的

① 认识各种物位检测仪表；
② 参观实验室，观察物位检测仪表的安装和使用方法；
③ 构成液位检测系统。

二、实验设备

① 玻璃液面计、浮球液位计、沉筒液面计及其他物位检测仪表；
② 微型液位实验装置一套；

③ 法兰式差压变送器（或与水槽配套的其他液位变送器）一套；
④ DDZ-Ⅲ型或其他能接收 4～20mA DC 信号的显示仪表或记录仪表一台。

三、实验内容

① 认识各种物位检测仪表；
② 构成液位检测系统；
③ 运行液位检测系统。

四、实验步骤

① 物位检测仪表的认识。
- 仔细观察各种物位检测仪表的外观，学会通过外表及铭牌辨认物位检测仪表。
- 有条件时，拆开物位检测仪表，大概了解内部结构。
- 观察液位变送器与压力（压差）变送器的不同点。

② 观察实验室中所有物位仪表的安装（包括玻璃液面计）。
③ 由指导教师接通一个液位检测系统，弄清该系统的组成环节。
④ 由指导教师通电、启泵，同学观察液位检测系统的运行情况。

思 考 题

① 为什么敞口容器中法兰式差压变送器只需用一个法兰与水槽相连？密闭容器需要几个法兰？
② 常用的物位检测仪表有哪几种？并说明其工作原理。
③ 何为零点迁移？与哪些因素有关？

实验六　流量检测仪表的认识及流量检测系统的构成（演示）

一、实验目的

① 了解常用流量检测仪表的结构和主要特点；
② 着重了解采用差压变送器构成流量检测和积算系统的方法；
③ 学习流量检测仪表的正确使用方法。

二、实验设备

① 微型液位实验装置一套；
② 节流式流量计一套（包括节流装置、差压变送器、开方器、记录仪、积算器、平衡阀等）；
③ 转子流量计一只；
④ 涡轮流量计一套；
⑤ 电磁流量计一套；
⑥ 椭圆齿轮流量计一套（若有其他流量检测仪表可一起展示）。

三、实验内容

① 认识各种流量检测仪表；
② 构成流量检测系统；
③ 运行流量检测系统。

四、实验步骤

① 了解各类流量计的结构、型号规格、适用范围、主要特点和安装使用注意事项。

② 观察孔板的安装方向和取压方法。
③ 由指导教师接通一套用差压式流量计实现的流量检测系统。
④ 由指导教师进行演示，改变进水阀的开度，从而改变流量，观察记录仪的变化曲线以及比例积算器的数值。

思 考 题

① 常用的流量计有哪几种类型？并分别说明其工作原理。
② 孔板流量计和电磁流量计典型的优缺点分别是什么？

实验七　温度检测仪表和显示仪表的认识及温度检测系统的构成（演示）

一、实验目的

① 通过实验能从外表辨认热电偶、热电阻的材质及分度号，了解其结构；
② 认识各种显示仪表；
③ 构成温度检测系统。

二、实验设备

1. 实验仪器、设备

① 热电偶（型号任选）一只；
② 热电阻（Cu50）一只；
③ DDZ-Ⅲ温度变送器一台；
④ 配用热电偶、热电阻的 ER180 系列指示记录仪及其他显示仪表各一台；
⑤ 补偿导线（与热电偶配套）；
⑥ 带恒温控制的管式加热炉一套。

2. 实验接线图

实验接线图如图 8-6、图 8-7 所示。

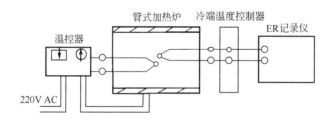

图 8-6　热电偶测温系统

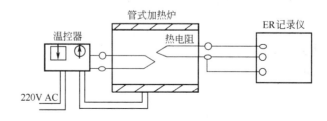

图 8-7　热电阻测温系统

三、实验内容

① 认识各种温度检测仪表及显示仪表；
② 构成温度检测系统；
③ 运行温度检测系统。

四、实验步骤

① 温度检测仪表及显示仪表的认识
- 辨认热电偶、热电阻以及补偿导线的材质和分度号，了解其结构；
- 认识温度变送器及各种温度显示仪表。

② 由指导教师按图 8-6 和图 8-7 组成温度控制系统。
③ 由指导教师运行操作，观察指示记录仪随温度变化情况。

思 考 题

① 热电偶与热电阻测温原理有什么不同？
② 热电偶、热电阻测温系统分别如何构成？
③ 用热电偶构成的测温系统必须要考虑什么问题？
④ 用热电阻构成的测温系统必须要考虑什么问题？

实验八　DDZ-Ⅲ型基型控制器的认识与使用

一、实验目的

① 了解基型控制器的外形和基本结构；
② 学习基型控制器的正确操作使用方法。

二、实验设备

1. 实验仪器、设备

① DTL-3100 控制器（DTZ-2100S 型或其他）	1块
② 直流信号发生器（DFX-02）	2块
③ 直流稳压电源（0～30V DC）	1块
④ 标准电流表（0～30mA）	1块
⑤ 标准电阻箱（ZX-25a）	2块

2. 实验接线图

实验接线图如图 8-8 所示。

三、实验内容

① 观察控制器的正面板和侧面板的布置。
② 了解各可调旋钮、可动开关的作用。
③ 学习控制器的操作方法。

四、实验步骤

1. 观察外表结构

① 观察控制器的正面板布置，弄清各部位的名称和作用；观察表尾接线端子板，了解主要接线端子的用途；

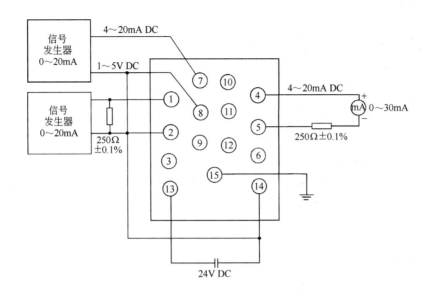

图 8-8　基型控制器实验装置连接图

② 在老师指导下抽出控制器的机芯，观察正反作用开关、测量/标定开关、内/外设定切换开关和比例度、积分时间、微分时间等 PID 参数调节旋钮等；

③ 将控制器机芯重新推入表壳。

2. 按图 8-8 接线，经指导教师检查后才能通电。

3. 测量、设定双针指示表试验

① 将侧面板的开关分别置于"软手动"、"外设定"、"测量"位置。接通电源和测量、外设定信号后，预热 30min；

② 调整测量输入端的电流信号，使之分别为（4、12、20）mA，测量指针应分别指 0%、50%、100%。误差应小于±1%；

③ 调整外设定信号，使之分别为（4、12、20）mA，设定指针应分别指 0%、50%、100%。误差应小于±1%；

④ 将测量/标定开关切换到"标定"位置，测量指针和设定指针应同时指到 50%，误差应小于±1%。

4. 手动操作特性与输出指示表试验

① 将各切换开关分别置于"软手动"、"外设定"、"测量"位置；

② 向右或向左按软手动操作键，控制器的输出将增大或减小。松开，输出保持不变。轻按，输出变化速度为 60s/满量程；重按，输出变化速度为 6s/满量程。重复操作两次并注意观察；

③ 用软手动键使输出指针指在 0%、50%、100%位置，观察标准电流表，看输出电流是否为（4、12、20）mA。误差应小于±2.5%；

④ 把手动/自动开关置于"硬手动"位置，移动硬手动操作杆于 0%、50%、100%，观察标准电流表，看输出电流是否为（4、12、20）mA。误差应小于±5%。

5. 手动/自动切换特性试验

比例度置 100%、积分时间置 1min（×1 挡）、微分时间关断，使输入偏差为零（输入信号、设定信号同为 3V）。

(1) 自动/软手动的双向无平衡无扰动切换

控制器置软手动，使输出为任一值。手动/自动开关切向自动，记下此时的输出值，切换前后输出之差应不大于±20mV。开关再由自动切向软手动，切换前后输出之差仍不大于±20mV。

(2) 软手动→硬手动有平衡无扰动切换

控制器置软手动，使输出为任一值，拨动硬手动操作杆与输出表指示值对齐，将手动/自动开关由软手动切向硬手动，开关切换前后，控制器输出值变化应不大于±200mV。

(3) 硬手动→软手动无平衡无扰动切换

控制器置硬手动，使输出为任一值，手动/自动开关由硬手动切向软手动，切换前后控制器输出变化不大于±20mV。

控制器由硬手动切向软手动再切向自动，视为软手动→自动；由自动切向软手动再切向硬手动视为软手动→硬手动。

6. PID 特性的校验

各开关分别置于"外设定"、"测量"、"×10"、"正作用"、"软手动"。微分时间"断"、积分时间"最大"。

(1) 比例度 δ 的校验

调输入信号和设定信号为 3V（50%满量程），比例度依次置 2%、100%、500%，每次均用软手动使输出电流为 4mA，然后把切换开关拨到"自动"位置，改变输入信号，使输出电流为 20mA。可按下述公式计算实际比例度：

$$\delta = (\text{输入变化值}/\text{输入量程})/(\text{输出变化值}/\text{输出量程}) \times 100\%$$

将结果填入表 8-4，并计算比例度的误差，应不大于±25%。

表 8-4 比例度校验记录

序号 项目	1	2	3
刻度值/%			
实际值/%			
误差			

(2) 微分时间 T_d 的校验

比例度 δ 置实际的 100%，调整输入信号和设定信号为 3V，用软手动使输出电流为 4mA。依次将微分时间旋至被校刻度（0.04min、1min、10min），然后将手动/自动开关切向自动，阶跃输入 0.25V（即输入突然增加 1mA）并同时启动秒表，此时输出将突增至 14mA，而后按指数规律下降，当下降到 8.3mA 时停表，所记时间为微分时间常数 τ。由 $T_d = K_d \tau$ 即可求得微分时间（Ⅲ型控制器微分增益 $K_d = 10$）。

自制一个与表 8-4 类似的表，将结果填入其中，并计算 T_d 的误差，微分时间误差 ΔT_d 不得大于+50%，-20%。

(3) 积分时间 T_i 校验

微分时间"关断",积分时间旋至最大,手动/自动开关拨到"软手动"。调整输入信号和设定信号为3V(50%满量程),用软手动使输出电流为4mA。将积分时间依次旋至被校刻度(×1挡:0.01min、1min、2.5min;×10挡:0.1min、10min、25min),使输入信号增加0.25V,将手动/自动开关切向自动,同时启动秒表,当控制器输出上升到6mA时,停止计时,所记时间即为实测积分时间。

自制一个与表8-4类似的表,将结果填入其中,并计算 T_i 的误差,积分时间误差 ΔT_i 不得大于+50%,-20%。

思 考 题

① 控制器面板上有哪些显示表头?可显示何种信息?有哪些可动旋(按)钮或开关?各有何用途?
② 控制器侧面板上有哪些旋钮、开关?各有何用途?
③ 控制器如何进行手动操作?
④ 手动/自动无扰动切换,何时为无平衡?何时为有平衡?
⑤ 如何用PID三作用控制器实现纯比例控制、PI控制?

实验九 C3000数字过程控制器的认识与操作

一、实验目的

① 了解C3000的外形和基本结构;
② 学习C3000的基本操作方法;
③ 学习参数调用及修改方法。

二、实验装置

方案一

浙江中控AE2000装置及控制柜(含C3000数字过程控制器)

方案二

① 数字过程控制器	C3000	1块
② 标准电流表	0~30mA 电流表(0.05级)	1块
③ 标准电阻箱	ZX-25a(0.02级)	1块
④ 信号发生器	DFX-02(1.0级)	2块

三、实验内容

① 观察C3000的面板部件以及表尾接线端子;
② 了解各按键及旋钮的作用;
③ 学习C3000的操作方法。

四、实验步骤

1. 准备工作

① 观察C3000面板部件。
② 观察C3000的表尾接线端子板,了解常用端子的功能。如图8-9所示。

信号端子标志符号如图8-10所示。

各端子符号的具体定义如表8-5所示。

第八章 实验与实训

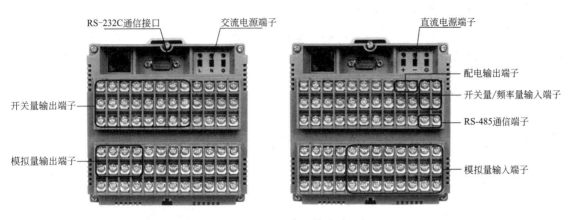

图 8-9　C3000 的表尾接线端子板

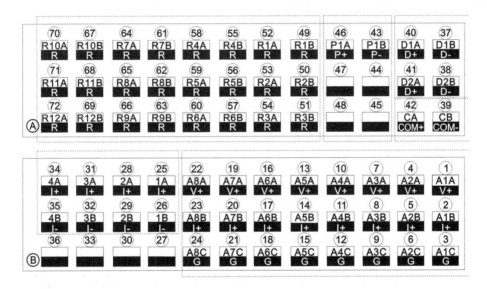

图 8-10　信号端子标志符号示意图

表 8-5　各端子符号具体定义

输入/输出端子	内　容
L、N、⏚	交流电源接线端子,L 为相线端子,N 为零线端子,⏚为接地端子
+、−、⏚	直流电源接线端子,+为正极端子,−为负极端子,⏚为接地端子
V+、I+、G	模拟量输入端子,最多 8 路
I+(1A)、I−(1B)	模拟量输出端子,最多 4 路
D+、D−	开关量/频率量输入端子。开关量与频率量输入共用此组接线端子,最多共 2 路
COM+、COM−	RS-485 通信端口
P+、P−	1 路配电输出,输出电压 24V DC,最大输出电流 100mA,一般用于变送器供电
R	开关量输出端子,共有 12 路,继电器触点,容量:250V AC/3A(阻性负载)
RNO、RNC、RCOM	开关量输出常闭常开端子,共有 6 路。连接 RNO 和 RCOM 端子为常开;连接 RNC 和 RCOM 端子为常闭

各端子具体说明如表8-6所示。

表8-6 各端子具体说明

端子序号	信号类型	说　　明
模拟量输入/输出端子说明		
1,2,3	V+、I+、G	模拟量输入第1通道
4,5,6	V+、I+、G	模拟量输入第2通道
7,8,9	V+、I+、G	模拟量输入第3通道
10,11,12	V+、I+、G	模拟量输入第4通道
13,14,15	V+、I+、G	模拟量输入第5通道
16,17,18	V+、I+、G	模拟量输入第6通道
19,20,21	V+、I+、G	模拟量输入第7通道
22,23,24	V+、I+、G	模拟量输入第8通道
25,26	I+、I−	模拟量输出第1通道
28,29	I+、I−	模拟量输出第2通道
31,32	I+、I−	模拟量输出第3通道
34,35	I+、I−	模拟量输出第4通道
开关量/频率量输入端子/通信接口端子说明		
40,37	D+,D−	开关量/频率量输入第1通道
41,38	D+,D−	开关量/频率量输入第2通道
42,39	COM+,COM−	RS-485通信接口
配电输出端子说明		
46,43	P+,P−	配电输出通道
开关量输出端子说明	开关量输出端子说明	开关量输出端子说明
52,49	R	开关量输出第1通道
53,50	R	开关量输出第2通道
54,51	R	开关量输出第3通道
58,55	R	开关量输出第4通道
59,56	R	开关量输出第5通道
60,57	R	开关量输出第6通道
64,61	R	开关量输出第7通道
65,62	R	开关量输出第8通道
66,63	R	开关量输出第9通道
70,67	R	开关量输出第10通道
71,68	R	开关量输出第11通道
72,69	R	开关量输出第12通道

2. 实验连接图

利用浙江中控 AE2000 系统上已配好的接线及组态进行操作。若无此自控系统，也可用单独的 C3000 控制器进行操作，简单的实验连接图如图8-11所示。并由教师做一个简单的组态。学生只学习操作。

3. 操作步骤

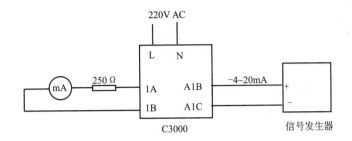

图 8-11　C3000 实验连接图

① 线路检查无误后，上电。
② 用户登录，进入"操作员 1"。
③ 调出"总貌画面"，观察状态栏显示的头信息。
④ 调出"实时显示画面"，练习调出或消隐功能键定义。并进行循环翻页。
⑤ 调出"历史画面"，观察"历史画面一"、"历史画面二"、"历史画面三"。
⑥ 调出"信息画面"，观察"通道报警信息"、"操作信息"和"故障信息"画面。
⑦ 调出"累积画面"，观察"班累积"、"时累积"、"日累积"及"月累积"画面。
⑧ 调出"PID 控制画面"，练习修改 MV、SV 值，并练习手/自动切换。
⑨ 调出"调整画面"，修改 P、I、D 值，进行内/外给定切换。
⑩ 调出"ON/OFF 控制画面"，并进行相关操作。

思 考 题

① C3000 数字控制器面板上有哪些按键及旋钮？
② C3000 数字控制器有哪些画面？
③ 若要观察某控制回路，应如何进行操作？

实验十　控制阀及转换单元的认识

一、实验目的

① 通过拆装气动薄膜控制阀来了解其结构组成；
② 了解气动薄膜控制阀的动作过程；
③ 了解电/气阀门定位器的使用。

二、实验装置

1. 实验仪器、设备

① 气动薄膜控制阀（ZMAP-16K 或 B）	1 台
② 电/气阀门定位器（DZF-Ⅲ）	1 台
③ 标准压力表（不低于 0.4 级）　　　0～160kPa	1 块
④ QGD-100 型气动定值器	1 台
⑤ 百分表	1 个
⑥ 可调电流源（电流发生器）	1 台
⑦ 标准电流表	1 块

2. 实验连接图

实验连接图如图 8-12、图 8-13 所示。

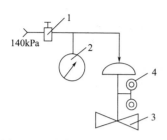 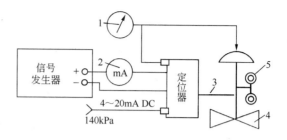

图 8-12　非线性偏差测试连接图
1—气动定值器；2—精密压力表；
3—执行器；4—百分表

图 8-13　执行器与定位器联校连接图
1—精密压力表；2—直流毫安表；3—反馈杆；
4—执行器；5—百分表

三、实验内容

① 控制阀的拆装练习。

② 控制阀行程校验。

③ 定位器与控制阀联校。

四、实验步骤

1. 执行机构的拆卸

对照结构图，卸下上阀盖，并拧动下阀杆使之与阀杆连接螺母脱开。依次取下执行机构内各部件，记住拆卸顺序及各部件的安装位置以便于重新安装。

在执行机构的拆装过程中可观察到执行机构的作用形式，通过薄膜与上阀杆顶端圆盘的相对位置即可分辨之。若薄膜在上，则说明气压信号从膜头上方引入，气压信号增大使阀杆下移使弹簧被压缩，为正作用执行机构；反之若薄膜在下，则说明气压信号是从膜头下方引入，气压信号增大使阀杆上移使弹簧被拉伸，为反作用执行机构。

2. 阀的拆卸

卸去阀体下方各螺母，依次卸下阀体外壳，慢慢转动并抽出下阀杆（因填料函对阀杆有摩擦作用），观察各部件的结构。在阀的拆卸过程中可观察如下几点。

① 阀芯及阀座的结构形式　拆开后可辨别阀门是单座阀还是双座阀。

② 阀芯的正、反装形式　观察阀芯的正反装形式后可结合执行机构的正反作用来判断执行器的气开气关形式。

③ 阀的流量特性　根据阀芯的形状可判断阀的流量特性。

3. 执行器的安装

将所拆卸的各部件复位并安装，在安装过程中要遵从装配规程，注意膜头及阀体部分要上紧，以防介质和压缩空气泄漏。安装后的执行器要进行膜头部分的气密性实验，即通入 0.25MPa 的压缩空气后，观察在 5min 内的薄膜气室压力降低值，看其是否符合技术指标要求，也可以用肥皂水检查各接头处，看是否有漏气现象。

4. 泄漏量的调整

执行器安装完毕，用手钳夹紧下阀杆并任意转动，可改变阀杆的有效长度，最终改变阀芯与阀座间的初始开度，进而改变了执行器的泄漏量，这是泄漏量调整的基本方法。上述工作均完成后,将所得到的结论填入表 8-7 中,并与执行器型号中各字母所代表的意义相比较,看是否一致。

表 8-7 非线性偏差、变差校验记录表

校验点		阀杆位置		阀杆位移量	
百分值/%	信号值/kPa	正行程/%	反行程/%	正行程/%	反行程/%
0					
25					
50					
75					
100					
非线性			%		
变差			%		

5. 控制阀的校验

① 按图 8-12 连线。经指导教师检查无误后方可通电通气。

② 正行程校验从 20kPa 开始,依次加入 20kPa、40kPa、60kPa、80kPa、100kPa 五个输入信号,在百分表上读取各点的阀杆位移量,将结果填入表 8-7 中。

③ 反行程校验从 100kPa 开始,依次加入 100kPa、80kPa、60kPa、40kPa、20kPa 五个输入信号,在百分表上读取各点的阀杆位移量,将结果也填入表 8-7 中。

④ 计算非线性偏差和变差,与表 8-8 比较,看控制阀是否合格。

表 8-8 执行机构的偏差指标

	单、双座阀			单、双座阀	
	气开式	气关式		气开式	气关式
始点偏差/%	±2.5	±4	点偏差/%	±4	±2.5

6. 电/气阀门定位器与气动执行器的联校

按图 8-13 连线,经指导教师检查无误后,进行下列操作。

(1) 电/气阀门定位器零点及量程的调整

① 零点调整 给电/气阀门定位器输入 4mA DC 的信号,其输出气压信号应为 20kPa,执行器阀杆应刚好启动。否则,可调整电/气阀门定位器的零点调节螺钉来满足。

② 量程调整 给电/气阀门定位器输入 20mA DC 的信号,输出气压信号应为 100kPa,执行器阀杆应走完全行程。否则,调整量程调节螺钉。

零点和量程应反复调整,直到符合要求为止。

(2) 非线性误差及变差的校验

同步骤 5 中的方法,只是信号由电流发生器提供。结果填入表 8-9 中。

表 8-9 联校时非线性偏差、变差校验记录表

校验点		阀杆位置		阀杆位移量	
百分值/%	信号值/kPa	正行程/%	反行程/%	正行程/%	反行程/%
0					
25					
50					
75					
100					
非线性			%		
变差			%		

处理实验结果,看表是否合格。

思 考 题

① 型号 ZMAP-16B 是何含义？
② 你所拆装的控制阀是气开阀还是气关阀？是如何判断的？
③ 控制阀单校和联校的区别是什么？

实验十一　DCS 系统的认识

一、实验目的

① 了解 AE2000A 型过程控制装置及 JX-300XPDCS 系统的组成和配置。
② 学会 JX-300XPDCS 系统的基本操作。
③ 学习使用 DCS 系统完成中位槽液位的定值调节。

二、实验装置

1. AE2000A 型过程控制实验对象

AE2000A 型过程控制实验对象系统包含有：不锈钢储水箱（长×宽×高：850mm×450mm×400mm）、强制对流换热管系统、串接圆筒有机玻璃上水箱（Φ250mm×370mm）、下水箱（Φ250mm×270mm）、三相 4.5kW 电加热锅炉（由不锈钢锅炉内胆加温筒和封闭式外循环不锈钢冷却锅炉夹套组成）、纯滞后盘管实验装置。系统动力支路分为两路：一路由单相丹麦格兰富循环水泵、电动调节阀、电磁流量计、自锁紧不锈钢水管及手动切换阀组成；另一路由小流量水泵、变频调速器、涡轮流量计、自锁紧不锈钢水管及手动切换阀组成。系统中的检测变送和执行元件有：压力变送器、温度传感器、温度变送器、涡轮流量计、电磁流量计、压力表、电动调节阀等。系统对象结构图如图 8-14 所示。

2. JX-300XPDCS 系统

（1）系统组成

JX-300XP DCS（见图 5-6）由工程师站、操作员站、控制站、过程控制网络等组成。

（2）系统配置

操作站：由工业 PC 机、CRT、键盘、鼠标、打印机（可选）等组成的人机系统，是操作人员完成过程监控管理任务的环境，确保实验者对系统进行监视和操作。

（3）现场仪表

检测装置：扩散硅压力变送器。分别用来检测上水箱、下水箱液位的压力；电磁流量计、涡轮流量计分别用来检测单相格兰富水泵支路流量和变频器动力支路流量；Pt100 热电阻温度传感器分别用来检测锅炉内胆、锅炉夹套和强制对流换热器冷水出口、热水出口、纯滞后盘管出口水温。

执行装置：三相可控硅移相调压装置用来调节三相电加热管的工作电压；电动调节阀调节管道出水量；变频器调节小流量泵的工作电压。

工程师站、操作员站、控制站通过过程控制网络连接，完成信息、控制命令等传输，双重化冗余设计，使得信息传输安全、高速。

三、实验步骤

① 认识 AE2000A 过程控制实验装置，了解各部分的作用。
② 了解 AE2000A 过程控制实验装置上的一次仪表及使用目的。
③ 认识控制柜中各种 DCS 卡件及布置。
④ 打开工程师站和操作员站的电脑；在工程师站桌面上双击"系统组态"快捷方式，选择用户名称：工程师，用户密码：SUPER＿PASSWORD＿001，点击确定从而进入液位

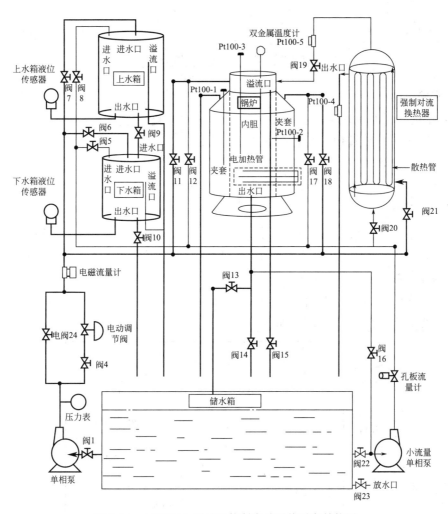

图 8-14　AE2000A 型过程控制实验系统对象结构图

控制系统组态画面。

⑤ 查看组态文件中操作站里工程师站的 IP 地址，与本机地址比较是否一致，若不一致则改变工程师站的 IP，改变后不得重启计算机。

⑥ 根据组态中 I/O 组态中的配置情况，查看各卡件配置。

⑦ 控制柜上电，编译组态，下载组态至控制站，传送液位监控操作组。

⑧ 控制台上电，检查主回路泵及电动调节阀的供电。

⑨ 开启控制台主电源、主回路泵电源（24V 电源关断，调节阀电源关断），打开旁路，使用主回路泵向中位槽注水。

⑩ 在工程师站 PC 机桌面上双击"实时监控"快捷方式，选择组态文件，进入实时监控软件流程图画面。

⑪ 在 10～25cm 刻度范围内，改变值及 PID 参数，最后系统达到稳定状态。

⑫ 系统停运、整理现场。

思 考 题

① DCS 系统由哪些主要部分构成？各部分功能如何？

② 如何利用显示画面进行进水流量的设定？
③ 如何查看历史记录？

实验十二　PLC 认识实验

一、实验目的

① 了解 S7-200 PLC 的外特性，掌握 S7-200 PLC 的接线方法；
② 掌握 XK-PLC2 型 PLC 实验台的使用方法；
③ 掌握 V4.0 STEP7 Micro WIN 编程软件的使用方法；
④ 掌握基本逻辑指令/定时器指令的应用。

二、实验装置

① XK-PLC2 型可编程序控制器实验台
② 导线　　　　　　　　若干

三、实验指导

（一）S7-200 PLC 的外部结构

① 以 CPU222 为例，面板结构如图 8-15 所示。

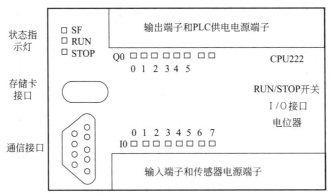

图 8-15　CPU222 面板结构图

② 接线端子，如图 8-16 所示。

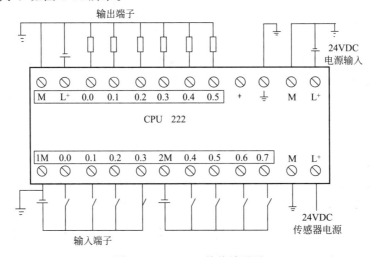

图 8-16　CPU222 接线端子图

第八章 实验与实训

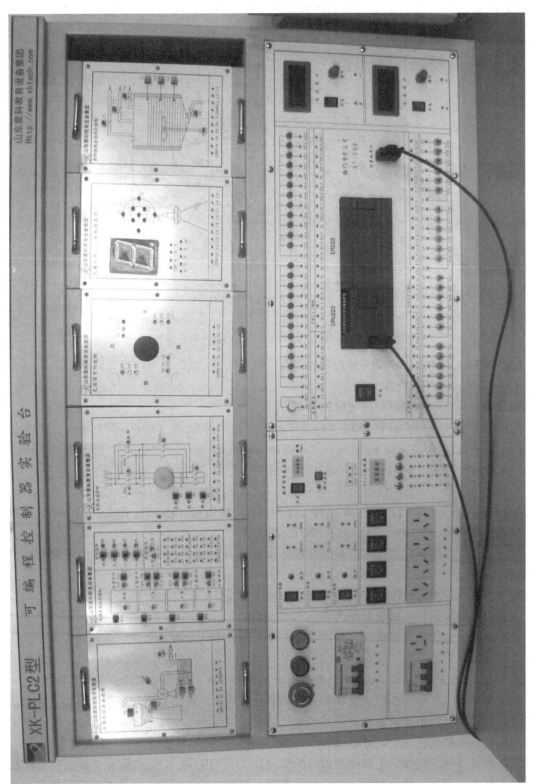

图 8-17　XK-PLC2 型可编程序控制器实验台面板

(二)实验台的面板结构及使用方法

XK-PLC2 型可编程序控制器实验台面板如图 8-17 所示,接线方法如图 8-18 所示。

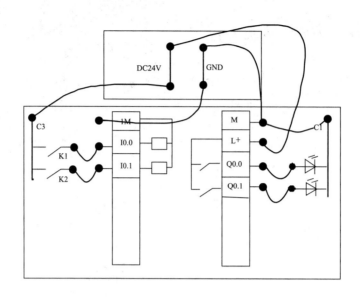

图 8-18　XK-PLC2 型可编程序控制器实验台接线

(三)STEP7 Micro WIN32 编程软件简介

STEP7 Micro WIN32 窗口元素

浏览条——显示常用编程按钮群组:

View(视图)——显示程序块(Program Block)、符号表(Symbol Table)、状态图(Status Chart)、数据块(Data Block)、系统块(System Block)、交叉参考(Cross Reference)及通信按钮(Communications)。

Tools(工具)——显示指令向导(Instruction Wizard)、TD200 向导(TD200 Wizard)、位置控制向导(Position Control Wizard)、EM253 控制面板(EM253 Control Panel)和扩展调制解调器向导(Modem Expansion Wizard)的按钮。

指令树——提供所有项目对象和当前程序编辑器(LAD、FBD 或 STL)的所有指令的树型视图。

交叉参考——查看程序的交叉引用和元件使用信息。

数据块——显示和编辑数据块内容。

状态图——允许将程序输入、输出或变量置入图表中,监视其状态。可以建立多个状态图,以便分组查看不同的变量。

符号表/全局变量表——允许分配和编辑全局符号。可以为一个项目建立多个符号表。

输出窗口——在编译程序或指令库时提供消息。当输出窗口列出程序错误时,可双击错误讯息,会自动在程序编辑器窗口中显示相应的程序网络。

状态栏——提供在 Step7-Micro/WIN 32 中操作时的操作状态信息。

程序编辑器——包含用于该项目的编辑器(LAD、FBD 或 STL)局部变量表和程序视图。如果需要,可以拖动分割条以扩充程序视图,并覆盖局部变量表。单击程序编辑器窗口底部的标签,可以在主程序、子程序和中断服务程序之间移动。

局部变量表——包含对局部变量所作的定义赋值（即子程序和中断服务程序使用的变量）。

菜单栏——允许使用鼠标或键盘执行操作各种命令和工具。

工具栏——提供常用命令或工具的快捷按钮。

四、实验内容

（一）熟悉 V4.0 STEP7 Micro WIN 编程软件

以三相异步电动机启停程序为例，熟悉 V4.0 STEP7 Micro WIN 编程软件的使用方法。梯形图如下：

```
      I0.0    I0.1         Q0.0
    ──┤ ├──┤/├──────────(   )
      │              
      │   Q0.0
      └──┤ ├──┘
```

1. 硬件接线

① 用 PC/PPI 电缆连接 PC 和 CPU（XK-PLC2 型可编程序控制器实验台的 PC 机通信口已引到实验台面板上）；

② 将 PC 机电源线连接到实验台面板上的 220V AC 接口；

③ 按图 8-18 的接线方式，连接 I0.0、I0.1、Q0.0 及相关电源；

④ 将 CPU22X 的 RUN/STOP 开关拨到 STOP 位置；

⑤ 经老师检查无误后，上电。

2. 实现 PC 机与 PLC 之间的通信

双击浏览条中 View 中的 Communications，双击右侧窗口中 PC/PPI Cable 的 Double-Click，显示找到设备的型号、版本号和网络地址（如：CPU222 REL 01.22），OK。

3. 进入编程环境

双击桌面上 V4.0 STEP7 Micro WIN 图标，进入 V4.0 STEP7 Micro WIN 编程环境；

4. 进入编程状态

单击 View（视图）中的程序块（Program Block），进入编程状态；

5. 选择编程语言

打开菜单栏中的 View，选择 Ladder（梯形图）语言；

6. 输入程序

① 选择 MAIN 主程序，在 Network1 中输入程序。

② 单击 Network1 中的 ├─┤。

③ 从菜单栏或指令树中选择相关符号。如在指令树中选择，可在 Instruction 中双击 Bit Logic（位逻辑），从中选择常开触点符号，双击；再选择常闭触点符号，双击；再选择输出线圈符号，双击；将光标移到常开触点下面，输入常开触点，单击菜单栏中的 ↰，完成梯形图。

④ 给各符号加器件号：逐个选择???，输入相应的器件号。

⑤ 保存程序：在菜单栏中选择 File，再选择 Save 输入，选择保存路径，输入文件名，保存。

7. 编译程序

在菜单栏中选择 PLC，再选择"全部编译"，若无错误，会在页面下部显示"已编译的块有 0 个错误，0 个警告，总错误数目：0"。若有错误，编译后会显示出错误数目。

8. 下装程序

单击菜单中的▼（Download），显示 Download Was Successful，确定。

9. 通过输出窗口查看程序有无错误，如有，则按提示进行修改。

10. 运行程序

① 将 CPU 上的 RUN/STOP 开关拨到 RUN 位置；

② 单击菜单中的运行按钮 ▶（RUN）；

③ 接通 I0.0 对应的按钮，观察运行结果，做好实验记录。

11. 监控程序状态

使用菜单命令 Debug＞Program Status 或者工具栏上的按钮，进入程序状态监控。

12. 改变信号状态，再观察运行结果并监控程序，做好实验记录。

① 断开 I0.0 对应的按钮，再观察运行结果并监控程序，做好实验记录。

② 接通 I0.1 对应的按钮，再观察运行结果并监控程序，做好实验记录。

（二）基本逻辑指令应用

1. 装载指令与线圈驱动指令

```
    I0.0         Q0.0
  ──┤ ├─────────( )──
```

2. 装载指令与线圈驱动指令

```
    I0.0         Q0.0
  ──┤/├─────────( )──
```

3. 触点串联指令

```
    I0.0   I0.1   Q0.0
  ──┤ ├──┤ ├─────( )──
```

4. 触点并联指令

```
    I0.0         Q0.0
  ──┬┤ ├──────────( )──
    │
    ┤ ├
    I0.1
```

5. 自锁电路

```
    I0.0        I0.1    Q0.0
  ──┬┤ ├────────┤/├─────( )──
    │
    ┤ ├
    Q0.0
```

（三）定时器指令的应用

① 功能要求：开关 K1 通 6.5s 后 L 灯亮，K2 通一下，L 灯灭。请设计梯形图、语句表并操作。

② 若将开关 K1、K2 改成按钮 SB1、SB2，再实践。

③ 功能要求：SB 通后，L 灯亮，5.5s 后灯灭。请设计梯形图、语句表并操作。
④ 增强型三组抢答器的操作。

思 考 题

① S7-200 PLC 的 CPU222 有几个输入端子？几个输出端子？
② XK-PLC2 型可编程序控制器实验台如何进行接线？
③ V4.0 STEP7 Micro WIN 编程软件如何使用？

第三节　DCS 仿真系统的控制实训

仿真作为一种培训手段，在工厂和学校得到了广泛的应用。过程仿真技术在操作技能训练方面的应用在许多国家都已得到普及。大量统计结果表明，仿真培训可以使工人在数周之内取得现场 2～5 年的经验，许多企业已将仿真培训列为考核操作工人取得上岗资格的必要手段。因此本节以仿真实训的手段来使学生综合掌握几种控制系统的构成形式、DCS 的操作方法、开停车方法，以实现知识的初步"回放"。

目前 DCS 仿真系统种类较多，这里针对北京东方仿真公司开发的 STS 结构的仿 TDC-3000 系统来进行实训。

详细内容可参见化学工业出版社出版的《化工仿真实训指导》（赵刚主编）。

实训一　离心泵的仿真控制实训

一、实训目的

① 使学生了解简单控制系统与分程控制系统的构成；
② 使学生学会各种参数、画面的调出方法；
③ 使学生掌握离心泵的开停车方法。

二、实训步骤

（一）实训准备
① 运行离心泵培训单元。
启动计算机，按下列顺序运行程序：
开始→程序→化工仿真教学系统-学员站→离心泵单元→初级培训→确定→冷态开车→确定
② 调出流程图画面
③ 观察画面上有哪些检测系统？哪些控制系统？其意义如何？确认流程图中各符号的意义？

（二）冷态开车
按软件中提示的操作步骤（或《化工仿真实训指导》）进行开车。要特别留意仪表的投运过程。

（三）正常运行
1. 画面调出
练习调出总貌画面、控制组画面、趋势组画面、小时平均值画面、细目画面、报警灯屏画面、区域报警信息画面、单元报警信息画面、趋势总貌画面、单元趋势画面、流程图画面、操作信息画面，以查看各数据。

2. 事故处理

在机上设置故障，学习处理方法。

（四）正常停车

按软件中提示的操作步骤（或《化工仿真实训指导》）进行停车。要特别留意仪表的操作过程。

思 考 题

① 离心泵的出口流量采用的什么控制方案？
② 该例中有哪几个控制系统？各自的作用是什么？
③ 开车时，控制器如何投运？分程控制系统如何投运？停车时，控制器又怎样？

实训二　多级液位系统的仿真控制实训

一、实训目的

① 使学生了解单回路、分程、串级、比值控制系统的构成；
② 使学生学会各种参数、画面的调出方法；
③ 使学生掌握多级液位系统的开停车方法。

二、实训步骤

（一）实训准备

① 运行液位培训单元。

启动计算机，按下列顺序运行程序：

开始→程序→化工仿真教学系统-学员站→液位控制单元→初级培训→确定→冷态开车→确定

② 调出流程图画面。

③ 观察画面上有哪些检测系统？哪些控制系统？其意义如何？确认流程图中各符号的意义？

（二）冷态开车

按软件中提示的操作步骤（或《化工仿真实训指导》）进行开车。要特别留意比值控制系统、串级控制系统中仪表的投运过程。

（三）正常运行

1. 画面调出

练习调出总貌画面、控制组画面、趋势组画面、小时平均值画面、细目画面、报警灯屏画面、区域报警信息画面、单元报警信息画面、趋势总貌画面、单元趋势画面、流程图画面、操作信息画面，以查看各数据。

2. 事故处理

在机上设置故障，学习处理方法。

（四）正常停车

按软件中提示的操作步骤（或《化工仿真实训指导》）进行停车。要特别留意仪表的操作过程。

思 考 题

① 离心泵的出口流量采用的什么控制方案?
② 该例中有哪几个控制系统? 各自的作用是什么?
③ 开车时,串级控制系统先投主环还是先投副环? 比值控制系统如何投运? 停车时,控制器又怎样?

第四节 综 合 实 践

实训一 简单控制系统的参数整定和投运

一、实验目的
① 掌握简单调节系统的投运方法;
② 4∶1衰减法整定调节器参数。

二、实验装置
① AE2000A 型过程控制实验装置,见图 8-14。
② DCS 控制系统。

三、实验内容
① 进行手动遥控操作练习;
② 进行自动调节器的投运;
③ 进行调节器参数整定。

四、实验步骤

1. 准备工作

① 将 AE2000A 实验对象的储水箱灌满水(至最高高度)。
② 打开由丹麦泵、电动调节阀、电磁流量计组成的动力支路至下水箱的出水阀门:阀1、阀4、阀6,关闭动力支路上通往其他对象的切换阀门。
③ 打开下水箱出水阀阀10、电动调节阀副线阀24至适当开度。

2. 实验步骤

① 启动动力支路。
② 启动 DCS 上位机组态软件,选择已组态好的水槽液位实验画面,并载入组态。
③ 打开实时监控,进入调整画面,并将调节器置于反作用。
④ 手动操作:手动操作调节阀使主参数稳定,将电动调节阀副线阀关闭。
⑤ 自动控制:关闭微分作用(即 $T_d=0$),比例度旋钮置于比正常值大一些的位置,积分时间 T_i 置于比正常值大一些的刻度上,并完成手动到自动的切换。
⑥ 参数整定。

设定其 $T_i=0$、$T_d=0$,根据液位调节系统调节器的比例度大致范围是 20%~80%,将比例度 δ 预设在某一数值上。然后用 4∶1 衰减法整定调节器参数。方法是:观察在该比例度下过渡过程曲线的情况,增大或减小调节器的比例度。在每改变一个比例度值时,利用改变给定值的方法给系统施加一个干扰,看被调参数的过渡过程曲线变化的情况,直至在某一个比例度时系统出现 4∶1 衰减振荡，那么此时的比例度则为 4∶1 衰减比例度 δ_s，而过渡过程振荡周期即为操作周期 T_s。

有了 δ_s 和 T_s 后，根据经验公式计算出系统所要求的调节器的参数 δ、T_i 和 T_d 值。

根据计算求得的调节器参数值，设置到调节器上。方法是：先将比例度设置到比计算值大一些的数值上，然后把积分时间放到求得的数值上观察调节过程曲线，如果不太理想，可作适当调整，获得满意的调节效果为止。

五、实验注意事项

实验前应认真检查所用实验装置各手动开关的位置。

实验完全做完后，退出系统。

思 考 题

① 如何确定控制器的正反作用方向？
② 如何进行简单控制系统的控制器参数整定？
③ 如何进行简单控制系统的投运？

实训二 串级控制系统的参数整定和投运

一、实验目的

① 掌握串级控制系统的基本概念和组成。
② 掌握串级控制系统的投运与参数整定方法。

二、实验设备

① AE2000A 型过程控制实验装置，见图 8-14。
② DCS 控制系统。

三、实验内容和步骤

1. 设备的连接和检查

① 将 AE2000A 实验对象的储水箱灌满水（至最高高度）。

② 打开由丹麦泵、电动调节阀、电磁流量计组成的动力支路至上水箱的出水阀门：阀1、阀4、阀7，关闭动力支路上通往其他对象的切换阀门。

③ 打开上水箱的出水阀阀9，打开下水箱出水阀阀10、电动调节阀副线阀24至适当开度。

2. 实验步骤

① 启动动力支路。

② 启动 DCS 上位机组态软件，进入主画面，然后进入实验画面（已组态）。

③ 打开实时监控画面，将主、副控制器置反作用。

④ 手动操作：手动操作阀门使主参数稳定，将电动调节阀副线阀关闭。

⑤ 自动控制：在主、副参数稳定后，将副回路投自动，使副参数稳定，再将主回路投自动，然后将副环投串级。

⑥ 参数整定：利用一步整定法进行 PID 参数整定，使主参数为 4∶1 衰减曲线。

用鼠标按下"点击以下框体调出主控 PID 参数"按钮，在"CSC10_ex"中的"设定值"栏中输入设定的下水箱液位。按下"点击以下框体调出副控 PID 参数"按钮。在"副控窗口"中按下"串级"按钮。在"CSC10_in"中设定P、I、D参数。分别在主控参数和副控参数窗口中反复调整P，I，D三个参数，控制下水箱水位，同时兼顾快速性、稳定性、准确性。

四、实验报告要求

分析串级控制和单回路PID控制不同之处。

思 考 题

① 如何确定串级控制系统中主、副控制器的正反作用方向？
② 如何进行串级控制系统的控制器参数整定？
③ 如何进行串级控制系统的投运？

第五节 结 业 实 践

一、训练目标

① 通过工厂跟班实践，结合学校教学，解决认识实践中提出的各种问题。
② 验证在学校所学的相关知识。
③ 通过"工厂-学校-工厂"的学习场所的变更，完成对知识的"实践-理论-实践"的闭环学习过程，尽量使学生缩短或消除上岗适用期。

二、训练场所

大中型企业不同自动化水平的生产现场及控制室。

三、训练内容

① 学习工厂的安全生产的基本知识、劳动纪律及各种规章制度。
② 精读某装置带控制点的工艺流程图。首先了解实习装置的工艺情况，进而了解装置的过程控制状况。

装置上有哪些自动检测系统？相应的仪表位号是什么？记录下来。
装置上有哪些自动控制系统？相应的仪表位号是什么？记录下来。
装置上有哪些报警联锁系统？记录下来。
③ 了解装置的过程控制工具。
• 压力、物位、流量、温度参数的现场指示仪表的种类、型号、安装地点、使用情况，做好记录。
• 压力、物位、流量、温度参数远传指示、控制所使用的检测元件、检测仪表的种类、型号、安装地点、使用情况，做好记录。
• 气动薄膜控制阀的型号、种类、正反作用方向、气开气关形式、安装方法。
• 控制室显示、记录、控制仪表的型号、使用情况，并做好记录。
• 从现场仪表开始，实际走通一个压力控制系统、一个物位控制系统、一个流量控制系统、一个温度控制系统，并画出方框图。
• 找出一个报警系统的各个环节，弄清各自的安装位置。

● 对于没学过的仪表，通过观察仪表铭牌，能看懂仪表的型号、种类；从面板上大致分辨出指示表头、调节旋钮、切换开关等。

④ 了解工厂 DCS 的使用情况。

⑤ 了解工厂 PLC 的使用情况。

⑥ 与自控人员配合，判断、分析出现的各种故障现象，做好记录。

⑦ 经实践，有了一定的基础后，可在师傅指导、监督下进行仪表的必要操作。

⑧ 可能的情况下，参与装置的开停车。

⑨ 学习班组的管理制度。

⑩ 学习大修计划的制定方法。

思 考 题

① 要熟悉一个生产装置应从哪里入手？按什么步骤学习？

② 和最初的认识实践相比较，你增长了哪些知识和技能？

③ 你认为经过认识实践→学校教学→结业实践这样几个环节有何益处？

④ 通过实践你培养了哪些能力？

附　　录

附录一　常用压力表的规格及型号

名称	型号	测量范围/MPa	精度等级
弹簧管压力表	Y—60	−0.1~0, 0~0.1, 0~0.16, 0~0.25, 0~0.4, 0~0.6, 0~1, 0~1.6, 0~0.25, 0~4, 0~6	2.5
	Y—60T		
	Y—60Z		
	Y—60ZQ		
	Y—100	−0.1~0, −0.1~0.06, −0.1~0.15, −0.1~0.3, −0.1~0.5, −0.1~0.9, −0.1~1.5, −0.1~2.4, 0~0.1, 0~0.16, 0~0.25, 0~0.4, 0~0.6, 0~1, 0~1.6, 0~2.5, 0~4, 0~6	1.5
	Y—100T		
	Y—100TQ		
	Y—150		
	Y—150T	同上	
	Y—150TQ		
	Y—100	0~10, 0~16, 0~25, 0~40, 0~60	
	Y—100T		
	Y—100TQ		
	Y—150		
	Y—150T		
	Y—150TQ		
电接点压力表	YX—150	−0.1~0.1, −0.1~0.15, −0.1~0.3, −0.1~0.5, −0.1~0.9, −0.1~1.5, −0.1~2.4, 0~0.1, 0~0.16, 0~0.25, 0~0.4, 0~0.6, 0~1, 0~1.6, 0~2.5, 0~4, 0~6	0.5
	YX—150TQ		
	YX—150A	0~10, 0~16, 0~25, 0~40, 0~60	
	YX—150TQ		
	YX—150	−0.1~0	
活塞式压力计	YS—2.5	−0.1~0.25	0.02 0.05
	YS—6	0.04~0.6	
	YS—60	0.1~6	
	YS—600	1~60	

附录二 标准化热电偶电势-温度对照表

1. 铂铑₁₀-铂热电偶分度表

分度号 S（参比端温度为0℃）

温度/℃	热 电 动 势 /μV									
	0	10	20	30	40	50	60	70	80	90
0	0	55	113	173	235	299	365	432	502	573
100	645	719	795	872	950	1029	1109	1190	1273	1356
200	1440	1525	1611	1698	1785	1873	1962	2051	2141	2232
300	2323	2414	2506	2599	2692	2786	2880	2974	3069	3164
400	3260	3356	3452	3549	3645	3743	3840	3938	4036	4135
500	4234	4333	4432	4532	4632	4732	4832	4933	5034	5136
600	5237	5339	5442	5544	5648	5751	5855	5960	6064	6169
700	6274	6380	6486	6592	6699	6805	6913	7020	7128	7236
800	7345	7454	7563	7672	7782	7892	8003	8114	8225	8336
900	8448	8560	8673	8786	8899	9012	9126	9240	9355	9470
1000	9585	9700	9816	9932	10048	10165	10282	10400	10517	10635
1100	10754	10872	10991	11110	11229	11348	11467	11587	11707	11827
1200	11947	12067	12188	12308	12429	12550	12671	12792	12913	13034
1300	13155	13276	13397	13519	13640	13761	13883	14004	14125	14247
1400	14368	14489	14610	14731	14852	14973	15094	15215	15336	15456
1500	15576	15697	15817	15937	16057	16176	16296	16415	16534	16653
1600	16771	16890	17008	17125	17245	17360	17477	17594	17711	17826
1700	17924	18056	18170	18282	18394	18504	18612			

2. 镍铬-镍硅热电偶分度表

分度号 K（参比端温度为0℃）

温度/℃	热 电 动 势 /μV									
	0	1	2	3	4	5	6	7	8	9
0	0	39	79	119	158	198	238	277	317	357
10	397	437	477	517	557	597	637	677	718	758
20	798	838	879	919	960	1000	1041	1081	1122	1162
30	1203	1244	1285	1325	1366	1407	1448	1489	1529	1570
40	1611	1652	1693	1734	1776	1817	1858	1899	1940	1981
50	2022	2064	2105	2146	2188	2229	2270	2312	2353	2394
60	2436	2477	2519	2560	2601	2643	2684	2726	2767	2809
70	2850	2892	2933	2975	3016	3058	3100	3141	3183	3224
80	3266	3307	3349	3390	3432	3473	3515	3556	3598	3639
90	3681	3722	3764	3805	3847	3888	3930	3971	4012	4054
100	4095	4137	4178	4219	4261	4302	4343	4384	4426	4467
110	4508	4549	4590	4632	4673	4714	4755	4796	4837	4878
120	4919	4960	5001	5042	5083	5124	5164	5205	5246	5287
130	5327	5368	5409	5450	5490	5531	5571	5612	5652	5693
140	5733	5774	5814	5855	5895	5936	5976	6016	6057	6097

续表

温度/℃	热电动势 /μV									
	0	1	2	3	4	5	6	7	8	9
150	6137	6177	6218	6258	6298	6338	6378	6419	6459	6499
160	6539	6579	6619	6659	6699	6739	6779	6819	6859	6899
170	6939	6979	7019	7059	7099	7139	7179	7219	7259	7299
180	7338	7378	7418	7458	7498	7538	7578	7618	7658	7697
190	7737	7777	7817	7857	7897	7937	7977	8017	8057	8097
200	8137	8177	8216	8256	8296	8336	8376	8416	8456	8497
210	8537	8577	8617	8657	8697	8737	8777	8817	8857	8898
220	8938	8978	9018	9058	9099	9139	9179	9220	9260	9300
230	9341	9381	9421	9462	9502	9543	9583	9624	9664	9705
240	9745	9786	9826	9867	9907	9948	9989	10029	10070	10111
250	10151	10192	10233	10274	10315	10355	10396	10437	10478	10519
260	10560	10600	10641	10682	10723	10764	10805	10846	10887	10928
270	10969	11010	11051	11093	11134	11175	11216	11257	11298	11339
280	11381	11422	11463	11504	11546	11587	11628	11669	11711	11752
290	11793	11835	11876	11918	11959	12000	12042	12083	12125	12166
300	12207	12249	12290	12332	12373	12415	12456	12498	12539	12581
310	12623	12664	12706	12747	12789	12831	12872	12914	12955	12997
320	13039	13080	13122	13164	13205	13247	13289	13331	13372	13414
330	13456	13497	13539	13581	13623	13665	13706	13748	13790	13832
340	13874	13915	13957	13999	14041	14083	14125	14167	14208	14250
350	14292	14334	14376	14418	14460	14502	14544	14586	14628	14670
360	14712	14754	14796	14838	14880	14922	14964	15006	15048	15090
370	15132	15174	15216	15258	15300	15342	15384	15426	15468	15510
380	15552	15594	15636	15679	15721	15763	15805	15847	15889	15931
390	15974	16016	16058	16100	16142	16184	16227	16269	16311	16353
400	16395	16438	16480	16522	16564	16607	16649	16691	16733	16776
410	16818	16860	16902	16945	16987	17029	17072	17114	17156	17199
420	17241	17283	17326	17368	17140	17453	17495	17537	17580	17622
430	17664	17707	17749	17792	17834	17876	17919	17961	18004	18046
440	18088	18131	18173	18216	18258	18301	18343	18385	18428	18470
450	18513	18555	18598	18640	18683	18725	18768	18810	18853	18895
460	18938	18980	19023	19065	19108	19150	19193	19235	19278	19320
470	19363	19405	19448	19490	19533	19576	19618	19661	19703	19746
480	19788	19831	19873	19916	19959	20001	20044	20086	20129	20172
490	20214	20257	20299	20342	20385	20427	20470	20512	20555	20598
500	20640	20683	20725	20768	20811	20853	20896	20938	20981	21024
510	21066	21109	21152	21194	21237	21280	21322	21365	21407	21450
520	21493	21535	21578	21621	21663	21706	21749	21791	21834	21876
530	21919	21962	22004	22047	22090	22132	22175	22218	22260	22303
540	22346	22388	22431	22473	22516	22559	22601	22644	22687	22729

续表

温度/℃	热电动势/μV									
	0	1	2	3	4	5	6	7	8	9
550	22772	22815	22857	22900	22942	22985	23028	23070	23113	23156
560	23198	23241	23284	23326	23369	23411	23454	23497	23539	23582
570	23624	23667	23710	23752	23795	23837	23880	23923	23965	24008
580	24050	24093	24136	24178	24221	24263	24306	24348	24391	24434
590	24476	24519	24561	24604	24646	24689	24731	24774	24817	24859
600	24902	24944	24987	25029	25072	25114	25157	25199	25242	25284
610	25327	25369	25412	25454	25497	25539	25582	25624	25666	25709
620	25751	25794	25836	25879	25921	25964	26006	26048	26091	26133
630	26176	26218	26260	26303	26345	26387	26430	26472	26515	26557
640	26599	26642	26684	26726	26769	26811	26853	26896	26938	26980
650	27022	27065	27107	27149	27192	27234	27276	27318	27361	27403
660	27445	27487	27529	27572	27614	27656	27698	27740	27783	27825
670	27867	27909	27951	27993	28035	28078	28120	28162	28204	28246
680	28288	28330	28372	28414	28456	28498	28540	28583	28625	28667
690	28709	28751	28793	28835	28877	28919	28961	29002	29044	29086
700	29128	29170	29212	29254	29296	29338	29380	29422	29464	29505
710	29547	29589	29631	29673	29715	29756	29798	29840	29882	29924
720	29965	30007	30049	30091	30132	30174	30216	30257	30299	30341
730	30383	30424	30466	30508	30549	30591	30632	30674	30716	30757
740	30799	30840	30882	30924	30965	31007	31048	31090	31131	31173
750	31214	31256	31297	31339	31380	31422	31463	31504	31546	31587
760	31629	31670	31712	31753	31794	31836	31877	31918	31960	32001
770	32042	32084	32125	32166	32207	32249	32290	32331	32372	32414
780	32455	32496	32537	32578	32619	32661	32702	32743	32784	32825
790	32866	32907	32948	32990	33031	33072	33113	33154	33195	33236
800	33277	33318	33359	33400	33441	33482	33523	33564	33604	33645
810	33686	33727	33768	33809	33850	33891	33931	33972	34013	34054
820	34095	34136	34176	34217	34258	34299	34339	34380	34421	34461
830	34502	34543	34583	34624	34665	34705	34746	34787	34827	34868
840	34909	34949	34990	35030	35071	35111	35152	35192	35233	35273
850	35314	35354	35395	35435	35476	35516	35557	35597	35637	35678
860	35718	35758	35799	35839	35880	35920	35960	36000	36041	36081
870	36121	36162	36202	36242	36282	36323	36363	36403	36443	36483
880	36524	36564	36604	36644	36684	36724	36764	36804	36844	36885
890	36925	36965	37005	37045	37085	37125	37165	37205	37245	37285
900	37325	37365	37405	37445	37484	37524	37564	37604	37644	37684
910	37724	37764	37803	37843	37883	37923	37963	38002	38042	38082
920	38122	38162	38201	38241	38281	38320	38360	38400	38439	38479
930	38519	38558	38598	38638	38677	38717	38756	38796	38836	38875
940	38915	38954	38994	39033	39073	39112	39152	39191	39231	39270

续表

温度/℃	热 电 动 势 /μV									
	0	1	2	3	4	5	6	7	8	9
950	39310	39349	39388	39428	39467	39507	39546	39585	39625	39664
960	39703	39743	39782	39821	39861	39900	39939	39979	40018	40057
970	40096	40136	40175	40214	40253	40292	40332	40371	40410	40449
980	40488	40527	40566	40605	40645	40684	40723	40762	40801	40840
990	40879	40918	40957	40996	41035	41074	41113	41152	41191	41230
1000	41269	41308	41347	41385	41424	41463	41502	41541	41580	41619
1010	41657	41696	41735	41774	41813	41851	41890	41929	41968	42006
1020	42045	42084	42123	42161	42200	42239	42277	42316	42355	42393
1030	42432	42470	42509	42548	42586	42625	42663	42702	42740	42779
1040	42817	42856	42894	42933	42971	43010	43048	43087	43125	43164
1050	43202	43240	43279	43317	43356	43394	43482	43471	43509	43547
1060	43585	43624	43662	43700	43739	43777	43815	43853	43891	43930
1070	43968	44006	44044	44082	44121	44159	44197	44235	44273	44311
1080	44349	44387	44425	44463	44501	44539	44577	44615	44653	44691
1090	44729	44767	44805	44843	44881	44919	44957	44995	45033	45070
1100	45108	45146	45184	45222	45260	45297	45335	45373	45411	45448
1110	45486	45524	45561	45599	45637	45675	45712	45750	45787	45825
1120	45863	45900	45938	45975	46013	46051	46088	46126	46163	46201
1130	46238	46275	46313	46350	46388	46425	46463	46500	46537	46575
1140	46612	46649	46687	46724	46761	46799	48836	46873	46910	46948
1150	46985	47022	47059	47097	47134	47171	47208	47245	47282	47319
1160	47356	47393	47430	47468	47505	47542	47579	47616	47653	47689
1170	47726	47763	47800	47837	47874	47911	47948	47985	48021	48058
1180	48095	48132	48169	48205	48242	48279	48316	48352	48389	48426
1190	48462	48499	48536	48572	48609	48645	48682	48718	48755	48792
1200	48828	48865	48901	48937	48974	49010	49047	49083	49120	49156
1210	49192	49229	49265	49301	49338	49374	49410	49446	49483	49519
1220	49555	49591	49627	49663	49700	49736	49772	49808	49844	49880
1230	49916	49952	49988	50024	50060	50096	50132	50168	50204	50240
1240	50276	50311	50347	50383	50419	50455	50491	50526	50562	50598
1250	50633	50669	50705	50741	50776	50812	50847	50883	50919	50954
1260	50990	51025	51061	51096	51132	51167	51203	51238	51274	51309
1270	51344	51380	51415	51450	51486	51521	51556	51592	51627	51662
1280	51697	51773	51768	51803	51838	51873	51908	51943	51979	52014
1290	52049	52084	52119	52154	52189	52224	52259	52294	52329	52364
1300	52398	52433	52468	52503	52538	52573	52608	52642	52677	52712
1310	52747	52781	52816	52851	52886	52920	52955	52989	53024	53059
1320	53093	53128	53162	53197	53232	53266	53301	53335	53370	53404
1330	53439	53473	53507	53542	53576	53611	53645	53679	53714	53748
1340	53782	53817	53851	53885	53920	53954	53988	54022	54057	54091
1350	54125	54159	54193	54228	54262	54296	54330	54364	54398	54432
1360	54466	54501	54535	54569	54603	54637	54671	54705	54739	54773
1370	54807	54841	54875							

参 考 文 献

[1] 刘玉梅主编.过程控制技术.北京:化学工业出版社,2002.
[2] 刘巨良主编.过程控制仪表.北京:化学工业出版社,2008.
[3] 李道本主编.新旧电气简图标准编制示例对照图集.北京:中国电力出版社,2004.
[4] 胡学林主编.可编程控制器教程(基础篇).北京:电子工业出版社,2003.
[5] 王永红主编.自动检测技术与控制装置.北京:化学工业出版社,2006.
[6] 王爱广主编.过程控制原理.北京:化学工业出版社,1999.
[7] 尹廷金主编.化工电器及仪表.北京:化学工业出版社,1998.
[8] 厉玉鸣主编.化工仪表及自动化.北京:化学工业出版社,1999.
[9] 厉玉鸣主编.化工仪表及自动化例题与习题集.北京:化学工业出版社,1999.
[10] 张德泉主编.化工自动化工程毕业设计.北京:化学工业出版社,1998.
[11] 武汉市精达仪表厂.智能数字显示控制变送仪使用手册.
[12] DPharp EJA 智能变送器用户手册.横河川仪有限公司.
[13] C3000 数字过程控制器用户手册.浙江中控有限公司.
[14] JX-300XP 系统说明书.浙江中控有限公司.